수면파역학

이승준 지음

GS인터비전

머리말

수면파(water surface waves)라는 우리말 용어가 많은 독자들에게 익숙하지 않을 것으로 생각하면서도 제목을 이렇게 정한 것은 원어 또는 원래의 뜻에 충실하고자 함이다. 수면파는 수면에 발생하는 파도를 뜻하고 수면파를 만들어내는 요인으로는 중력과 표면장력이 있는데, 이 책의 대부분에서 표면장력은 무시되고 있으므로, 사실 보다 정확하게는 수면중력파(water surface gravity waves)라고 해야 할 것이다.

선박해양공학과에서 파도를 다룰 때, 많은 경우 해양파(ocean waves)라고 부르지만, 원래의 해양파는 해면과 해중에 만들어지는 파도들을 포함하여 훨씬 넓은 범위의 파도를 뜻한다. 이 책에서도 해양파라는 용어를 후반부에서 사용하기는 하지만, 물론 이때 해양파는 해면파(ocean surface waves)를 뜻한다.

저자가 학생 때부터 보아 온 책들의 원래 제목이 Water waves(Stoker, 1957), 또는 Surface waves(Wehausen, 1960)등으로 되어 있었던 것에 기인하는지 모르지만, 해양파역학을 책 제목으로 쓰는 것이 처음부터 마음에 들지 않았다. 그래서 책의 제목은 일찍이 '수면파역학'으로 정하였다.

수면파에 대해 저자가 관심을 가지고 본격적으로 공부를 시작한 것은 대학원 석사 과정 때부터이므로, 벌써 40 년 이상을 생각해 온 주제라고 할 수 있는데도, 이제야 수면파를 열 번째 책의 주제로 다루게 된 것은 아마도 이 주제가 그렇게 만만한 것이 아니기 때문일 것이다. 이제까지 집필하였던 유체역학(2009), 선박해양유체역학(2014), 그리고 공학수학(2010)과 응용수학(2014)은 어쩌면 이 책을 위한 준비 작업이었을지도 모르겠다. 정년을 2 년 여 앞두고, 이제야 대학원 과정의 교재를 쓸 준비가 된 것으로 보이는데, 이 책의 후속 작업으로 작년 2학기에 대학원에서 강의한 '해면파역학' 관련 부분을 이어서 집필할 계획이므로, 아마도 저자와 비슷한 배경을 가진 우리 학생들이 수면파에 대한 공부를 시작할 때 참고할 수 있는 우리글로 된 책들을 남겨줄 수 있을 것으로 기대하고 있다.

책을 쓸 때마다 느끼는 것이지만, 가장 큰 혜택은 저자에게 돌아가는 것 같아서 어쩐지 항상 미안하다. 하지만 지금도 책을 쓰면서 많은 것을 배우고 깨우치는 것은 공부하는 사람에게 내려주는 복으로 생각하고 있다. 아직도 여러 모로 부족한 점이 많지만, 지난 30 년 동안 우리 학과 학사 과정에서 강의한 '해양파역학'의 내용을 포함하는 도서를 출간하게 되어, 기쁨 반, 걱정 반이다. 이 책에 포함되어 있을 많은 오류에 대해 동도 제현의 아낌없는 질정을 기대한다.

이 책은 오늘날의 저자가 있게 해주신 부모님께 바치고자 한다. 시간이 없다는 핑계를 항상 믿어주신 부모님께 죄송스런 마음을 금치 못하며, 그저 그 사이의 불효에 대해 조금이나마 스스로의 위안으로 삼는다.

2016년 더운 여름, 유성에서 이승준

차례

1장
들어가기, 선형 수면파의 복습

1.1 들어가기

공과대학의 선박해양공학과 학생들이 배우는 **수면파**(water surface wave)에 관한 과목은 우리 대학에서는 유체역학, 선박해양유체역학에 이어 3학년 2학기에 제공되며, 선박 및 해양구조물에 작용하는 힘과 그 운동을 이해하기 위해서는 필수적인 과목이다.

수면파는 통상 해양파로 불리기도 하지만, 사실 **해양파**(ocean wave)는 수중에 형성되는 청수와 해수의 경계면에 만들어지는 **내면파**(interfacial wave), 또 **조석**(tide) 간만에 기인하는 파도 등도 모두 포함하는 포괄적인 단어이므로 여기서는 수면파 또는 **해면파**(ocean surface wave)를 사용하기로 한다. 이 책의 후반부에서는 주로 해면파를 다룰 것이며, 거기서는 그와 같은 뜻으로 국한하여 해양파라는 용어도 사용하기로 한다.

수표면(water surface) 또는 수면에 형성되는 파도, 즉 수면파는 여러 가지 원인에 의해 만들어지지만, 선박 및 해양구조물과 관련하여 다루어지는 파도가 만들어지는 가장 큰 원인은 역시 바람과 중력이라고 볼 수 있으며, 따라서 학자들 중에는 '풍파'(wind wave)라는 용어를 선호하는 사람도 더러 있으나, 우리말 용어로 쓰기에는 일상 쓰이는 단어로서의 '풍파'와 혼동의 여지가 적지 않으므로 여기서는 부득이 한 경우가 아니면 쓰지 않기로 한다. 수면파가 생성되는 초기, 또는 파장이 매우 짧은 파도들에 대해서는 표면장력의 영향을 무시할 수 없으나, 이 책에서는 주로 중력에 의해 발생하는 파도를 고려하기로 한다. 수표면에 발생하는 중력에 기인하는 파도라는 점을 강조하기 위해 표면중력파(surface gravity wave)라는 용어도 사용되지만, 여기서는 쓰지 않기로 하고, 또 표면장력의 영향은 일반적으로 무시하기로 하며, 필요한 경우에만 그 영향을 고려하기로 한다.

위에서 언급한 바와 같이, 수면파는 '수면에 만들어지는 파도'를 뜻하며, 수면은 공기와 물의 경계면을 뜻한다. 한편 **파도**(wave) 또는 **파동**(wave motion)은 물리학 전반에서 사용되는 단어인데 매우 광범위한 현상을 나타내는 용어이므로 정의하기가 쉽지 않으나, 보통은 '무언가가 전파되는 에너지 현상'으로 이해된다. 물론 에너지 또한 정의하지 않고 쓰는 무정의(undefined) 용어이므로, 위의 기술을 정의라고 하기는 힘들며, 물리학에서 사용되는 많은 기본적인 개념들, 예를 들면 시간, 공간과 같은 용어들과 같이 정의하기 힘든 부분이 있다는 측면에서 이해해 누는 정도로 충분할 것이다.

단 수면파의 경우에는 파도의 전파가 수면의 변화, 즉 **높이**(elevation)가 변화하는 현상을 동반하므로, 대부분 **표면 상승**(surface elevation)을 사용하여 정량적으로 나타낼 수 있다. 또한 에너지의 관점에서는 **운동에너지**(kinetic energy)와 **위치에너지**(potential energy)의 상호 작용으로 수면파를 이해할 수도 있는데, 평균적으로 수면파의 에너지는 운동에너지와 위치에너지가 각각 그 절반을 차지하고 있어, 이와 같은 수면파의 특징을 에너지의 **등분**(equipartition) 현상이라고 부른다.

수면파는 다른 파동과 마찬가지로 **생성**, **전파**, **소멸**의 과정을 거친다. 수면파의 생성은 여러 가지 교란체에 의해 이루어지지만, 해상에서 통상 관측되는 파도는 바람이 그 요인이다. 일정한 크기의 해역에 일정한 방향으로 일정한 시간 이상 비교적 센 바람이 불면 바람의 방향으로 전파하는 수면파의 무리, 즉 **파도군**(wave group)이 생성된다. 바람에 의해 생성되는 이와 같은 파도군의 예측에 대해서는 3장과 8장에서 보다 상세하게 다룰 것이다.

한편 이와 같이 생성된 파도군은 대체적으로 파도를 만들어 낸 원래 바람의 방향으로 전파하는데, 수면파가 가진 매우 중요한 특성 중의 하나인 **분산성**(dispersion)에 의해 파장이 긴 파도는 빠르게, 짧은 파도는 느리게 움직이므로, 시간이 지남에 따라 긴 파도는 점차 파군의 앞쪽에, 짧은 파도는 뒤쪽에 자리 잡게 된다. 또한 파장이 비슷한 파도끼리 같이 움직이게 되므로, 해상에 정지해 있는 관측자에게는 파장이 일정한 파도가 일정한 방향으로 진행하는 것처럼 보이는 **스웰**(swell)로 보일 수 있다. 물론 해상에는 수없이 많은 파군이 중첩되어 있으므로, 항상 이와 같은 현상을 관찰할 수 있는 것은 아니다.

수면파는 그 전파 중에 섬, 선박, 해양구조물 등을 만날 수 있으며, 이에 따라 상호 영향을 미치게 된다. 이와 같은 과정은 주로 **반사**(reflection), **회절**(diffraction) 현상에 의해 설명할 수 있으며, 이에 대해서는 4장에서 다루기로 한다.

일단 생성된 수면파는 상당 기간 동안 대양을 오고 가며 바람으로부터 받았던 에너지를 잃고 서서히 그 수명을 다 하게 된다. 대부분의 에너지는 해변에서 쇄파에 의해 난류에너지로 바뀌거나 또는 해변의 침식에 기여하며, 물의 점성에 기인하여 소실되는 에너지는 예를 들어, 파장 $100\,m$인 파도에 대해 약 3.5년이 지나야 초기 진폭의 $e^{-1} \simeq 0.368$ 수준으로 감소할 만큼 대단히 작다. 해변에 가까워지면 수심이 감소하므로, 이에 따라 수면파의 전파 속도와 그 진폭에 변화가 생기며, 이와 같은 변화는 통상 **굴절**(refraction) 현상으로 설명할 수 있다. 이는 수심의 감소에 따른 수면파의 변화가 **빛**(light) 또는 광선을 다루는 **광학**(optics)에서 매질의 굴절률이 달라짐에 따라 빛의 파장이 변화하는 경우와 매우 유사한 물리적 성향을 보이기 때문이며, 이에 대해서는 5장에서 주로 다룰 것이다.

위에서는 주어진 자연 환경에 의해 수면파가 소멸되는 현상에 대해 주로 설명하였지만, 수면파가 가지고 있는 에너지를 적극적으로 활용하고자 하는 노력 또한 끊임없이 지속되어 왔으며, 파력 발전은 이와 같은 노력의 대표적인 예로 생각할 수 있다. 지면 관계 상 이 책에서 그와 같은 문제를 다룰 수는 없지만, 이 책에서 설명할 수면파의 기본적 특성을 그대로 사용하여 파력 발전의 문제를 다룰 수 있다는 점을 강조해 두고 싶다.

수면파를 정량적으로 다루고자 하는 노력은 19세기 초부터 결실을 맺어 왔다. 특히 **조화파**(harmonic wave)를 사용하여 일반적인 형태의 파동을 나타낼 수 있다는 주장을 포함한 논문, 푸리에(Fourier, 1807){1}[1]는 당대의 거장들인 라그랑주(Lagrange), 라플라스(Laplace), 프와송(Poisson) 등의 혹독한 비판을 받은 바 있으나, 수면파뿐만 아니라 응용수학과 물리학 전반에 걸쳐 큰 발전을 가능하게 한 기폭제 역할을 하였다.

여기서 조화파는 싸인 또는 코싸인 함수로 나타낼 수 있는 파를 뜻하는데, 우리 귀에 조화롭게, 즉 어울려 아름답게 들리는 **음파**(sound wave)를 설명하는데 쓰이는 파라는 뜻으로 도입된 용어이다.

수면파에 대한 최초의 이론, 즉 **선형 수면파**(linear water surface wave)를 초기치 문제로 다루었던 프와송(Poisson, 1818){2}과 코쉬(Cauchy, 1827){3}의 독립적인 연구는 수표면에서의 **경계조건**(boundary condition)을 선형화하여 차후의 후속 연구를 촉진하였다. 에어리(Airy, 1841){4}는 선형 수면파와 관련하여 매우 중요한 결과의 하나인 **분산관계식**(dispersion relation)을 포함하는 연구 결과를 발표하였으며, 이 이론은 통상 **에어리 이론**(Airy theory)으로 불리고 있다. 나아가 스토크스(Stokes, 1847){5}는 **고차**(higher order)의 이론을 전개하여 선형 수면파의 결과가 실은 **최저차**(the lowest order) 근사의 결과임을 보였으며, 실제 형상에 보다 가까운 수면파를 얻을 수 있는 체계적인 방법을 제안하였다.

지금까지 이루어진 연구에 따르면, 바람의 에너지가 물로 전달되어 우리가 보통

---

1) 참고문헌은 { } 안의 숫자로 나타내기로 하며, 그 목록은 책의 끝 부분에 보였다.

바다에서 볼 수 있는 파도들이 만들어지는 데는 통상 네 가지 중요한 **기제**(mechanism)가 작용한다.

첫째는, 난류 경계층 유동으로 볼 수 있는 수면 상의 바람은 다양한 진동수의 난류 성분을 가지고 있는데, 이들에 기인하는 **압력변동**(pressure fluctuation)에 의한 **공진**(resonance)으로, Phillips(1957){6}에 의해 보여 진 바와 같이 매끄러운 수표면 위로 부는 바람에 포함된 난류에너지가 공진 현상에 의해 물로 전달되어 파도들이 생성된다.

둘째는 바람이 가지고 있는 **와동에너지**(vorticity energy)가 물로 전달되는 것으로, Miles(1957){7}에 의해 설명된 바와 같이, 첫째 기제에 의해 이미 형성된 파면 위에, 바람의 연직 방향 속도 분포가 균일하지 않은 것에 기인하는 **전단류**(shear flow) 내의 와동에너지가 물로 전달되어 파도들이 생성된다. 기본적으로는 이 두 기제에 의해 바람이 가진 에너지가 물로 전달되는 것으로 알려져 있다.

셋째는 위의 두 기제와는 다른 성질을 가진 기제로, 파도들 간의 **공진성 상호작용**(resonant interaction)인데, Hasselman(1961){8}에 의해서 알려진 바와 같이, 파수 및 진동수가 다른 파도들의 **상호작용**(interaction)에 의해 파수의 중간 구간에 속하는 파도의 에너지가 파수가 크거나 작은 양 끝 구간으로 연속적으로 전달되는, 소위 에너지 **캐스케이드**(cascade) 현상에 의해 파도가 가지는 에너지가 재분배된다.

넷째는 점성과 쇄파에 기인하는 에너지 **소실**(dissipation)로 특히 파수가 큰, 즉 파장이 짧은 파도들에 유입되는 많은 에너지가 이 기제에 의해 소실된다.

위에서 설명한 첫째와 둘째 기제에 의해 바람의 에너지가 물로 전달되어 파수의 꽤 넓은 범위에 걸쳐 일정한 크기의 에너지가 분포되지만, 셋째 기제에 의해 파도의 에너지는 파수가 작거나 큰 쪽으로 이동하는데, 넷째 기제에 의해 파수가 큰 구간에서는 에너지가 소실되어 결국 파수가 상대적으로 작은 파도들에 에너지가 집중된다. 더구나 한 파장 당 파도가 가질 수 있는 파도는 아래의 식 (1.40)에서 보인 바와 같이 파장의 3승에 비례하므로, 바람의 속도가 크면 클수록, 또는 바람이 오래 불면 불수록, 다시 말하면 바람으로부터 물로 전달될 수 있는 에너지가 많으면 많을수록, 파장이 긴 파도들이 큰 에너지를 가지게 된다.

위에서 기술한 바와 같은 과정을 거쳐 일단 생성된 파도는 바람과 대체적으로 같은 방향으로 이동하여 결국 해안에 도달하게 되며, 또한 수면파가 전파하는 도

중 고체 경계면을 만나게 되면, 빛의 반사, 회절과 유사한 반응을 보이는데 이러한 현상을 설명하는데 초기에는 광학의 결과를 거의 그대로 수용하여 결과를 얻었으나, 점차 수면파의 특성을 고려한 결과를 얻을 수 있게 되었다. 반무한(semi-infinite) 길이로 가정할 수 있는 방파제에 의한 회절문제(diffraction problem)의 해는 Penny & Price(1952){9}에 의해 주어졌으며, 유한 수심의 해역에 위치한 수직 원주에 수면파가 들어오는 경우에 대한 회절문제의 해는 McCamy & Fuchs(1954){10}에 의해 주어졌다.

기초적인 수면파에 대한 선형 이론을 적용하여 실제 해상에서 관측되는 파도, 즉 해면파를 통계적으로 나타내기 위한 시도는 2차 대전 중, 연합군의 노르망디 상륙작전과 관련하여 크게 발전하였으며, 차후 Pierson(1952){11} Neumann(1952){12}, Bretschneider(1952){13}의 연구에 이어, Pierson-Moskowitz(1964){14}의 해면파에 대한 스펙트럼이 얻어짐으로써 일단락된 것으로 볼 수 있다.

19세기 말부터 기차, 자동차, 선박의 사용이 시작, 널리 퍼지게 되면서 지하에 매장된 화석 연료의 사용이 본격화되었는데, 특히 해저 지하에 매장되어 있는 석유와 천연가스는 **해양구조물**을 사용하여 탐사, 개발, 생산의 과정을 거치게 되므로, 현재까지 건조된 대부분의 해양구조물은 이와 같은 목적을 위해 만들어졌다고 해고 과언이 아니다. 9장부터는 이와 같은 해양구조물을 고정식(fixed type)과 부유식(floating type)으로 분류하여 그 역학적 특성에 대해 생각하기로 한다.

해면파에 의해 고정식 구조물에 작용하는 힘을 구하는 것과 관련하여 해면파의 파고와 물체의 크기가 거의 같을 때에 대해 모리슨 등(Morison et al., 1950){15}은 지금은 대표저사의 이름을 따 **모리슨 공식**(Morison formula)으로 불리는 식의 사용을 제안하였다. 이 식의 사용과 관련하여서는 아직도 그 이론적 근거에 대한 문제가 완전히 해결되었다고 보기는 힘들지만, 실제 설계에서는 큰 무리 없이 사용되고 있다. 또한 해양파 중에서의 **부유체**(floating bodies)의 운동을 예측하는 문제는 Ursell(1949){16}이 2차원 원주의 **방사문제**(radiation problem)에 대한 해를 얻음으로써 차후 성공적으로 다룰 수 있는 계기가 마련되었다.

각 장에서 다룰 내용을 간단하게 정리하면;

1장에서 선형 수면파의 용어, 기초적인 결과에 대해 간단히 복습한 후,

2장에서는 푸리에 급수 또는 적분을 사용하여 보다 일반적인 형태의 파동을 나타내는 방법에 대해 공부하고,

3장에서는 바람에 의한 수면파의 생성에 대해 알아보기로 한다.

4장에서는 수면파의 반사와 회절에 대해 공부한 후,

5장에서는 수심의 감소에 따른 수면파의 변화에 대해 기술한다.

6장에서는 수면파에 의해 파중의 물체에 작용하는 힘을 정량적으로 어떻게 나타낼 수 있는가에 대해 배운 후,

7장에서는 해양파를 푸리에 방법을 이용하여 어떻게 통계적으로 다룰 것인가에 대해 고찰하고,

8장에서는 대표적인 **해양파 스펙트럼**(ocean wave spectrum)에 대해 공부한다.

9장에서는 고정식 구조물에 작용하는 힘과 부유체의 운동에 대해 **차원해석**(dimensional analysis)을 수행하여 그들의 특성에 대해 알아보며,

10장에서는 고정식 해양구조물의 설계에 필수적인 개념인 **설계파**(design wave)와 **반복 주기**(return period)에 대해 배우며,

11장에서는 **계류라인**(mooring line)에 의한 힘에 대한 기본적인 사항과 **규칙파**(regular waves) 중에서의 부유체의 운동에 대해 생각하고,

12장에서는 **불규칙파**(irregular waves) 중에서 운동하는 부유체의 운동과 **전진 속도**(advance speed)의 영향에 대해 공부하기로 한다.

1.2 선형 수면파의 복습2)

2차원 유동(two dimensional flow)을 생각하기로 하고, 유동을 고려하는 평면에 그림 1.1에 보인 바와 같이 (x, y) 직교 우수 좌표계를 잡기로 하며, 위치 벡터는 $\underline{x} = (x, y)$로 나타내기로 한다. 여기서 x축은 정지 상태의 수평면에 잡고, y축은 연직 상방을 양으로 잡으며, 시간 변수는 t로 한다.

2) 이하의 내용에 대한 보다 자세한 설명은 참고도서 이승준(2014)[1]을 참조하기 바란다. 단행본인 참고도서는 [ ] 안의 숫자로 나타내기로 하며, 그 목록은 책 끝 부분에 보였다.

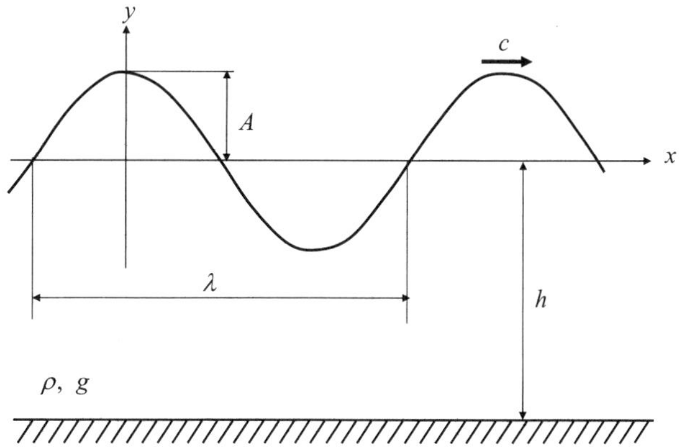

그림 1.1 좌표계와 수면파

유체의 점성과 압축성을 무시하고 유동이 정지 상태에서부터 시작하였다고 가정하면, 질량 보존 법칙인 연속 방정식은 다음과 같은 **라플라스 방정식**(Laplace equation)이 되어 유동장 내부의 모든 곳에서 만족되어야 한다.

$$\nabla \cdot \underline{u} = \nabla \cdot \nabla\phi = \nabla^2\phi = 0\,, \tag{1.1}$$

여기서 속도 벡터 $\underline{u}(\underline{x},t)$는 **속도포텐셜**(velocity potential) $\phi(\underline{x},t)$의 $grad$로 다음과 같이 주어진다.

$$\underline{u}(\underline{x},t) = \nabla\phi = \left(\frac{\partial\phi}{\partial x}, \frac{\partial\phi}{\partial y}\right). \tag{1.2}$$

유체의 경계면은 수표면과 수저 또는 **바닥**(bottom)을 생각하기로 하는데, 먼저 편의상 **무한 수심**(infinite water depth)인 경우, 즉 $h \to \infty$인 경우를 고려하기로 하면 수저에서의 경계조건은 유동이 없다는 다음과 같은 조건이 된다.

$$|\underline{u}| \to 0\,,\ y \to -\infty \text{일 때.} \tag{1.3}$$

수표면에서의 경계조건은 $y=0$에서 만족되는 **선형 조건**(linearized condition)을 고려하기로 하면, 수표면에서의 압력이 대기압으로 일정하다는 조건으로부터 다음과 같이 **동역학적 조건**(dynamic condition)을 얻는다.

$$\frac{\partial \phi}{\partial t} + g\eta = 0, \ \ y = 0 \text{ 에서.} \tag{1.4}$$

여기서 g는 중력 가속도이고, $\eta(x,t)$는 수표면의 변위이다.

또한 수표면 상에 있는 유체 입자의 속도 벡터는 항상 수표면에 접선 방향 속도 성분만 가질 수 있다는 조건으로부터 얻는 다음과 같은 **운동학적 조건**(kinematic condition)을 고려해야 한다.

$$\frac{\partial \eta}{\partial t} - \frac{\partial \phi}{\partial y} = 0, \qquad y = 0 \text{ 에서.} \tag{1.5}$$

수표면에서의 경계조건은 수표면의 변위가 해의 일부이므로 위와 같이 두 개의 조건이 주어져야 하며, 식 (1.4)와 (1.5)에서 η를 소거하여 다음과 같은 ϕ에 대한 **수표면 경계조건**을 얻는다.

$$\frac{\partial^2 \phi}{\partial t^2} + g\frac{\partial \phi}{\partial y} = 0, \ \ y = 0 \text{ 에서.} \tag{1.6}$$

위에서 얻은 식 (1.1), (1.3)와 (1.6)을 만족하는 ϕ를 구하면 식 (1.4)를 다시 쓴 다음 식으로부터 수표면의 변위 $\eta(x,t)$를 얻는다.

$$\eta(x,t) = -\frac{1}{g}\left[\frac{\partial \phi}{\partial t}\right]_{y=0}. \tag{1.7}$$

또 식 (1.2)를 사용하여 속도 벡터를 얻을 수 있으며, 다음과 같은 **비정상 비회전성 유동**(unsteady irrotational flow)에 대한 **선형화된 베르누이 방정식**(linearized Bernoulli equation)을 사용하여 유동장 내부의 임의의 점에 작용하는 압력 $p(\underline{x},t)$를 구할 수 있다.[3)]

3) 비정상 비회전성 유동에 대한 베르누이 방정식은 3.2절을 참고하기 바란다.

$$\frac{p-p_a}{\rho}=-\frac{\partial\phi}{\partial t}-gy\,, \tag{1.8}$$

여기서 p_a는 대기압이며, ρ는 유체의 밀도이다. 위 식 우변의 마지막 항은 **수정압**(hydrostatic pressure) p_s에 상응하며, 유체 운동에 기인하는 **수동압**(hydrodynamic pressure) p_d를 다음과 같이 정의하면,

$$p_d=p-p_a-p_s=p-p_a+\rho gy\,, \tag{1.9}$$

이를 식 (1.8)에 대입하여 수동압에 대한 식을 다음과 같이 얻는다.

$$\frac{p_d}{\rho}=-\frac{\partial\phi}{\partial t}\,, \tag{1.10}$$

따라서 선형 수면파 이론, 즉 에어리 이론에서 생각하는 **경계치 문제**(boundary value problem)는 다음과 같다.

$$\nabla^2\phi=0\,,\ x\in(-\infty,\infty)\,,\ y\in(-\infty,0), \tag{1.11}$$

$$\frac{\partial^2\phi}{\partial t^2}+g\frac{\partial\phi}{\partial y}=0\,,\ y=0\text{에서.} \tag{1.6}$$

$$|\underline{u}|\to 0\,,\ y\to-\infty\text{일 때.} \tag{1.3}$$

이 문제를 푸는 방법은 여러 가지가 있으나, 가장 기본적인 방법은 **변수분리법**(method of separation of variables)으로, $\phi(\underline{x},t)=X(x)\,Y(y)\,T(t)$를 가정하여 위의 경계치 문제에 대입하고, **요소해**(elementary solution)를 구하는 것이다. 대입에 의해 다음 결과를 얻으며,

$$\frac{1}{X}\frac{d^2X}{dx^2}=-\frac{1}{Y}\frac{d^2Y}{dy^2}=\text{상수}=\alpha\,, \tag{1.12}$$

$$\frac{1}{T}\frac{d^2T}{dt^2}+\frac{g}{Y}\frac{dY}{dy}=0\,,\ \ y=0\text{에서,} \tag{1.13}$$

$$Y(-\infty)=0\,. \tag{1.14}$$

식 (1.12)에서 상수 α는 식 (1.13)을 고려하여 $\alpha=-k^2$으로 잡으면, 식 (1.12)로부터 다음의 두 식을 얻는다.

$$\frac{d^2X}{dx^2}+k^2X=0\,, \tag{1.15}$$

$$\frac{d^2Y}{dy^2}-k^2Y=0\,. \tag{1.16}$$

식 (1.16)의 해 중에서 식 (1.14)를 만족하는 해는 다음과 같이 얻고,

$$Y=e^{ky}\,, \tag{1.17}$$

또 식 (1.15)의 해는 다음과 같이 쓸 수 있다.

$$X=e^{ikx}\,. \tag{1.18}$$

지금까지 만족되지 않은 유일한 식인 식 (1.13)에 식 (1.17)을 대입하여 다음을 얻으며,

$$\frac{d^2T}{dt^2}=-gk\,T\equiv-\omega^2\,T\,, \tag{1.19}$$

$$\omega^2=gk\,, \tag{1.20}$$

이를 정리하여 다음을 얻는다.

$$\frac{d^2T}{dt^2}+\omega^2\,T=0\,. \tag{1.21}$$

식 (1.21)의 일반해는 다음과 같이 쓸 수 있으며,

$$T = Ce^{-i\omega t} + De^{i\omega t}, \tag{1.22}$$

여기서 C, D는 임의의 **복소 상수**(complex constant)이다.

식 (1.17), (1.18), (1.22)로부터 속도포텐셜에 대한 요소해를 다음과 같이 얻는데,

$$\phi(\underline{x},t) = Re\left\{e^{ikx}e^{ky}\left(Ce^{-i\omega t} + De^{i\omega t}\right)\right\}, \tag{1.23}$$

여기서 Re은 뒤에 따르는 양의 **실수부**(real part)를 뜻하며, 이는 속도포텐셜은 물리량이므로 실수로 주어져야 함에 따른 것이다. 식 (1.23)은 다음과 같이 바꾸어 쓸 수 있는데,

$$\phi(\underline{x},t) = Re\left[e^{ky}\left\{Ce^{i(kx-\omega t)} + De^{i(kx+\omega t)}\right\}\right], \tag{1.24}$$

우변 중괄호 { } 안의 첫째 항은 x축의 양의 방향으로 $c = \dfrac{\omega}{k}$의 속도로 전파하는 파도를 나타내며, 둘째 항은 음의 방향으로 같은 속도로 전파하는 파도를 나타낸다.

이하에서는 x축의 양의 방향으로 전파하는 파도만을 고려하기로 하면, 속도포텐셜을 다음과 같이 쓸 수 있고,

$$\phi(\underline{x},t) = e^{ky}Re\left\{Ce^{i(kx-\omega t)}\right\}, \tag{1.25}$$

이 결과를 식 (1.7)에 대입하여 수표면의 변위를 구하면 다음과 같다.

$$\eta(x,t) = \frac{\omega}{g}Re\left\{iCe^{i(kx-\omega t)}\right\}. \tag{1.26}$$

요소해에 기인하는 수표면의 변위를 코싸인 함수를 사용하여 다음과 같이 나타내기로 하는데,

$$\eta(x,t)= A\cos(kx-\omega t), \tag{1.27}$$

여기서 A는 조화파의 **진폭**(amplitude), k는 **파수**(wave number), ω는 **래디안 진동수**(radian frequency) 또는 줄여서 **진동수**라고 부르며, λ를 **파장**(wavelength), τ를 **주기**(period)라고 하면, 다음이 성립한다.

$$k=\frac{2\pi}{\lambda}, \ \omega=\frac{2\pi}{\tau} \ . \tag{1.28}$$

식 (1.27) 우변의 코싸인 함수의 **자변수**(argument)는 **위상함수**(phase function), 또는 간단히 위상이라고 부르는데, 위상 $\theta(x,t)$은 다음과 같이 쓸 수 있다.

$$\theta(x,t)= kx-\omega t=k(x-ct), \tag{1.29}$$

여기서 파장과 주기는 파도의 공간 및 시간적 반복성을 나타내며, 파수와 진동수는 이들의 역수에 2π를 곱하여 위상이 2π 변할 때마다 같은 값이 얻어지는 코싸인 함수의 주기성을 나타내고 있다. 따라서 파수와 진동수는 단위 길이 당, 또 단위 시간 당 포함되어 있는 파도의 수를 나타내는데, 단 하나의 파도를 2π로 간주함에 유의한다.

식 (1.27)로 주어진 코싸인 파도는 진폭, 파수, 진동수, 세 개의 **매개변수**(parameter)를 가지고 있으며, 식 (1.20)의 $\omega^2=gk$는 **분산관계식**(dispersion relation)이라고 불리는데, 이 식에 따르면 진동수는 파수의 함수로 얻어지며, 이 두 매개변수는 서로 독립적으로 결정될 수 없다. 중력 가속도에 의해 두 물리량, 즉 파수와 진동수가 관련되어 있으며, 이것은 방정식 상으로 보면 수표면 상에서의 경계조건으로부터 얻어졌지만, 물리적으로는 수면파가 생성될 때, 유체 입자의 복원력이 중력에 의해 제공된다는 점에 기인한다.

식 (1.26)과 (1.27)을 비교하여 $C=-\dfrac{igA}{\omega}$를 얻으며, 따라서 속도포텐셜을 다음과 같이 얻는데,

$$\phi(\underline{x},t)=-\frac{gA}{\omega}e^{ky}Re\left\{i\,e^{i(kx-\omega t)}\right\}, \tag{1.30}$$

이를 정리하여 결국 다음을 얻는다.

$$\phi(\underline{x},t)= \frac{gA}{\omega}\, e^{ky}\sin(kx-\omega t), \tag{1.31}$$

식 (1.24) 아래서 언급한 속도 c는 **위상속도**(phase velocity)로 불리는데, 식 (1.20)의 분산관계식을 사용하여 다음을 얻으므로,

$$c=\frac{\omega}{k}=\frac{g}{\omega}=\frac{g}{2\pi}\tau=\frac{\sqrt{gk}}{k}=\sqrt{\frac{g}{k}}=\sqrt{\frac{g}{2\pi}}\sqrt{\lambda}, \tag{1.32}$$

주기가 크면 클수록, 파장이 길면 길수록 위상속도 c는 τ 또는 $\sqrt{\lambda}$에 비례하여 커지며, 그 비례상수는 각각 1.56과 1.25이다[그림 1.2 참조]. 예를 들어 주기가 $10\,s$일 때, $c=15.6\,m/s$, 또 파장이 $100\,m$일 때는 $c=12.5\,m/s$로 사람이 뛰어서 따라 갈 수 없을 정도로 빠르다.

한편, 분산관계식의 분산이라는 명칭은 식 (1.32)에 보인 바와 같이, 파장에 따라 파도의 전파 속도가 다른 것에 주목하여 부쳐진 이름이다. 만약 파장이 다른 여러 파도들의 합으로 이루어진 **파도군** 또는 **파군**(wave group)이 주어졌을 경우, 파군이 전파될 때 파장이 다른 파도들은 그 전파 속도가 다르므로 전체적인 파군의 길이가 늘어나게 되며, 파도들이 파장에 따라 흩어지는, 즉 분산되는 현상을 지칭한다.

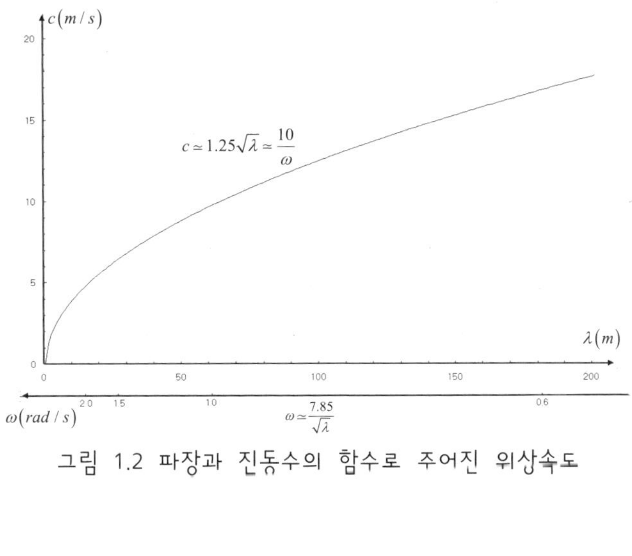

그림 1.2 파장과 진동수의 함수로 주어진 위상속도

식 (1.31)로 주어지는 속도포텐셜을 식 (1.2)에 대입하여 속도 벡터를 구하면 다음과 같은데,

$$\underline{u}(\underline{x},t)=(u,v)=\omega A(\cos\theta,\sin\theta)e^{ky}, \tag{1.33}$$

여기서 우변의 결과를 얻는 과정에서 분산관계식을 사용하였다. 이 식에 따르면, 파정과 파저에서는 수직 방향 속도 성분 v가 0이며, 파의 변위가 영인 **절점**(node)에서는 수평 방향 속도 성분 u가 0이다.

한편, 속도 벡터의 크기는 따라서 다음과 같이 얻는데,

$$|\underline{u}|=\sqrt{u^2+v^2}=\omega A\,e^{ky}, \tag{1.34}$$

이 식에 따르면 속도 벡터의 크기는 정지 상태의 수면으로부터의 깊이인 y만의 함수이고, y가 증가하면 지수 함수적으로 감소하며, 예를 들어 $y=-\dfrac{\lambda}{2}$, 즉 파장의 반 정도 수심에서는 $e^{ky}=e^{-\pi}=4.3\%$ 이므로 수면 상에서의 속도의 크기에 비하면 상당히 작아진다.

속도포텐셜을 식 (1.10)에 대입하여 다음과 같이 수동압을 구할 수 있고,

$$\frac{p_d}{\rho}=gAe^{ky}\cos\theta=g\,e^{ky}\,\eta(x,t), \tag{1.35}$$

이 식에 따르면 수동압은 수표면의 변위와 같은 위상을 가지며, e^{ky}를 제외하면 수표면의 변화에 따른 수정압의 크기와 같다. 이와 같이 수표면의 변위에 따른 수정압에 e^{ky}가 곱해진 만큼 수동압이 생기는 현상을 **Smith 효과**(Smith effect)라고 통상 부른다. 따라서 Smith 효과에 따라 파장의 반 정도 수심에서는 수동압이 수표면의 변위에 따른 수정압의 4.3% 밖에 되지 않으므로, 수면파의 진행에 따른 수동압의 변화는 주로 수표면에 가까운 곳에 집중되어 있다.

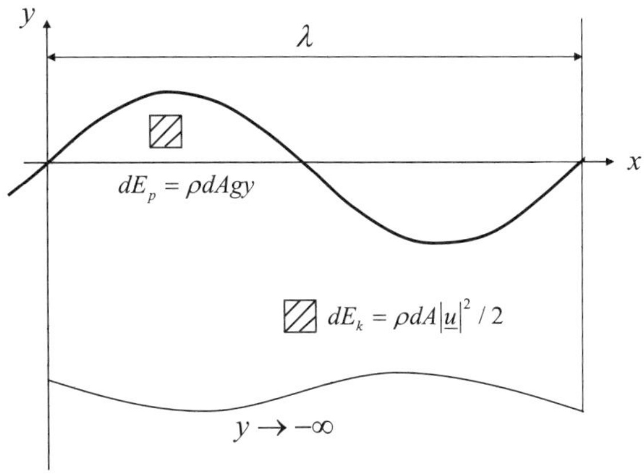

그림 1.3 수면파의 한 파장 당 에너지

수면파에 기인하는 에너지는 운동에너지와 위치에너지를 생각할 수 있는데[그림 1.3 참조], 먼저 한 파장 당의 **운동에너지** E_k를 고려하면 다음을 얻는다.

$$E_k = \frac{\rho}{2}\int_{-\infty}^{0}\int_{0}^{\lambda}|\underline{u}|^2 dxdy = \frac{\rho\omega^2 A^2\lambda}{2}\int_{-\infty}^{0} e^{2ky}dy = \frac{\rho\omega^2 A^2\lambda}{4k} = \frac{\rho g A^2\lambda}{4}. \quad (1.36)$$

여기서 마지막 등호를 얻는 과정에서 분산관계식을 사용하였다. 따라서 수면파가 가지는 단위 길이 당 평균 운동에너지 e_k는 다음과 같다.

$$e_k = \frac{E_k}{\lambda} = \frac{\rho g A^2}{4}. \quad (1.37)$$

한편, 한 파장 당의 **위치에너지** E_p는 다음과 같으므로,

$$E_p = \rho g\int_{0}^{\lambda}\int_{0}^{\eta} y\,dydx = \frac{\rho g}{2}\int_{0}^{\lambda}\eta^2 dx = \frac{\rho g A^2\lambda}{4}, \quad (1.38)$$

$E_p = E_k$, 즉 에너지의 **등분**(equipartition)을 확인할 수 있으며, 따라서 수면파가 가지는 단위 길이 당 평균 위치에너지 e_p는 다음과 같다.

$$e_p = \frac{E_p}{\lambda} = \frac{\rho g A^2}{4}. \tag{1.39}$$

그러므로 수면파가 가지는 **단위 길이 당 평균 에너지** e_t는 다음과 같이 얻으며,

$$e_t = e_k + e_p = \frac{\rho g A^2}{2}. \tag{1.40}$$

이 식에 따르면 e_t는 진폭 A만의 함수이고, 진폭의 제곱에 비례한다. 수면파를 코싸인 함수로 나타낼 경우 사용되었던 세 개의 매개변수 중, 진폭만이 유일하게 단위 길이 당 평균 에너지에 관련되는 것에 유의한다.

수심이 깊은 바다에서 수면파의 **기울기**(steepness), 즉 $\frac{A}{\lambda}$가 과도하게 커지면 파도는 부셔지게 되는데, 다시 말하면 과도한 에너지를 담당하지 못하고 파도의 형태가 깨지게 되는데, $H = 2A$를 **파고**(waveheight)로 부르기로 하면, $\frac{H}{\lambda}$의 최대값은 대략 $\frac{1}{7}$로 알려져 있다. 그러므로 파도가 가질 수 있는 최대의 에너지 또는 기울기를 가질 때, $A = \frac{\lambda}{14}$로 볼 수 있고, 따라서 한 파장 당 가질 수 있는 파도의 최대 에너지 E_m에 대해 다음을 얻는다.

$$E_m = e_t \lambda = \frac{\rho g A^2}{2} \lambda \propto \lambda^3. \tag{1.41}$$

이 식에 따르면 수면파가 가질 수 있는 파장 당 최대 에너지는 파장 λ의 3승에 비례한다. 예를 들어 바람의 에너지가 물로 공급되어 수면파가 생성될 때, 초기에는 파장이 짧은 파도들이 만들어지지만, 이와 같은 파도들은 상대적으로 작은 양의 에너지밖에 가질 수 없으므로, 결국 파장이 긴 파도들이 만들어지지 않으면 바람으로부터의 에너지 공급이 계속된다고 하더라고 이를 파도의 형태로 받아들이기 힘들 것이다.

파도의 기울기를 위에서 $\frac{A}{\lambda}$로 정의했지만, 이외에도 이론적인 측면에서는

$kA = 2\pi\dfrac{A}{\lambda}$를 기울기로 정의하는 것이 편리한 점이 있으며, 또한 비선형파 또는 쇄파를 다룰 적에는 파도 변위의 양의 최대값과 음의 최대값의 크기가 같지 않으므로, 진폭 A가 의미를 잃게 되어 **파저**(trough)로부터 **파정**(hump)까지의 연직거리로 정의되는 파고 H를 사용하여 기울기를 $\dfrac{H}{\lambda}$로 정의하기도 한다. 이 책에서는 필요에 따라 그 정의를 밝히고 $\dfrac{A}{\lambda}$, kA, $\dfrac{H}{\lambda}$를 모두 기울기라는 용어로 부르기로 한다.

분산관계식, $\omega = \omega(k)$로부터 얻어지는 또 하나의 중요한 결과는 **군속도**(group velocity)이다. 군속도 c_g는 다음과 같이 정의할 수 있으며,

$$c_g = \frac{d\omega}{dk}, \tag{1.42}$$

이 식에 식 (1.20)의 분산관계식을 대입하여 다음을 얻는다.

$$c_g = \frac{1}{2}\frac{g}{\omega} = \frac{1}{2}\sqrt{\frac{g}{k}} = \frac{1}{2}c. \tag{1.43}$$

이 식에 따르면 수심이 무한한 경우 수면파의 군속도는 위상속도의 반이다.

군속도는 파군의 전파 속도로 이해할 수 있으며, 보다 중요하게는 파도의 에너지 전파 속도이기도 하다. 전자와 관련된 부분은 [연습문제 2]로 남기기로 하며, 후자와 관련된 부분은 대학원 수준의 수학을 사용하여야 보이기 쉬우므로 여기서는 그 증명을 이승준(2016)[2]으로 미루기로 한다.

지금까지 논의한 선형 수면파 이론은 파도의 기울기 $\dfrac{A}{\lambda} < \dfrac{1}{50}$일 경우에는 실험적인 사실들과 매우 잘 일치하는 결과를 주는 것으로 알려져 있으며, 만약 기울기가 $\dfrac{1}{50}$보다 큰 경우에는 보다 정확한 이론, 예를 들면 스토크스의 고차 이론(Stokes, 1847){5} 등을 사용하여 실제에 가까운 결과를 얻을 수 있음이 알려져 있다. 이와 같은 고차 이론에 대해서는 이승준(2016)[2]을 참조하기 바란다. 한편, 수심이 유한한 경우에 대한 논의는 4.2절을 참조하기 바란다.

연습문제

1. 속도포텐셜이 식 (1.31)로 주어지는 수면파에 대해 초기에 (x_0, y_0)에 있던 유체 입자의 궤적은 다음과 같은 원으로 주어짐을 보이시오.

$$(x-x_0)^2+(y-y_0)^2=(Ae^{ky})^2. \tag{연1.1}$$

2. 진폭이 1이며, 파장이 매우 비슷한 두 코싸인 파의 합성파는 다음과 같이 주어질 수 있는데,

$$\eta(x,t)=\cos(kx-\omega t)+\cos\{(k+\Delta k)x-(\omega+\Delta\omega)t\}, \tag{연1.2}$$

삼각 함수의 성질을 이용하여 다음을 보이시오.

$$\eta(x,t)=2\cos\left(\frac{\Delta k}{2}x-\frac{\Delta\omega}{2}t\right)\cos(kx-\omega t). \tag{연1.3}$$

$k=1$, $\Delta k=0.1$인 경우에 대해 위 식을 도시하고, 두 코싸인 파의 합성으로 얻어지는 파군이 $c_f=\dfrac{\Delta\omega}{\Delta k}$로 움직이는 것을 확인하시오. 군속도 c_g는 $\lim_{\Delta k\to 0} c_f$로 주어짐에 유의하시오.

3. 파장 $100\,m$인 파도가 가질 수 있는 파장 당 최대 에너지를 구하시오. 단 파도의 폭은 $1\,m$로 한다.

2장
푸리에 급수와 푸리에 적분[4)]

2.1 푸리에 급수

1장에서 공부한 수면파에 대한 요소해로서의 조화파는 만약 **푸리에 급수**(Fourier series) 또는 **푸리에 적분**(Fourier integral)이 알려지지 않았다면, 보다 복잡한 파동 현상을 설명하는데 큰 도움이 될 수 없었을 것이다. 공과대학의 선박해양공학과 학생들은 응용수학에서 편미분 방정식의 해법과 관련하여 푸리에 급수를 배우는 것이 일반적이다. 하지만 통칭하여 푸리에 방법으로 불리는 수학의 분야는 동일한 물리 현상을 시간을 독립 변수로 하는 **시변**(time-varying) 함수로 다루는 일반적인 방법뿐만 아니라, 진동수를 독립 변수로 하여 **진동수 영역**(frequency domain)에서 문제를 다룰 수 있게 하는 관점을 제공한다.[5)]

푸리에 급수는 고려 중인 독립 변수의 구간이 유한할 때, 그리고 푸리에 적분은 그 구간의 길이가 무한할 때 사용되며, **푸리에 변환**(Fourier transform)은 푸리에 적분에 기초하여 정의된다. 이하에서는 먼저 간단한 예를 들어 푸리에 급수의 기초 개념에 대해 알아보기로 한다.

3차원 공간 상에 정의된 벡터 $\underline{x}$의 x 성분은, x 방향의 단위 벡터 $\hat{i}$와 주어진 벡터 $\underline{x}$의 **스칼라곱**(scalar product)[6)]으로 주어진다는 것은 공과대학생이면 누구나 아는 사실로 볼 수 있다.

그런데 만약 함수 공간 상에 정의된 함수 $f(x)$의 $\sin x$ 성분을 구하라고 하면 이는 무슨 뜻인가? 먼저 함수 공간은 x의 어떤 구간에 대해 일정한 성질, 예를 들면 연속이라든가 또는 한 번 미분 가능하다든가 하는 성질을 가진 모든 함수들의 집합이라고 할 수 있다. 이 집합에 속한 함수 $f(x)$의 $\sin x$ 성분은 위의 예에서와 마찬가지로 $f(x)$와 $\sin x$와 관련된 **단위 함수**(unit function)의 스칼라곱으로 정의할 수 있는데, 그렇게 하기 위해서는 스칼라곱의 개념을 함수 공간에 대해 확장, 정의해야 할 것이다. 일반적으로 이와 같은 작업은 **선형 대수**(linear algebra)에서 다루어지지만, 여기서는 우리에게 필요한 부분만 골라 간단하게 논

---

4) 2장은 수학적인 내용을 많이 포함하고 있어, 그 내용이 어렵다고 느껴지는 경우에는 다음 장으로 건너뛰어도 무방하며, 차후 푸리에 급수 또는 적분과 관련된 내용에 대한 참고로 활용해도 좋다.

5) 이하의 내용에 대해 보다 자세한 부분은 이승준(2014)[3]의 5장, 6장을 참조하기 바란다. 이 책은 공과대학 대학원생의 응용수학 교재로 쓰였으나, 기초적인 부분부터 설명하고 있으므로, 관련된 부분은 학사과정 3, 4학년생들도 내용을 따라가는데 문제가 없을 것으로 생각한다.

6) 흔히 내적(inner product)이라고 부르기도 하나, 벡터와 벡터를 곱하여 그 결과가 스칼라로 주어진다는 점을 강조하기 위해 스칼라곱이라는 용어를 사용하기로 하며, 벡터에 숫자를 곱하는 scalar multiplication은 숫자곱으로 부르기로 한다.

의를 진행하기로 한다.

먼저 단위 함수를 논의하기 위해서는 **길이**(length) 또는 **크기**(magnitude)의 개념이 필요하다. 길이는 어떤 벡터의 크기를 나타내는 용어이므로, 두 용어는 같은 뜻으로 사용될 수 있으며, 또한 두 벡터 사이의 거리는 두 벡터의 차이로 정의되는 벡터의 길이로 볼 수 있으므로, 벡터의 크기를 결정할 수 있는 경우에는 벡터 사이의 거리 또한 결정할 수 있음을 뜻한다.

어떤 함수의 크기는 그 함수의 제곱을 주어진 구간에 대해 적분하여 얻어지는 양의 실수(positive real number)를 적분 구간의 반으로 나눈 값의 제곱근으로 정의할 수 있다. 예를 들어 x의 구간이 $x \in [-\pi, \pi]$이면, f의 크기 $|f|$는 다음과 같이 정의할 수 있다.

$$|f| = \sqrt{\frac{1}{\pi}\int_{-\pi}^{\pi} f^2\, dx}\,. \tag{2.1}$$

여기서 피적분 함수로 f가 아닌 f^2을 택한 것은 음과 양의 값을 가지는 함수의 적분이 상쇄되어 영이 되는 것을 피하기 위함이며, 또 제곱근 안의 적분값이 영보다 큰 양의 값을 가지도록 하기 위함이고, 또 π로 나누어 준 것은 적분 구간의 길이의 반으로 나누어 준 것인데, 이는 구간의 길이가 커질 때, 함수의 크기 또는 스칼라곱의 값도 커지는 것을 방지하기 위함이다.

위의 정의는 스칼라곱의 개념을 도입하면 편리하게 나타낼 수 있는데, 주어진 두 함수, $f(x)$와 $g(x)$의 스칼라곱 (f,g)를 다음과 같이 정의하면,

$$(f,g) = \frac{1}{\pi}\int_{-\pi}^{\pi} f(x)\,g(x)\,dx\,, \tag{2.2}$$

식 (2.1)로 주어진 함수의 크기는 다음과 같이 다시 쓸 수 있다.

$$|f| = \sqrt{(f,f)}\,. \tag{2.3}$$

주어진 함수 공간에 대해 일단 스칼라곱을 정의하면, 함수의 '**성분**(component)'에 대해서도 벡터의 성분에 대한 개념을 확장시킬 수 있는데, 예를 들어 위에서

생각했던 $\sin x$ 의 크기는 위의 식 (2.2)와 (2.3)을 사용하여 1임을 쉽게 확인할 수 있으며[연습문제 1], 또 함수 $f(x)$의 $\sin x$ 성분 f_1을 두 함수의 스칼라곱으로 정의하면 다음과 같이 얻는다.

$$f_1 = (f, \sin x) = \frac{1}{\pi}\int_{-\pi}^{\pi} f(x)\sin x\, dx. \tag{2.4}$$

3차원 공간 상에 정의된 벡터 $\underline{x}$ 로 다시 돌아가면, 주어진 벡터 $\underline{x}$ 는 항상 각 방향의 성분을 이용하여 다음과 같이 쓸 수 있음을 알고 있다.

$$\underline{x} = x\hat{i} + y\hat{j} + z\hat{k}. \tag{2.5}$$

이 식을 스칼라곱을 이용하여 다시 쓰면 다음과 같은데,

$$\underline{x} = (\underline{x}, \hat{i})\hat{i} + (\underline{x}, \hat{j})\hat{j} + (\underline{x}, \hat{k})\hat{k}, \tag{2.6}$$

따라서 위에서 생각한 함수 $f(x)$에 대해서도 비슷한 질문을 제기할 수 있다. 만약 $\hat{i}$, $\hat{j}$, $\hat{k}$와 같은 역할을 $\sin x$, $\sin 2x$, $\sin 3x$가 할 수 있다면 $f(x)$에 대해서도 식 (2.6)과 같은 표현을 얻을 수 있을 것인지?

놀랍게도 이에 대한 답은 그렇다, 단 약간의 단서를 부친다면, 이다. 즉 식 (2.6)의 등호를 '가장 가까운 근사(best approximation)'[7]를 나타내는 것으로 해석한다면, 제한된 함수 공간에 대해 다음과 같은 표현은 매우 타당한 결과로 받아들일 수 있다[연습문제 2].

$$f(x) = (f, \sin x)\sin x + (f, \sin 2x)\sin 2x + (f, \sin 3x)\sin 3x. \tag{2.7}$$

물론 예를 들어 구간 $x \in [-\pi, \pi]$에서 연속인 모든 함수로 이루어지는 함수 공간의 차원은 무한히 크므로,[8] 식 (2.7)의 등호가 원래의 의미대로 양변이 같다

7) '가장 가깝다'는 것은 거리의 개념을 사용한다는 것을 뜻하는데, 함수 공간에 거리의 개념을 도입하는 등의 문제는 선형 대수에서 일반적으로 다루는 문제이며, 이승준(2010)[4]을 참조하기 바란다.

8) 함수 공간을 포함하는 일반적인 벡터 공간의 **차원**(dimension)은 얼마나 많은 수의 **선형 독립**(linearly independent)인 벡터를 포함하고 있느냐에 따라 결정되며, 이와 같은 부분에 대해서는 이승준(2010)[4]

는 뜻을 가지기 위해서는 우변에 무한히 많은 항이 있어야 할 것이며, 푸리에 급수 정리는 바로 이와 같은 문제에 대한 답을 주는 정리이다.

먼저 함수 $f(x)$의 푸리에 급수를 다음과 같이 정의하자. 즉 주기가 2π인 **주기함수**(periodic function) $f(x)$의 푸리에 급수 $f_F(x)$는 다음과 같이 정의되며,

$$f_F(x) = \frac{a_0}{2} + \sum_{n=1}^{\infty} (a_n \cos nx + b_n \sin nx), \tag{2.8}$$

여기서 계수들은 다음과 같이 스칼라곱을 이용하여 주어진다.

$$a_n = (f, \cos nx), \ n = 0, 1, 2, \cdots, \tag{2.9}$$

$$b_n = (f, \sin nx), \ n = 1, 2, 3, \cdots. \tag{2.10}$$

먼저 식 (2.8)의 우변의 첫째 항은 함수 $f(x)$의 평균값이므로, 우변의 **무한합**(infinite summation)으로 주어지는 항은 $f_F(x)$와 함수 $f(x)$의 평균값과의 차이를 나타낸다. 또 코싸인 함수는 **우함수**(even function)이고, 싸인 함수는 **기함수**(odd function)임을 고려하면 무한합 또는 무한급수에 포함된 두 항은 위에서 말한 차이의 우함수 성분과 기함수 성분을 각각 준다.

만약 주어진 함수가 기함수라면 모든 a_n이 영이므로, 식 (2.10)으로 주어지는 계수 b_n을 가지는 식 (2.8)의 우변은 바로 식 (2.7)과 매우 유사함을 알 수 있다. 주어진 함수 $f(x)$의 푸리에 급수 $f_F(x)$와 $f(x)$ 사이의 관계는 다음과 같은 푸리에 급수 정리를 사용하여 얻을 수 있다.

푸리에 급수 정리-1

주기가 2π인 주기함수 $f(x)$의 푸리에 급수 $f_F(x)$가 아래의 조건을 만족하면, $f_F(x)$는 $f(x)$가 연속인 모든 점에서 $f(x)$에 수렴하고, 연속이 아닌 점

을 참조하기 바란다.

에서는 좌우 극한의 평균값, $\frac{[f(x-0)+f(x+0)]}{2}$에 수렴한다. 여기서 $x \mp 0$는 $\lim_{\epsilon \to 0}(x \mp \epsilon)$으로 좌우 극한을 뜻한다.

위에서 말한 조건이란, 함수 $f(x)$가 **부분 유연**(piecewise smooth)해야 한다는 것인데, 이는 주어진 구간이 소구간(subinterval)들로 분할되었다고 할 때, 함수가 모든 소구간에서 연속이고 소구간의 좌우 끝점에서 유한한 극한값을 가지며, 또 모든 소구간이 닫혔다고 할 때 각 소구간에서 미분 가능함을 뜻한다.

함수가 부분 유연해야 한다는 조건은 이 조건이 만족되지 않는 경우 다시 논하기로 하고, 일단은 크게 신경 쓰지 않고 넘어가기로 하면, 이하에서는 그림 2.1에 보인 바와 같이 **기본 구간**(fundamental interval)인 구간 $x \in [-\pi, \pi]$에서 다음과 같이 주어지는 함수의 푸리에 급수를 구하여 위의 정리와 비교하여 생각해 보기로 한다.

$$f(x) = x. \tag{2.11}$$

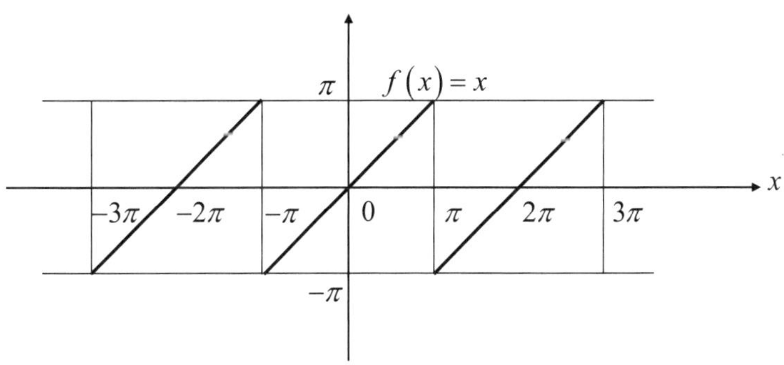

그림 2.1 기본 구간 $x \in [-\pi, \pi]$에서 $f(x) = x$인 주기가 2π인 주기함수

먼저 주어진 함수는 기함수이므로 모든 a_n이 영이며, 식 (2.10)으로 주어지는 계수 b_n을 부분적분에 의해 구하면 다음을 얻고,

$$b_n = (f, \sin nx) = \frac{1}{\pi}\int_{-\pi}^{\pi} x \sin nx\, dx = -\frac{1}{n\pi}\left[x \cos nx\right]_{-\pi}^{\pi}, n = 1,2,3,\cdots. \quad (2.12)$$

$\cos n\pi$ 의 값이 n 이 홀수일 때는 -1, 짝수일 때는 1 이므로 결국 다음을 얻는다.

$$b_n = -\frac{2}{n}\cos nx = (-1)^{n+1}\frac{2}{n}, \quad n = 1,2,3,\cdots. \quad (2.13)$$

이를 식 (2.8)에 대입하여 푸리에 급수를 다음과 같이 얻는다.

$$f_F(x) = 2\sum_{n=1}^{\infty}\frac{(-1)^{n+1}}{n}\sin nx. \quad (2.14)$$

위의 급수를 풀어 쓰면 다음을 얻으며,

$$f_F(x) = 2\sin x - \sin 2x + \frac{2}{3}\sin 3x - \cdots, \quad (2.15)$$

식 (2.7)과의 유사성을 확인할 수 있다.

또한 주기함수로서의 함수 $f(x)$ 는 기본 구간의 양 끝점에서 불연속이며 예를 들어 $x = \pi$ 에 대해 좌 극한값은 $-\pi$, 우 극한값은 π 로 그 평균값은 영인데, 식 (2.14) 또는 (2.15)에 $x = \pi$ 를 대입하면 f_F 의 값이 영이 되는 것으로부터, 위의 푸리에 급수 정리의 내용과 일치하는 것을 확인할 수 있다.

한편 예를 들어 식 (2.14)에 $x = \frac{\pi}{2}$ 를 대입하면 다음을 얻는데,

$$f_F\left(\frac{\pi}{2}\right) = 2\sum_{m=1}^{\infty}\frac{\sin\left(m - \frac{1}{2}\right)\pi}{2m-1} = 2\sum_{m=1}^{\infty}\frac{(-1)^{m-1}}{2m-1}$$

$$= 2\left(1 - \frac{1}{3} + \frac{1}{5} - \frac{1}{7} + \frac{1}{9} - \frac{1}{11} + \frac{1}{13} - \frac{1}{15} + \cdots\right), \quad (2.16)$$

이 식의 우변은 매우 느리지만 $\frac{\pi}{2}$ 에 수렴함도 확인할 수 있다[연습문제 3].

만약 기본 구간이 $x \in [-l, l]$ 로 그 길이가 $2l$ 로 주어지는 경우에는, 위의 푸리에 급수 정리는 아래와 같이 다시 쓸 수 있다.

푸리에 급수 정리-2

주기가 $2l$ 인 주기함수 $f(x)$의 푸리에 급수 $f_F(x)$가 부분 유연이면, $f_F(x)$는 $f(x)$가 연속인 모든 점에서 $f(x)$에 수렴하고, 연속이 아닌 점에서는 좌우 극한의 평균값, $\frac{[f(x-0)+f(x+0)]}{2}$ 에 수렴한다.

단 이때 $f_F(x)$를 구함에 있어 스칼라곱의 정의는 식 (2.2)가 아닌 다음 식을 사용하며,

$$(f, g) = \frac{1}{l} \int_{-l}^{l} f(x)\, g(x)\, dx, \tag{2.17}$$

또 $f(x)$의 푸리에 급수 $f_F(x)$는 다음과 같이 주어진다.

$$f_F(x) = \frac{a_0}{2} + \sum_{n=1}^{\infty} \left(a_n \cos\frac{n\pi x}{l} + b_n \sin\frac{n\pi x}{l} \right), \tag{2.18}$$

여기서 계수들은 식 (2.17)로 주어진 스칼라곱을 이용하여 다음과 같이 얻는다.

$$a_n = \left(f, \cos\frac{n\pi x}{l} \right), \ n = 0, 1, 2, \cdots, \tag{2.19}$$

$$b_n = \left(f, \sin\frac{n\pi x}{l} \right), \ n = 1, 2, 3, \cdots. \tag{2.20}$$

물론 $l=\pi$인 경우에는 위의 식들이 앞에서 고려했던 식들과 같아지는 것을 확인할 수 있다.

$\frac{\pi}{l}=\alpha$ 라고 하고, 위의 식 (2.18) 우변에 오일러 공식을 적용하면 다음을 얻는데,

$$f_F(x)=\frac{a_0}{2}+\sum_{n=1}^{\infty}\left(c_n e^{-in\alpha x}+c_{-n}e^{in\alpha x}\right)=\sum_{n=-\infty}^{\infty}c_n e^{-in\alpha x}, \qquad (2.21)$$

여기서 c_n은 식 (2.19), (2.20)과 식 (2.17)로부터 다음과 같이 얻는다.

$$c_n=\frac{a_n+ib_n}{2}=c_{-n}^{*}=\frac{1}{2l}\int_{-l}^{l}f(x)e^{in\alpha x}dx. \qquad (2.22)$$

여기서 복소수 위의 상첨자 *는 공액 복소수(conjugate complex number)를 뜻한다. 식 (2.21)의 우변은 함수 f의 **복소 푸리에 급수**(complex Fourier series)라고 부르며, 물론 그 결과는 실수로 주어진다.

2.2 푸리에 적분

앞 절에서는 기본 구간이 유한한 주기함수를 푸리에 급수를 이용하여 나타낼 수 있다는 것을 공부하였는데, 만약 기본 구간의 길이가 무한히 커지면 이와 같은 푸리에 급수는 더 이상 의미를 가질 수 없으므로, 개념의 확장을 다시 한 번 고려해야 한다.

푸리에 적분 정리를 엄밀하게 증명하기 위해서는 해석적 기법을 많이 이용해야 하므로 여기서는 증명 없이 결과만 소개하기로 하고, 그 증명은 Churchill(1956)[6]로 미루기로 한다.

푸리에 적분 정리는 다음과 같이 쓸 수 있다.

푸리에 적분 정리

주어진 함수 $f(x)$가 모든 l에 대해 구간 $(-l,l)$에서 부분 유연이고, 어떤 유한한 실수 M에 대해 다음이 성립하면,

$$\int_{-\infty}^{\infty} |f(x)|\,dx < M, \tag{2.23}$$

그 푸리에 적분 $f_F(x)$는 다음 식으로 주어지며,

$$f_F(x) = \frac{1}{\pi}\int_0^{\infty} dk \int_{-\infty}^{\infty} f(\xi)\cos k(\xi - x)\,d\xi, \tag{2.24}$$

$f_F(x)$는 $f(x)$가 연속인 모든 점에서 $f(x)$에 수렴하고, 연속이 아닌 점에서는 좌우 극한의 평균값, $\dfrac{[f(x-0)+f(x+0)]}{2}$에 수렴한다.

만약 $a(k)$, $b(k)$를 다음과 같이 정의하면,

$$a(k) = \frac{1}{\pi}\int_{-\infty}^{\infty} f(\xi)\cos k\xi\,d\xi, \tag{2.25}$$

$$b(k) = \frac{1}{\pi}\int_{-\infty}^{\infty} f(\xi)\sin k\xi\,d\xi, \tag{2.26}$$

$f(x)$의 푸리에 적분 $f_F(x)$는 식 (2.24)로부터 다음과 같이 쓸 수 있다.

$$f_F(x) = \int_0^{\infty} \{a(k)\cos kx + b(k)\sin kx\}\,dk. \tag{2.27}$$

만약 식 (2.21)에서 $\alpha = \dfrac{\pi}{l} = \Delta k$로 취하고, 무한급수를 **리만 합**(Riemann sum)으로 간주하면 식 (2.27)을 유도할 수 있다. 사실 이는 엄밀한 증명은 아니지만, 푸

리에 급수와 푸리에 적분 사이의 관계를 쉽게 보여 주고 있으므로 많이 사용되고 있으며, 이 부분은 [연습문제 4]로 남기기로 한다.

이하에서는 그림 2.2에 보인 $f(x)=e^{-\alpha|x|}$, $\alpha>0$의 푸리에 적분을 직접 구하고, 구한 결과를 위의 푸리에 적분 정리와 비교하여 살펴보기로 한다.

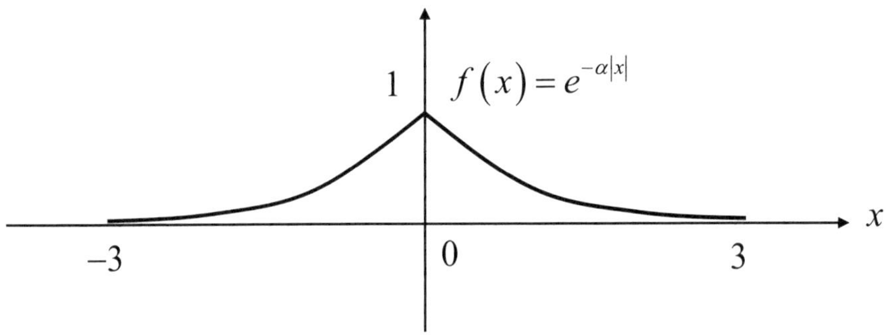

그림 2.2 $f(x)=e^{-\alpha|x|}$, $\alpha>0$

먼저 $f(x)$는 우함수이므로, 식 (2.26)으로 주어지는 $b(k)=0$이며, 식 (2.25)를 사용하여 $a(k)$를 구하면 다음과 같다.

$$a(k)=\frac{2}{\pi}\int_0^\infty e^{-\alpha\xi}\cos k\xi\, d\xi=\frac{2}{\pi}Re\int_0^\infty e^{-\alpha\xi+ik\xi}\,d\xi=-\frac{2}{\pi}Re\left(\frac{1}{ik-\alpha}\right)$$
$$=\frac{2}{\pi}Re\left(\frac{ik+\alpha}{k^2+\alpha^2}\right)=\frac{2}{\pi}\frac{\alpha}{k^2+\alpha^2}\,. \tag{2.28}$$

따라서 식 (2.27)에 대입하여 푸리에 적분을 다음과 같이 얻는다.

$$f_F(x)=\frac{2\alpha}{\pi}\int_0^\infty \frac{\cos kx}{k^2+\alpha^2}\,dk\,. \tag{2.29}$$

이 적분은 **복소 적분**(complex integral)을 이용하여 주어진 함수 $f(x)=e^{-\alpha|x|}$와 같은 함수임을 보일 수 있으며, 이는 [연습문제 5]로 남기기로 한다. 함수 $f(x)$

는 모든 점에서 연속이므로, 식 (2.29) 우변의 적분이 주어진 함수와 모든 점에서 같다는 것은 푸리에 적분 정리의 내용과 일치한다.

식 (2.28)의 결과를 얻는 과정에서 사실은 다음과 같은 적분도 구한 것으로 볼 수 있으며,

$$\frac{2}{\pi}\int_0^\infty e^{-\alpha\xi}\sin k\xi\, d\xi = \frac{2}{\pi}Im\int_0^\infty e^{-\alpha\xi+ik\xi}\,d\xi = -\frac{2}{\pi}Im\left(\frac{1}{ik-\alpha}\right)$$

$$= \frac{2}{\pi}Im\left(\frac{ik+\alpha}{k^2+\alpha^2}\right) = \frac{2}{\pi}\frac{k}{k^2+\alpha^2}\,. \tag{2.30}$$

여기서 Im은 뒤에 따르는 부분의 **허수부**(imaginary part)를 뜻한다.

식 (2.28)과 (2.30)에서 고려한 적분은 각각 $\cos k\xi$와 $\sin k\xi$의 **라플라스 적분**(Laplace integral)으로 알려져 있으며, 코싸인 및 싸인 함수의 **라플라스 변환**(Laplace transform)으로 볼 수도 있다는 점에 유의한다.

2.3 푸리에 변환

앞 절에서 논한 푸리에 적분 정리는 **푸리에 변환**(Fourier transform)을 정의하는 기초가 된다. 먼저 식 (2.24)로 주어지는 푸리에 적분은 다음과 같은 형태로 바꾸어 쓸 수 있다.

$$f_F(x) = \frac{1}{2\pi}\int_0^\infty dk\int_{-\infty}^\infty f(\xi)\left\{e^{ik(\xi-x)}+e^{-ik(\xi-x)}\right\}d\xi$$

$$= \frac{1}{2\pi}\int_{-\infty}^\infty dk\int_{-\infty}^\infty f(\xi)\,e^{-ik(\xi-x)}\,d\xi$$

$$= \frac{1}{2\pi}\int_{-\infty}^\infty e^{ikx}dk\int_{-\infty}^\infty f(\xi)\,e^{-ik\xi}d\xi\,. \tag{2.31}$$

만약 $f(\xi)$의 푸리에 변환 $Ff(\xi)$를 다음과 같이 정의하고,

$$Ff(\xi) = \tilde{f}(k) = \int_{-\infty}^{\infty} f(\xi)\, e^{-ik\xi} d\xi, \tag{2.32}$$

$\tilde{f}(k)$의 **푸리에 역변환**(Fourier inverse transform) $F^{-1}\tilde{f}(k)$를 다음과 같이 정의하면,

$$F^{-1}\tilde{f}(k) = \frac{1}{2\pi}\int_{-\infty}^{\infty} \tilde{f}(k)\, e^{ikx}\, dk, \tag{2.33}$$

푸리에 적분 정리로부터 얻은 식 (2.31)은 다음과 같이 쓸 수 있다.

$$f_F(x) = \frac{1}{2\pi}\int_{-\infty}^{\infty} \tilde{f}(k) e^{ikx}\, dk = F^{-1}\tilde{f}(k). \tag{2.34}$$

푸리에 적분 정리에 따르면 주어진 함수의 푸리에 적분은 '거의 모든 곳에서' 주어진 함수와 같으므로, 편의상 등호를 사용하여 다음과 같이 쓰기로 하면,

$$f_F(x) = f(x), \tag{2.35}$$

식 (2.34)는 결국 다음과 같이 쓸 수 있다.

$$F^{-1}\tilde{f}(k) = \frac{1}{2\pi}\int_{-\infty}^{\infty} \tilde{f}(k) e^{ikx}\, dk = f(x). \tag{2.36}$$

식 (2.32)와 식 (2.36)은 **푸리에 변환쌍**(Fourier transform pair)으로 불리며, 각각 푸리에 변환과 역변환을 주고 있다.

이하에서는 예제를 통해 푸리에 변환이 편미분 방정식의 해를 구하는데 어떻게 사용되는지 살펴보기로 한다. **파동 방정식**(wave equation)은 가장 먼저 알려진 편미분 방정식이기도 한데, 미지 함수 $\phi(x,t)$에 대해 다음과 같이 쓸 수 있으며,

$$\frac{\partial^2\phi}{\partial t^2} = c^2\frac{\partial^2\phi}{\partial x^2}, \tag{2.37}$$

여기서 c는 속도의 차원을 가지는 상수이고, 초기인 $t=0$에 $\phi(x,t)$는 다음과 같은 조건을 만족해야 한다.

$$\phi(x,0) = f(x), \tag{2.38}$$

$$\frac{\partial\phi}{\partial t}(x,0) = 0. \tag{2.39}$$

이 문제를 풀기 위해 식 (2.37)의 양변에 e^{-ikx}를 곱하고 x에 대해 $-\infty$부터 ∞까지 적분하면 다음을 얻는데,

$$\int_{-\infty}^{\infty} \frac{\partial^2\phi}{\partial t^2} e^{-ikx} dx = c^2 \int_{-\infty}^{\infty} \frac{\partial^2\phi}{\partial x^2} e^{-ikx} dx, \tag{2.40}$$

이 식 좌변의 피적분 함수에 포함된 시간에 대한 미분은 적분과 순서를 바꿀 수 있으며, 또 우변에 대해서는 부분적분을 두 번 적용하고 $\pm\infty$에서 ϕ 및 $\dfrac{\partial\phi}{\partial x}$를 영이라고 볼 수 있으므로, 다음을 얻는다.

$$\frac{\partial^2}{\partial t^2} \int_{-\infty}^{\infty} \phi(x,t)\, e^{-ikx} dx = c^2 (ik)^2 \int_{-\infty}^{\infty} \phi(x,t) e^{-ikx} dx. \tag{2.41}$$

이 식의 좌변과 우변의 적분은 바로 $\phi(x,t)$의 변수 x에 대한 푸리에 변환 $\Phi(k,t)$이므로, 다음과 같이 쓸 수 있는데,

$$\frac{d^2\Phi}{dt^2} + (ck)^2\Phi = 0, \tag{2.42}$$

이 식은 상미분 방정식임에 유의한다. 다시 말하면, 편미분 방정식을 푸리에 변환에 의해 상미분 방정식으로 바꾸었으며, 식 (2.42)의 일반해는 다음과 같이 쓸 수 있다.

$$\Phi(k,t) = A(k)\, e^{ickt} + B(k)\, c^{-ickt}. \tag{2.43}$$

또한 초기조건에 의해 다음을 얻는데,

$$\Phi(k,0) = A(k) + B(k) = \tilde{f}(k), \tag{2.44}$$

$$\frac{\partial \Phi}{\partial t}(k,0) = ick\{A(k) - B(k)\} = 0, \tag{2.45}$$

여기서 $\tilde{f}(k)$는 식 (2.38)에 주어진 함수 $f(x)$의 푸리에 변환이고, 식 (2.45)는 식 (2.39)를 사용하여 얻었다. 식 (2.44)와 (2.45)로부터 다음을 얻고,

$$A(k) = B(k) = \frac{\tilde{f}}{2}, \tag{2.46}$$

이를 식 (2.43)에 대입하여 다음을 얻는다.

$$\Phi(k,t) = \frac{\tilde{f}}{2}\left(e^{ickt} + e^{-ickt}\right) = \tilde{f}(k)\cos ckt. \tag{2.47}$$

그러므로 이제 식 (2.36)으로 주어진 푸리에 역변환을 사용하면 다음을 얻는데,

$$\phi(x,t) = \frac{1}{4\pi}\int_{-\infty}^{\infty} \tilde{f}(k)\left(e^{ickt} + e^{-ickt}\right)e^{ikx}dk. \tag{2.48}$$

이 식 우변의 적분은 다음과 같이 바꾸어 쓸 수 있으며,

$$\phi(x,t) = \frac{1}{4\pi}\int_{-\infty}^{\infty} \tilde{f}(k)\left\{e^{ik(x+ct)} + e^{ik(x-ct)}\right\}dk. \tag{2.49}$$

식 (2.36)으로 주어지는 푸리에 역변환에 의하면 다음을 얻으므로,

$$f(x) = \frac{1}{2\pi}\int_{-\infty}^{\infty} \tilde{f}(k)e^{ikx}dk. \tag{2.50}$$

결국 다음 결과를 얻는다.

$$\phi(x,t) = \frac{1}{2}\{f(x+ct)+f(x-ct)\}. \tag{2.51}$$

이 식에 따르면, 초기조건으로 주어진 정보 $f(x)$가 시간이 지남에 따라 x축의 양의 방향과 음의 방향으로 절반씩 그 형태를 변하지 않은 채 c의 속력으로 전파된다는 것을 뜻한다[그림 2.3 참조]. 이와 같은 면에서 식 (2.37)은 분산성이 없는 즉 **비분산성**(nondispersive) 파도에 대한 방정식임을 알 수 있다.

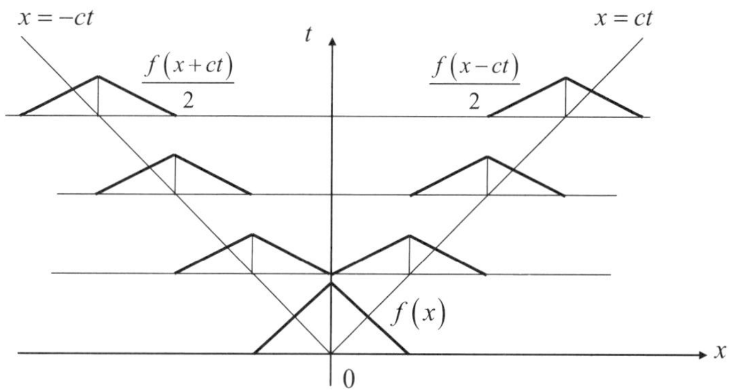

그림 2.3 파동 방정식에 따른 초기조건의 전파

물론 위에서 얻은 결과, 식 (2.51)은 다른 방법으로도 얻을 수 있지만[연습문제 7], 그와 같은 방법들은 일반화되기 어려운 반면, 위에서 보인 바와 같이 푸리에 변환에 의해 편미분 방정식을 상미분 방정식으로 바꾸어서 푸는 방법은 편미분 방정식을 푸는 일반적인 방법으로 매우 유력한 도구로 사용되고 있음에 유의한다.

연습문제

1. 식 (2.2), (2.3)을 사용하여 $\sin x$의 크기가 1임을 보이시오.

2. $\sin x$, $\sin 2x$, $\sin 3x$의 모든 **선형 결합**(linear combination)으로 이루어지는 3차원 함수 공간에 속한 함수 중에서 식 (2.7)로 주어지는 함수가 $f(x)$에 가장 가까운 것을 보이시오. 단 두 함수 $f(x)$와 $g(x)$ 사이의 거리 $d(f,g)$는 다음과 같이 정의한다.

$$d(f,g) = |f-g|. \tag{연2.1}$$

3. 식 (2.16)을 다음과 같이 바꾸어 쓸 수 있음을 보이고,

$$f_F\left(\frac{\pi}{2}\right) = 4\left(\frac{1}{1\times 3} + \frac{1}{5\times 7} + \frac{1}{9\times 11} + \frac{1}{13\times 15} + \cdots\right), \tag{연2.2}$$

이 식 우변의 ( ) 안에 대해 10항, 20항, 30항까지 계산하여 그 값의 변화를 알아보고, 또 우변의 수렴을 촉진하기 위한 방법을 사용하면 $\frac{\pi}{2}$에 얼마나 가까운 값을 구할 수 있는지 보이시오.

4. 본문에서 설명한 대로, 식 (2.21)에서 $\alpha = \frac{\pi}{l} = \Delta k$로 취하고, 무한급수를 리만 합으로 간주하여 식 (2.27)을 유도하시오.

5. 식 (2.29)를 복소 적분을 이용하여 구하여, $f(x)=e^{-\alpha|x|}$의 푸리에 적분이 주어진 함수와 같음을 보이시오.

6. 함수 $f(t)$의 푸리에 변환이 $\tilde{f}(\omega)$라고 하면 그 도함수 $\dfrac{df}{dt}$의 푸리에 변환은 $i\omega\tilde{f}(\omega)$로 주어짐을 부분적분을 활용하여 보이시오.

7. 식 (2.37)로 주어지는 파동 방정식은 다음과 같이 쓸 수 있으며,

$$\left(\frac{\partial}{\partial t}+c\frac{\partial}{\partial x}\right)\left(\frac{\partial}{\partial t}-c\frac{\partial}{\partial x}\right)\phi=0, \quad \text{(연2.3)}$$

따라서 다음과 같은 변수들을 사용하면,

$$\xi=x-ct\,,\;\; \eta=x+ct\,, \quad \text{(연2.4)}$$

파동 방정식은 다음과 같이 쓸 수 있음을 보이시오.

$$\frac{\partial^2\phi}{\partial\xi\partial\eta}=0. \quad \text{(연2.5)}$$

그러므로 초기조건이 식 (2.38), (2.39)로 주어지는 경우 그 해는 식 (2.51)과 같이 얻을 수 있음을 보이시오.

3장
바람에 의한 수면파의 생성

3.1 바람의 압력변동에 의한 수면파 생성
3.2 와동력을 고려한 오일러 방정식의 한 형태
3.3 바람의 와동에너지에 의한 수면파 생성
3.4 파도 간 공진성 상호작용

수면파 생성의 **기제**(mechanism)는 오랜 동안 제대로 알려지지 않았으나, 1950년대 말의 Phillips(1957){6}와 Miles(1957){7}의 연구에 의해 그 실마리가 풀린 후, 많은 후속 연구가 진행되어 이제는 어느 정도 그 전모가 밝혀진 것으로 볼 수 있다. 이 분야에 대한 저서로는 Kinsman(1984)[7]이 독보적인 위치를 차지하고 있으며, 매우 포괄적이고 자세하게 설명하고 있으나 단지 그 분량이 방대하다는 문제점이 있다. 이 장에서는 주로 Kinsman(1984)[7]과 LeBlond & Mysak (1978)[8]에 기초하여 학사 과정에 적절한 수준으로만 다루기로 한다.

3.1 바람의 압력변동에 의한 수면파 생성

수면파는 앞에서 논한 바와 같이 바람에 의해 만들어지는데, 그 초기에는 바람의 난류에 기인하는 **압력변동**(pressure fluctuation)에 의해 바람의 난류에너지가 물로 전파된다[그림 3.1 참조]. 이와 같은 기제는 푸리에 변환을 이용하여 자세하게 보일 수 있으나, 여기서는 물리적인 설명에 그치기로 한다.

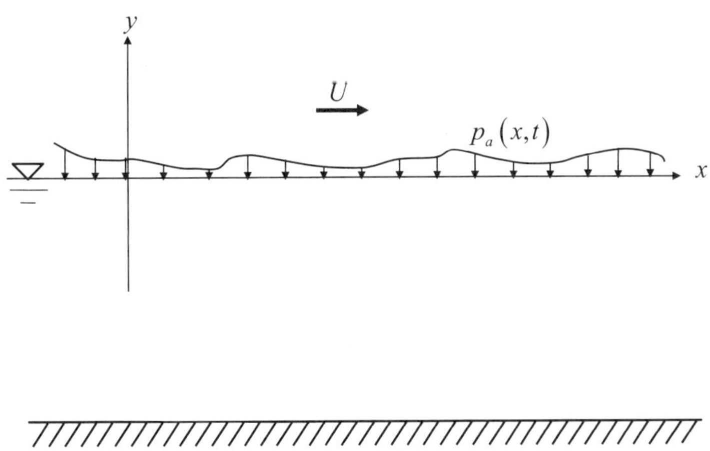

그림 3.1 압력변동에 의한 수면파의 생성

평형 상태의 매끈한 수표면 위로 부는 바람은 기압의 차이에 의해 형성된 공기 입자의 수평 방향 유동이지만, 난류 경계층 유동으로 수표면 근처에서 많은 난류 성분을 포함하고 있으며, 이들은 시간 및 공간에 따라 변화하는 압력변동으로 수면에 수직으로 작용하여 수면파를 생성하는 요인이 된다. 물론 먼저 만들어지는 파도는 매우 짧은 파장을 가지며, 이 파도들에 대해서는 표면장력의 효과를 무시할 수 없다. 에너지적인 관점에서 보면, 이 기제를 통해 바람이 가지고 있는 난류 에너지가 파도의 생성을 위해 공급된다.

상미분 방정식을 통해 압력변동에 의한 난류에너지 전달 과정을 설명하기로 하면, 수면파 변위의 푸리에 변환인 $f(k;t)$가 바람이 부는 영역의 파수 k인 파도의 크기를 나타낸다고 할 때, 압력변동 $p_a(k)$에 기인하는 f의 변화는 다음과 같은 식으로 주어질 수 있다.

$$\frac{d^2 f}{dt^2} + \omega_n^2 f = -\frac{k p_a}{\rho}\cos\omega t\,. \tag{3.1}$$

여기서 $\omega_n = \sqrt{gk + \frac{\sigma k^3}{\rho}}$ 이며, ρ는 물의 밀도, σ는 표면장력이고, ω는 $p_a(k)$에 대응되는 난류 성분의 진동수이다.

공학수학에서 배운 바와 같이, 식 (3.1)은 외력이 작용하는 스프링-질량 계의 운동 방정식과 같은 형태의 식이며, 이와 같은 식을 지배 방정식으로 하는 계는 $\omega = \omega_n$일 경우, **공진**(resonance) 현상을 일으킨다[연습문제 1]. 공진이 발생할 때, 식 (3.1)의 **특수해**(particular solution)는 시간에 따라 선형적으로 증가하므로, 특수해를 구하기 위해 다음을 가정하는데,

$$f(k;t) = \alpha t\cos\omega t, \tag{3.2}$$

여기서 α는 아직 정해지지 않은 상수이다. 이를 식 (3.1)에 대입하여 다음과 같이 α를 얻으며,

$$\alpha = \frac{k p_a}{2\rho\omega}, \tag{3.3}$$

따라서 다음과 같이 공진이 발생할 경우에 대한 특수해를 얻는다.

$$f(k;t) = \frac{p_a(k)}{2\rho\omega} k\,t\cos\omega t. \tag{3.4}$$

이 식에 따르면, 파도의 크기는 시간이 지남에 따라 선형적으로 증가하며, 또한 k에 비례하므로 파수가 큰, 다시 말하면 파장이 짧은 파도들에 선택적으로 많은 에너지가 집중됨을 알 수 있다.

바람이 불어 시간이 꽤 경과하면, 보다 복잡한 점근 해석을 통해 에너지를 나타내는 것으로 볼 수 있는 f^2에 대해 다음과 같은 사실을 보일 수 있어,

$$f^2 \sim k^2\,t\cos\omega t\,, \tag{3.5}$$

짧은 파도에 선택적으로 에너지가 집중되는 것은 여전하지만, 파도의 크기가 아닌 파도의 에너지가 시간에 비례하여 증가함을 알 수 있다.

위에서는 바람에 의한 수면파의 생성과 관련하여 핵심적인 부분만 논의하기 위해 보다 자세한 부분들을 다루지 않았지만, 중력과 표면장력을 모두 고려하는 경우, 하나의 풍속에 대해 진동수가 다른 두 개의 파도, 즉 **중력파**(gravity wave)와 **표면장력파**(capillary wave)가 생길 수 있으므로 이들을 다 고려해야 한다. 또한 위와 같이 압력변동과의 공진에 의해 유기되는 파도의 위상속도는 바람의 속도와 거의 같은 크기를 가지는 것을 보일 수 있다. 이외에도 바람의 방향과 파도의 진행 방향, 그리고 풍속의 크기에 의한 영향 등에 대한 논의는 Kinsman(1984)[7]을 참조하기 바란다.

3.2 와동력을 고려한 오일러 방정식의 한 형태

이 절에서는 다음 절에서 고려할 바람의 와동에너지에 의한 수면파의 생성을 다루기 위해 필요한 오일러 방정식의 한 형태를 먼저 유도하기로 한다.

비점성 비압축성 유체에 대한 운동 방정식은 **오일러 방정식**(Euler equation)으로 알려져 있으며 보통 다음과 같은 형태로 주어진다(이승준(2014)[1] 참조).

$$\frac{\partial \underline{u}}{\partial t}+\underline{u}\cdot\nabla\underline{u}=-\frac{1}{\rho}\nabla p-g\hat{j} \tag{3.6}$$

여기서 $\underline{u}$는 유체 입자의 속도 벡터이고, ρ는 유체의 밀도, p는 압력, g는 중력 가속도이며, y축은 연직 상방을 양으로 취한다. 이 식의 좌변은 단위 질량을 가지는 유체 입자의 가속도를 나타내고, 우변은 압력과 중력에 기인하는 힘을 나타낸다.

2차원 유동(two dimensional flow)에 대해서 생각하기로 하면, $\underline{u}=(u,v)$로 쓸 수 있으며, 여기서 **와도**(vorticity) ζ는 다음과 같이 주어진다.

$$\zeta=\nabla\times\underline{u}=\zeta\hat{k}=\left(\frac{\partial v}{\partial x}-\frac{\partial u}{\partial y}\right)\hat{k}. \tag{3.7}$$

즉 와도는 유동을 고려하는 평면에 수직인 방향 성분만 존재한다. 아래에서는 우변의 괄호 안의 양을 ζ로 나타내기로 한다.

식 (3.6) 좌변의 첫째 항은 국부 가속도, 둘째 항은 대류 가속도를 나타내는데, 대류 가속도 항에 대해 생각하기로 하면, 먼저 이 항의 x 성분 C_x는 다음과 같다.

$$C_x\equiv\left(\underline{u}\cdot\nabla\underline{u}\right)_x=u\frac{\partial u}{\partial x}+v\frac{\partial u}{\partial y}. \tag{3.8}$$

위 식의 우변에 $v\dfrac{\partial v}{\partial x}$를 더해주고 빼주어 정리하는데, 식 (3.7)을 사용하여 다음과 같이 다시 쓸 수 있다.

$$C_x=\left(u\frac{\partial u}{\partial x}+v\frac{\partial v}{\partial x}\right)-v\left(\frac{\partial v}{\partial x}-\frac{\partial u}{\partial y}\right)=\frac{1}{2}\frac{\partial}{\partial x}\left(u^2+v^2\right)-v\zeta. \tag{3.9}$$

이 식으로부터 다음 결과를 얻으며,

$$C_x = \frac{1}{2}\left(\nabla|\underline{u}|^2\right)_x + \left(\zeta\times\underline{u}\right)_x, \tag{3.10}$$

y 성분에 대해서도 같은 방법으로 다음을 얻으므로,

$$C_y = \frac{1}{2}\left(\nabla|\underline{u}|^2\right)_y + \left(\zeta\times\underline{u}\right)_y, \tag{3.11}$$

식 (3.10)과 (3.11)로부터 대류 가속도에 대해 다음을 얻는다.

$$\underline{u}\cdot\nabla\underline{u} = \frac{1}{2}\nabla|\underline{u}|^2 + \zeta\times\underline{u}. \tag{3.12}$$

이를 식 (3.6)에 대입하여 다음과 같은 새로운 형태의 오일러 방정식을 얻는다.

$$\frac{\partial\underline{u}}{\partial t} + \zeta\times\underline{u} = -\nabla\left(\frac{p}{\rho} + gy + \frac{1}{2}|\underline{u}|^2\right). \tag{3.13}$$

이 식의 좌변 둘째 항을 우변으로 이항하여 다음 결과를 얻는데,

$$\frac{\partial\underline{u}}{\partial t} = -\nabla\left(\frac{p}{\rho} + gy + \frac{1}{2}|\underline{u}|^2\right) - \zeta\times\underline{u}, \tag{3.14}$$

여기서 우변의 첫째 항은 압력, 중력, 그리고 관성에 기인하는 힘이다.

또 우변의 마지막 항도 위에서 보인 바와 같이 대류 가속도로부터 얻어진 항이므로, 관성력이기는 하지만, 와도, 즉 유체 입자의 자신의 축에 대한 회전 운동 성분에 의해 유체 입자가 받는 힘으로 간주할 수 있으므로, 통상 **와동력**(vorticity force)이라고 부른다. 와동력은 와도에 수직한 방향의 벡터이며, 2차원 유동의 경우 와도는 유동이 발생하는 평면, 즉 유동 평면에 수직인 방향 성분만 가지므로, 따라서 유동 평면 내에서 속도에 수직인 방향의 힘이다.

비회전성 유동장에 대해서 식 (3.14)의 좌변에는 $\underline{u} = \nabla\phi$를 사용할 수 있고, 또 우변의 미지막 항인 와동력이 영이 되므로, **비정상 비회전성 유동**(unsteady irrotational flow)에 대해 식 (3.14)는 다음과 같이 쓸 수 있다.

$$\nabla\left(\frac{\partial \phi}{\partial t}+\frac{p}{\rho}+gy+\frac{1}{2}|\underline{u}|^2\right)=\underline{0}, \tag{3.15}$$

따라서 이 식 좌변 괄호 안의 양은 상수 또는 시간만의 함수가 되어야 하므로 다음을 얻는다.

$$\frac{\partial \phi}{\partial t}+\frac{p}{\rho}+gy+\frac{1}{2}|\underline{u}|^2=f(t). \tag{3.16}$$

여기서 우변의 $f(t)$는 속도포텐셜 ϕ에 포함시킬 수 있으므로, 결국 다음을 얻는다.

$$\frac{\partial \phi}{\partial t}+\frac{p}{\rho}+gy+\frac{1}{2}|\underline{u}|^2=\text{상수}. \tag{3.17}$$

이 식은 **비정상 비회전성 유동에 대한 베르누이 방정식**으로 불린다.

3.3 바람의 와동에너지에 의한 수면파 생성

이 절에서는 이미 3.1절에서 설명한 바와 같은 기제에 의해, 압력변동의 난류에너지에 기인하여 파도가 수면에 이미 만들어져 있는 것으로 간주하고, 주로 Lighthill(1962){17}의 설명에 근거하여 기술하기로 한다.

바람의 수평 방향 속도 성분 U의 분포는 수면 상에서 영으로부터 시작하여 수직 방향으로 단조 증가하는 형태를 가지고, 파도의 위상속도 c와 같은 속도로 움직이는 계에서 본 속도 분포는 그림 3.2에 보인 바와 같을 것이며, 이와 같은 유동은 보통 **전단류**(shear flow)라고 부른다.

비점성, 비압축성 유체의 2차원 유동을 고려하면, 식 (3.7)에서 보인 바와 같이 와도는 다음과 같이 주어지며,

$$\underline{\zeta}=\zeta\hat{k}=\left(\frac{\partial v}{\partial x}-\frac{\partial u}{\partial y}\right)\hat{k}, \tag{3.18}$$

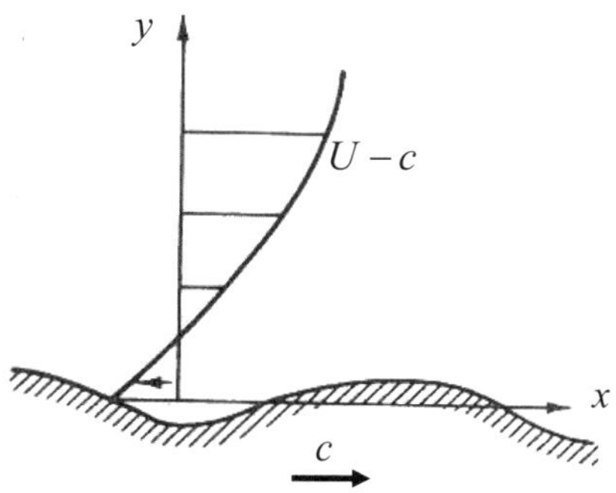

그림 3.2 바람의 속도 분포, 전단류

그림 3.2에 보인 바와 같은 바람의 속도 분포에 대해서는 시간평균 속도 벡터 $\underline{u}$가 다음과 같이 주어지므로,

$$\underline{u}(x,y) = (u,v) = (U,0), \tag{3.19}$$

결국 **와도**(vorticity[9])에 대해 다음을 얻으며,

$$\zeta = -\frac{dU}{dy} \neq 0, \tag{3.20}$$

따라서 고려 중인 바람에 의한 공기의 평균 유동은 회전성 유동임을 알 수 있다.

회전성 유동의 경우에는 3.2절에서 보인 바와 같이 유체 입자에 **와동력**(vorticity force)이 작용하는 것으로 볼 수 있다. 이 와동력은 식 (3.14) 아래에서 설명한 바와 같이 유동 평면에서 속도에 수직인 방향의 힘이며, 공기 중 대부분의 영역에서 수면파의 위상과 거의 같은 위상의 속도를 유기하므로 와동에너지의 손실은 발생하지 않는다. 단 파도의 위상속도로 움직이는 계에서의 풍속, 즉 $U-c$가 영이 되는 높이를 중심으로 하는 영역에서는[그림 3.2 참조] 상황이 달라, 이미 생성되어 있는 파도의 **절점**(node) 부근에는 수평 방향 속도 성분을, 파정과 파저 부근에는 수직 방향 속도 성분을 유기시킨다. 1장에서 식 (1.33)과 관련하여 지적한 바와 같이 이와 같은 방식으로 유기된 속도 성분은 이미 생성되어 있는 파도의 속도와는 위상이 $\frac{\pi}{2}$ 차이가 난다.

9) 이 영어 단어가 형용사로 쓰일 때는 와동, 명사로 쓰일 때는 와도로 번역하기로 한다.

스프링-질량-감쇠 계의 감쇠력이 질점의 변위와 위상이 $\frac{\pi}{2}$ 차이가 나는 것에 기인하여 계의 에너지를 감쇠시키는 것을 상기하면, 와동력에 의해 유기되는 속도, 또는 와동력은 위의 감쇠력과 같은, 단 부호가 반대인 기제에 의해 수면파에 에너지를 공급하는 기제로 작용한다. 위와 같은 기제는 **음감쇠**(negative damping) 기제로 부를 수 있으며, 양의 감쇠력을 받는 계의 응답이 시간에 따라 지수 함수적으로 감소하는 것에 반해, 음감쇠를 받는 계의 응답은 시간에 따라 지수 함수적으로 증가한다.

식 (3.20)에 보인 바와 같이 $\zeta = -\frac{dU}{dy}$이고, $\frac{dU}{dy}$는 수표면에 가까운 곳에서 가장 큰 값을 가지고 점점 감소하므로, 와동에너지가 수면파로 전달되는 높이가 수표면에서 멀리 떨어지면 별 영향을 끼칠 수 없다. 따라서 3.1절에서 설명한 공진에 의한 에너지 전달은 $U \approx c$인 경우에 강력한 영향을 끼침에 반해, 위에서 설명한 음감쇠 기제에 의한 에너지 전달은 $U \gg c$인 경우에 보다 강력한 영향을 끼친다.

이상에서 설명한 기제를 앞 절에서와 같이 상미분 방정식을 통해 나타내기로 하면, $\beta(k) > 0$를 와도의 영향을 나타내는 매개변수라고 할 때, 다음과 같은 식으로 나타낼 수 있다.

$$\frac{d^2 f}{dt^2} - \beta \frac{df}{dt} = 0\,, \tag{3.21}$$

이 식 좌변 둘째 항은 음감쇠를 나타내며, 바람의 와동에너지가 수면파에 대해 하는 역할을 나타내고 있다[연습문제 3]. 이 식의 일반해는 다음과 같이 쓸 수 있으며,

$$f(k,t) = C(k)\, e^{\beta t} + D(k), \tag{3.22}$$

우변의 첫째 항은 와동에너지의 공급에 의해 수면파의 크기가 지수 함수적으로 증가함을 보여주고 있다.

지수 함수적인 증가는 매우 빠른 증가를 뜻하므로, 시간이 얼마 지나지 않아 파도의 기울기가 과도하게 커져 부서질 수밖에 없는 상황에 처할 것이며, 즉 고려 중인 성분파는 소위 에너지 **포화**(saturation) 상태에 도달할 것이다.

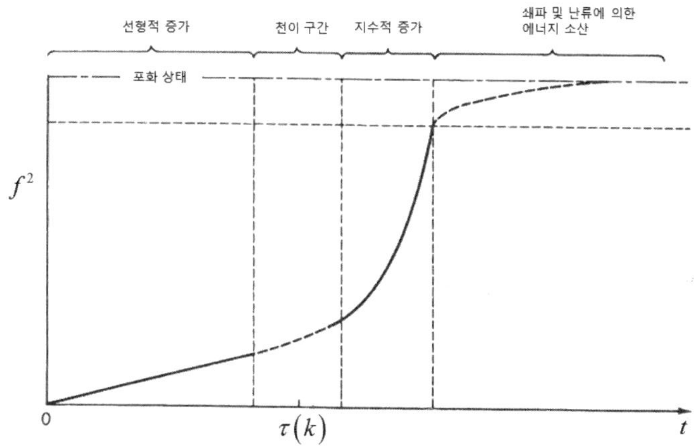

그림 3.3 임의의 진동수를 가지는 수면파 에너지의 시간에 따른 변화

이와 같은 두 기제의 영향이 수면파의 에너지를 어떻게 변화시키는가를 그림 3.3에 개략적으로 보였다. 초기에는 시간에 따라 선형적으로 증가하지만, 파장에 따라 다른 값을 가지는 시간 $\tau(k)$가 지난 후에는 지수 함수적으로 증가하는 수면파의 에너지 변화에 유의한다.

파도를 만드는 바람을 정량적으로 나타내는 데는 대체적으로 세 가지 변수가 필요하다. 즉 바람 방향으로 얼마나 긴 거리에 걸쳐 바람이 불고 있느냐, 즉 바람이 부는 **거리**(fetch)가 얼마나 되느냐에 따라 당연히 생성되는 파도의 에너지 분포가 날라질 것이며[그림 3.4 참조], 또한 얼마나 오랜 **시간**(duration) 동안 바람이 부느냐에 따라서도 달라질 것이다. 거리와 시간이 매우 커서 거리나 시간이 더 커져도 생성된 파도에 아무 변화가 없는 상태를 **완전히 발달된 바다**(fully developed sea)라고 표현하며, 바람에 의한 수면파의 생성을 고려할 때 그와 같은 거리, 시간을 기준으로 생각하는 것이 상례이다. 마지막으로 고도가 높아지면 공기의 이동 속도, 즉 풍속이 더 이상 변화하지 않는 영역이 존재하며, 그와 같은 속도를 풍속으로 간주하고 이론적인 문제를 생각할 수 있다. 단 실측 자료를 그렇게 높은 위치에서 얻는 것이 현실적으로 어렵고, 또 자료가 많지 않으므로, 일정한 높이에서의 바람의 속도를 기준으로 잡는 것이 상례이다.

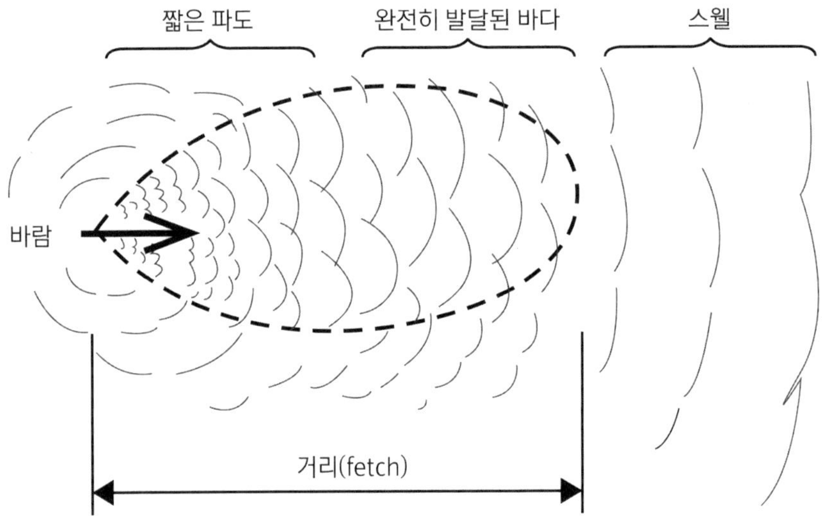

그림 3.4 바람이 부는 거리(fetch)와 완전히 발달된 바다에 대한 개략도

지금까지 설명한 기제에 의해 생성된 파도의 진동수 구간은 비교적 큰 편이어서 우리가 통상 바다에서 관측할 수 있는 파도와는 약간의 차이가 있다. 시간에 따른 선형 및 지수 함수적 증가에 의해 짧은 파장의 파도는 일정한 시간이 지나면 그 이상 에너지를 수용할 수 없는 포화 상태에 도달하며, 이후에도 지속적으로 바람이 불 경우, 물에 전달된 바람의 에너지는 무언가 또 다른 기제에 의해 수면파가 수용할 수 있어야 하는데, 우리들이 관측할 수 있는 자료와 일치하는 유력한 기제는 짧은 파도로부터 긴 파도로 에너지가 이동하는 것이다. 식 (1.41) 아래서 설명한 바와 같이 한 파장의 파도가 가질 수 있는 최대 에너지는 파장의 3승에 비례하므로, 파장이 긴 파도로 에너지가 이동할 수 있다면 매우 오래 동안 바람이 불어야 일종의 평형 상태에 도달할 수 있을 것이며, 이는 관측된 자료와 비교적 잘 일치하는 사실이다. 단 선형 이론에 따르면 진동수가 다른 파도 사이의 에너지는 서로 독립적이므로, 그와 같은 에너지 이동을 설명할 수 있기 위해서는 비선형 이론에 의거해야 한다는 문제점이 있다. 다음 절에서는 이와 같은 기제에 대해 가능한 한 간단히 살펴보기로 한다.

3.4 파도 간 공진성 상호작용

지금까지는 대부분 2차원 유동에 대해 고려하였지만, 앞에서 고려한 수면파의 생성 기제는 실제로는 3차원적으로 작용하여 수평면 상에 진행 방향이 다른 많은 파도 성분들을 만들게 된다. 따라서 요소파를 나타내는 식은 식 (1.27) 대신에 다음과 같이 쓸 수 있는데,

$$\eta(\underline{x},t)= A\cos(\underline{k}\cdot\underline{x}-\omega t), \tag{3.23}$$

여기서 $\underline{x}=(x_1,\, x_2)$는 수평면, $y=0$인 평면 상의 **위치 벡터**(position vector)이고, **파수 벡터**(wave number vector) $\underline{k}=(k_1,\, k_2)$로 쓸 수 있으며, 그 크기 $|\underline{k}|=k$는 파수이다. 또 $\underline{k}=k(\cos\theta,\,\sin\theta)$로 쓸 수 있으므로, 식 (3.23)은 x_1축과 반시계 방향으로 θ의 각을 이루는 방향으로 진행하는 파수 k의 조화파의 변위를 나타냄을 알 수 있다.

한편, 스토크스(Stokes, 1847){5}는 수면파와 관련하여 기울기 $\epsilon=kA$가 작다는 가정 아래, 속도포텐셜과 수면파의 변위, 그리고 위상속도를 ϵ에 관한 무한급수로 전개하고, 또 수표면에 대한 경계조건을 $y=0$인 평면에 대해 테일러 전개한 뒤, ϵ, ϵ^2, ϵ^3, $\cdots$가 선형 독립임을 이용하여 ϵ^n에 비례하는 항들을 모두 모아 n차 문제를 만들 수 있음을 보였다. $n=1$인 경우에는 에어리의 선형 이론에서 다루었던 문제를 얻었고, $n\geq 2$인 경우에는 선형 문제와 유사한 문제를 얻었으며, 이들을 차례대로 풀어 고차해를 얻고 고차해에 의한 보정에 의해 선형해보다 실제에 가까운 수면파의 형상을 얻을 수 있음을 보였다(이승준(2016)[2] 참조).

Hasselman(1961){8}은 스토크스의 고차 이론을 원용하여 세 개의 진동수, ω_j와 그에 상응하는 파수 벡터, $\underline{k}_j$를 가지는 기본파의 중첩을 생각하였다. 여기서 하첨자 $j=1,2,3$의 값을 취하는 것으로 한다. 그는 $n=5$인 5차 문제의 해를 구하여, 원래 주어진 세 기본파들의 중첩에 의해 새롭게 얻어지는 파인 생성파의 역할이 파도의 에너지가 큰 진동수로부터 에너지가 작은 진동수로 전달하는 것임을 밝혔다. 이와 같은 기제는 파도 간 비선형 공진성 상호작용, 줄여서 **공진성 상호작용**(resonant interaction)이라고 부른다.

따라서 초기에 만들어진 수면파군의 에너지가 어떤 진동수 ω_a에서 영으로부터 단조 증가하여 진동수 ω_m에서 하나의 국부 최대값을 가지고 ω_b에서 다시 영으로 단조 감소하는 형태로 주어진다면($\omega_a < \omega_m < \omega_b$), 위에서 설명한 공진성 상호작용에 의해 ω_m 부근의 파도들이 가지고 있는 에너지는 ω_a와 ω_b 부근의 진동수를 가지는 파도들로 전달되어 에너지가 보다 균일하게 분포되는 방향으로 변화할 것이다[그림 3.5 참조].

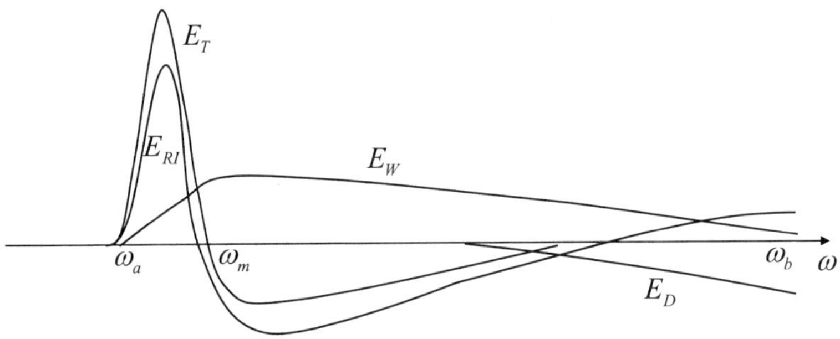

그림 3.5 바람(E_W), 공진성 상호작용(E_{RI}), 소실(E_D) 및 총(E_T) 에너지 전달에 대한 개략도

ω_b 부근으로 전달되는 에너지는 하지만, 진동수가 상당히 큰 파도, 즉 파수가 큰, 다시 말하면 파장이 매우 짧은 파도에 전달되므로, 얼마 되지 않아 에너지 포화 상태에 이르게 되고, 그 이후로는 **쇄파**(wave breaking)와 점성에 의한 감쇠에 의해 에너지는 소실(dissipation)되어 상당히 이른 시간에 평형 상태에 도달한다. 한편, ω_a 부근으로 전달되는 에너지는 파장이 매우 긴 파도에 전달되므로, 파장의 3승에 비례하여 많은 에너지를 받아들일 수 있어 포화 상태에 도달하는데 많은 시간을 요하며, 결국 주어진 바람의 속도에 따라 수용할 수 있는 에너지의 크기가 결정된다. 바람의 속도가 커지면 커질수록 보다 많은 에너지가 물에 전달될 수 있으므로, 보다 파장이 긴 파도들이 본격적으로 만들어질 수 있으며, 차후 8장에서 이와 같은 사실을 확인할 수 있을 것이다.

연습문제

1. 질량 m인 물체와 스프링 상수 k인 스프링으로 이루어진 스프링-질량 계에 외력 $\cos\omega t$가 작용하는 경우의 운동 방정식이 다음과 같음을 보이시오.

$$m\ddot{x}+kx=\cos\omega t. \quad \text{(연3.1)}$$

위 식의 특수해를 구하고, 또 $\omega=\omega_n=\sqrt{\dfrac{k}{m}}$일 때에 대한 특수해를 구하여, 시간에 따른 해의 변화를 설명하시오.

2. 상미분 방정식, $\dfrac{df}{dt}=b$, $b>0$과 초기조건 $f(0)=f_0$를 만족하는 해는 다음과 같이 주어짐을 보이시오.

$$f(t)=bt+f_0. \quad \text{(연3.2)}$$

위의 결과로부터 어떤 함수의 시간에 대한 변화율이 어떤 상수로 주어진다면 그 함수는 시간에 따라 선형적으로 증가함을 추론하시오.

3. 질량 m인 물체와 감쇠 계수 $b>0$인 감쇠기로 이루어진 감쇠기-질량 계의 운동 방정식이 다음과 같음을 보이시오.

$$m\ddot{x}+b\dot{x}=0. \quad \text{(연3.3)}$$

위 식의 일반해를 구하고, 또 b의 부호가 음일 경우, 구한 해가 가지는 물리적 의미에 대해 논하시오.

4. 시간의 함수로 주어진 함수 $f(t)$가 다음과 같은 1계 상미분 방정식과,

$$\frac{df}{dt} = af\,,\ a > 0\,, \tag{연3.4}$$

초기조건 $f(0) = f_0$를 만족할 경우, 그 해는 $f(t) = f_0 e^{at}$와 같이 주어짐을 보이시오. 이 결과로부터 어떤 함수의 시간에 대한 변화율이 그 자신의 크기에 비례하면 그 함수는 지수 함수적으로 증가함을 추론하시오.

5. 다음 관계를 증명하시오.

$$\underline{u} \cdot \nabla \underline{u} = \frac{1}{2}\nabla|\underline{u}|^2 + \zeta \times \underline{u}\,. \tag{연3.5}$$

단 여기서 $\underline{u} = (u, v, w)$와 $\zeta = (\zeta_1, \zeta_2, \zeta_3)$는 3차원 벡터 $\underline{x} = (x, y, z)$의 함수이다.

4장
수면파의 반사와 회절

4.1 수면파의 반사

4.2 수심이 유한한 경우의 수면파

4.3 방파제에 의한 수면파의 회절

4.4 수직 원주에 의한 수면파의 회절

수면파가 생성된 영역을 떠나 어느 정도의 거리를 움직이면, 수면파는 분산성에 의해 파장이 비슷한 파도들 끼리 이동하는 것으로 간주할 수 있으며, 이와 같은 파계가 그 전파 도중 고정된 경계면을 만나면 크게 두 가지로 나누어 설명할 수 있는 반응을 보인다.

고정된 경계면의 특성 길이가 수면파의 파장보다 훨씬 큰 경우, 수면파는 빛의 **반사**(reflection)와 유사한 성향을 보여 반사의 개념을 사용하여 수면파의 변화를 설명할 수 있다. 반면에, 경계면의 특성 길이가 수면파의 파장과 비슷하거나 작을 경우에는 빛의 **회절**(diffraction)과 유사한 성향을 보이며, 물체에 의해 새로운 파계, 즉 산란파가 만들어지는 것으로 간주해야 한다.

이하에서는 먼저 반사에 대해 고려하고, 2절에서는 3절과 4절에서 다룰 문제를 위해 유한 수심인 경우의 수면파에 대해 고찰하고, 3절에서는 반무한(semi-infinite) 길이로 가정할 수 있는 방파제에 의한 회절문제와 관련하여 Penny & Price(1952){9}의 해를 중심으로 생각하고, 4절에서는 수직 원주가 유한 수심의 해역에 놓여 있을 경우 수면파에 의해 어떠한 힘을 받는지를 McCamy & Fuchs(1954){10}의 결과를 중심으로 알아보기로 한다.

4.1 수면파의 반사

빛의 반사에 대해서는 유클리드(Euclid)도 기원전 300년경에 이미 알고 있었던 것으로 보이는데, 고정된 경계면의 특성 길이가 파도의 파장과 비교하여 훨씬 크다고 볼 수 있는 경우에 대해 생각하기로 한다.

먼저 입사하는 수면파가 그림 4.1에 보인 바와 같이 $x = x_b$에 위치한 고체 경계면에 수직하게 진행하는 경우를 생각해 보자. 수심이 무한히 깊다고 가정하면, 1.2절에서 얻은 결과들을 쓸 수 있으며, 입사파는 x축의 양의 방향으로 진행하고, 반사파는 음의 방향으로 진행할 것이므로, 전체 파계의 변위$\eta(x,t)$는 입사파의 변위 η_i와 반사파의 변위 η_r의 합으로 다음과 같이 쓸 수 있다.

$$\eta = \eta_i + \eta_r = A_i \cos(kx - \omega t) + A_r \cos(kx + \omega t). \tag{4.1}$$

여기서 A_i, A_r은 각각 입사파와 반사파의 진폭이다.

경계면에서 에너지의 소실이 없다면 반사파의 진폭 A_r은 입사파의 진폭 A_i와 같을 것이므로, $A_r = A_i = A$로 볼 수 있고, 이를 식 (4.1)에 대입하여 다음을 얻는다.

$$\eta = A\{\cos(kx - \omega t) + \cos(kx + \omega t)\} = 2A\cos kx \cos\omega t. \tag{4.2}$$

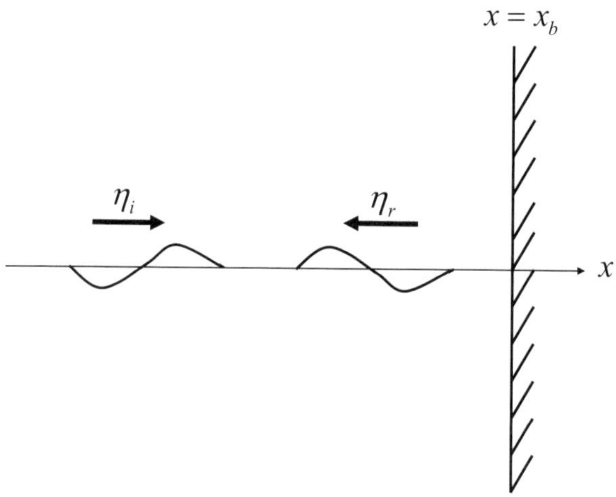

그림 4.1 경계면에 수직 입사하는 수면파의 반사

이 식에 따르면 경계면에서의 반사에 의해 **절점**(node) 즉 $\cos kx = 0$인 점들의 변위는 영으로 고정되어 있는 **정지파**(standing wave)가 됨을 알 수 있다.

한편, 고체 경계면에서의 경계조건은 유체 입자의 법선 방향 속도가 영이라는 소위 **비침투**(impermeability) 조건이므로 다음과 같이 주어지며,

$$\frac{\partial \phi}{\partial x} = 0, \quad x = x_b \text{에서}, \tag{4.3}$$

식 (1.31)로부터 식 (4.2)에 상응하는 속도포텐셜은 다음과 같으므로,

$$\phi(\underline{x},t)=\frac{gA}{\omega}e^{ky}\{\sin(kx-\omega t)-\sin(kx+\omega t)\}=-\frac{2gA}{\omega}e^{ky}\cos kx\sin\omega t\,, \quad (4.4)$$

이를 식 (4.3)에 대입하고 분산관계식을 이용하면 다음을 얻는다.

$$\left.\frac{\partial\phi}{\partial x}\right|_{x=x_b}=2\omega A\,e^{ky}\sin kx_b\sin\omega t=0\,. \quad (4.5)$$

이 식으로부터 결국 다음을 얻는데,

$$k_n x_b=n\pi\,,\ n=1,2,\cdots, \quad (4.6)$$

이 식에 따르면 식 (4.2)로 주어지는 정지파는 고체 경계면에서 $0=\sin kx_b\propto\left.\frac{\partial\eta}{\partial x}\right|_{x=x_b}$ 이므로, 즉 그 접선의 기울기가 영이어야 하며, 이와 같이 정지파의 변위의 최대값이 발생하는 점을 **역절점**(antinode)라고 부르는데, 역절점은 따라서 경계면에 위치한다.

예를 들어 그림 4.2에 보인 바와 같은 수심이 깊은 수로(channel)가 있다고 할 때, 수직인 고체 경계면에 대해 위에서 얻은 결과를 이용하면, n이 증가함에 따라 그림에 보인 바와 같은 정지파가 발생할 것임을 알 수 있다.

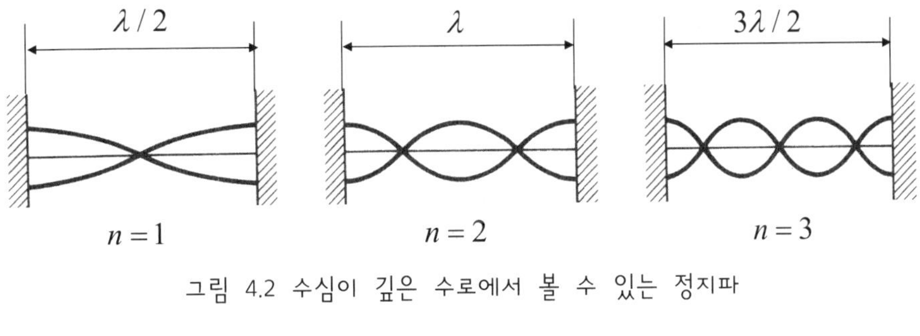

그림 4.2 수심이 깊은 수로에서 볼 수 있는 정지파

다음으로 입사각이 영이 아닌, 다시 말하면 고체 경계면에 수직이 아닌 방향으로 입사하는 경우, 즉 수평 방향으로 2차원인 평면 상에서 진행하는 입사파에 대해 빛에 대한 반사 법칙을 적용할 수 있는지 확인해 보기로 하자. 먼저 빛의 **반사 법칙**(law of reflection)은 그림 4.3에 보인 경우에 대해 다음과 같이 쓸 수 있다.

"입사파의 파수 벡터가 고체 경계면에 수직한 직선 l_n과 이루는 각, 즉 입사각 θ_i는 반사파의 파선이 l_n과 이루는 각, 즉 반사각 θ_r과 같다."

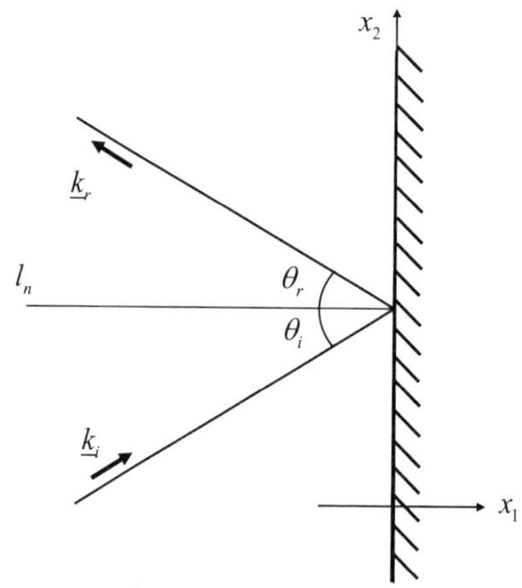

그림 4.3 반사 법칙

식 (3.23)에 보인 바와 같이, 식 (4.1)을 파의 진행 방향을 고려하여 다시 쓰면 다음을 얻는데,

$$\eta = \eta_i + \eta_r = A_i \cos(\underline{k}_i \cdot \underline{x} - \omega t) + A_r \cos(\underline{k}_r \cdot \underline{x} - \omega t), \tag{4.7}$$

여기서 $A_r = A_i = A$는 여전히 성립하며, 파수 벡터에 대해서는 반사 법칙을 적용하고 $\theta_i = \theta_r = \theta$라고 하면 다음이 성립한다.

$$\underline{k}_i = k(\cos\theta, \sin\theta), \tag{4.8}$$

$$\underline{k}_r = k(\cos(\pi - \theta_r),\ \sin(\pi - \theta_r)) = k(-\cos\theta,\ \sin\theta). \tag{4.9}$$

이 결과를 식 (4.7)에 대입하고 정리하면 다음을 얻으며,

$$\eta = 2A\cos(kx_1\cos\theta)\cos(kx_2\sin\theta - \omega t), \tag{4.10}$$

이 식에 따르면 반사에 의해 x_2 방향으로는 $c = \dfrac{\omega}{k\sin\theta}$의 위상속도로 진행하는 조화파지만, x_1 방향으로는 정지파인 파가 생성됨을 알 수 있다. 물론 식 (4.10)에 $\theta = 0$를 대입하면 식 (4.2)를 다시 얻는 것을 확인할 수 있다.

이제 식 (4.10)에 상응하는 속도포텐셜이 식 (4.3)으로 주어지는 경계조건을 만족하는지 확인하기로 하면, 먼저 속도포텐셜은 다음과 같고,

$$\begin{aligned}\phi(\underline{x},t) &= \frac{gA}{\omega}e^{ky}\left\{\sin(\underline{k}_i\cdot\underline{x} - \omega t) + \sin(\underline{k}_r\cdot\underline{x} - \omega t)\right\}\\ &= \frac{2gA}{\omega}e^{ky}\cos(kx_1\cos\theta)\sin(kx_2\sin\theta - \omega t),\end{aligned} \tag{4.11}$$

식 (4.3)에서 x를 x_1으로 대체한 식에 식 (4.11)을 대입하고 분산관계식을 사용하면, 다음을 얻는다.

$$\left.\frac{\partial\phi}{\partial x_1}\right|_{x_1 = x_b} = -2\omega A\cos\theta\, e^{ky}\sin(kx_b\cos\theta)\sin(kx_2\sin\theta - \omega t) = 0. \tag{4.12}$$

이 식으로부터 결국 다음을 얻는데,

$$k_n x_b\cos\theta = n\pi,\ \ n = 1, 2, \cdots, \tag{4.13}$$

이 식에 따르면 식 (4.10)으로 주어지는 수면파는 고체 경계면에서 그 역절점을 가지므로, 경계면에 수직으로 입사하는 경우와 유사한 결과를 얻었다.

이상으로 반사 법칙을 적용하여 얻어진 파계가 고체 경계면에서의 경계조건을 만족함을 보았다. 식 (4.10)을 보면 영이 아닌 입사각을 가진 입사파의 경우, 파수 벡터의 x_2 성분에 대해서는 주어진 경계면이 아무런 역할을 할 수 없으므로, x_2 방향으로는 입사파와 반사파는 같은 파수를 가지고 진행하는 파도이며, x_1 방향으로는 식 (4.2)에서 보는 바와 같이 입사파와 반사파의 변위의 합은 고체 경계면에서 역절점을 가져야 하는데, 이와 같은 방법으로 중첩된 입사파와 반사파는 결국 반사 법칙을 만족하는 파계와 동일함을 알 수 있다.

이외에도, 반사의 개념은 다양한 경우에 원용되고 있으며, 예를 들어 수저 또는 **바닥**(bottom)이 경사 평면인 해안에 입사하는 파도라든가, 또는 파장이 긴 수면파가 단면의 면적이 불연속적으로 변화하는 곳을 지나가는 경우 등의 해를 구하는 데도 사용된다(Dean & Dalrymple(1991)[9] 참조).

4.2 수심이 유한한 경우의 수면파

다음 절들에서 **유한 수심**(finite water depth)인 경우에 대해 고려하기 위해 이 절에서는 먼저 $\eta = A\cos(kx - \omega t)$의 형태로 주어지는 수면파에 상응하는 속도포텐셜을 구하기로 한다. 속도포텐셜이 만족해야 하는 경계치 문제는 다음과 같다[그림 1.1 참조].

$$\nabla^2\phi = 0\,,\ x \in (-\infty, \infty)\,,\ y \in (-h, 0), \tag{4.14}$$

$$\frac{\partial^2\phi}{\partial t^2} + g\frac{\partial\phi}{\partial y} = 0,\ y = 0 \text{ 에서.} \tag{1.6}$$

$$\frac{\partial\phi}{\partial y} = 0\,,\ y = -h \text{ 에서.} \tag{4.15}$$

1장에서 고려했던 무한 수심에 대한 경계치 문제와 비교하여 바닥에서의 경계조건만 다른 점에 유의하기 바란다.

1장에서와 같이 변수분리법을 사용하여 $\phi(\underline{x},t)= X(x)\,Y(y)\,T(t)$ 를 가정하고 이 문제를 풀기로 하면 다음을 얻으며,

$$\frac{1}{X}\frac{d^2X}{dx^2}=-\frac{1}{Y}\frac{d^2Y}{dy^2}=\text{상수}=\alpha\,, \tag{1.12}$$

$$\frac{1}{T}\frac{d^2T}{dt^2}+\frac{g}{Y}\frac{dY}{dy}=0\,,\ \ y=0\text{ 에서,} \tag{1.13}$$

$$\left.\frac{dY}{dy}\right|_{y=-h}=0\,, \tag{4.16}$$

식 (1.12)에서 상수 α는 식 (1.13)을 고려하여 $\alpha=-k^2$ 으로 잡으면, 식 (1.12)로부터 다음의 두 식을 얻는다.

$$\frac{d^2X}{dx^2}+k^2X=0\,, \tag{1.15}$$

$$\frac{d^2Y}{dy^2}-k^2Y=0\,. \tag{1.16}$$

식 (1.16)의 해 중에서 바닥에서의 경계조건인 식 (4.15)를 만족하는 해는 다음과 같으며,

$$Y=\cosh k(y+h)\,, \tag{4.17}$$

여기서 $y+h$는 바닥, $y=-h$로부터 잰 연직 거리임에 유의한다.

식 (1.15)의 해는 다음과 같이 쓸 수 있으므로,

$$X = e^{ikx}, \tag{1.18}$$

지금까지 만족되지 않은 유일한 식인 식 (1.13)에 식 (4.17)을 대입하여 다음을 얻으며,

$$\frac{d^2 T}{dt^2} = -gk\tanh kh\, T, \tag{4.18}$$

여기서 이 식의 우변에 대해 다음과 같이 놓으면,

$$\omega^2 = gk\tanh kh, \tag{4.19}$$

T에 대한 미분 방정식인 다음 식을 얻는다.

$$\frac{d^2 T}{dt^2} + \omega^2 T = 0\,. \tag{1.21}$$

무한 수심에 대한 경우와 같이 x축의 양의 방향으로 전파하는 파도만을 고려하기로 하면, 식 (1.18), (4.17)과 식 (1.21)의 해로부터 속도포텐셜을 다음과 같이 쓸 수 있으며,

$$\phi(\underline{x},t) = \cosh k(y+h) Re\left\{Ce^{-i(kx-\omega t)}\right\}, \tag{4.20}$$

여기서 C는 복소수로 미정 상수이다.

이 결과를 식 (1.7)에 대입하여 수표면의 변위를 구하면 다음과 같다.

$$\eta(x,t) = -\frac{\omega\cosh kh}{g} Re\left\{iCe^{-i(kx-\omega t)}\right\}. \tag{4.21}$$

요소해에 기인하는 수표면의 변위, $\eta = A\cos(kx-\omega t)$이므로, 이들을 비교하여 $C = \dfrac{igA}{\omega\cosh kh}$를 얻으며, 따라서 속도포텐셜을 다음과 같이 얻는데,

$$\phi(\underline{x},t)= \frac{gA}{\omega}\frac{\cosh k(y+h)}{\cosh kh} Re\left\{i\, e^{-i(kx-\omega t)}\right\}, \tag{4.22}$$

이를 정리하여 결국 다음을 얻는다.

$$\phi(\underline{x},t)= \frac{gA}{\omega}\frac{\cosh k(y+h)}{\cosh kh}\sin(kx-\omega t). \tag{4.23}$$

이 식 우변에 포함된 둘째 분수 항을 다음과 같이 정의하면,

$$Y(y) = \frac{\cosh k(y+h)}{\cosh kh}, \tag{4.24}$$

식 (4.23)은 다음과 같이 쓸 수 있다.

$$\phi(\underline{x},t)= \frac{gA}{\omega} Y(y)\sin(kx-\omega t). \tag{4.25}$$

이 식을 무한 수심에 대한 결과 식 (1.31)과 비교하면 y와 관련된 부분만 e^{ky}로부터 $Y(y)$로 바뀐 것을 알 수 있으며, 또한 식 (1.20)의 분산관계식이 이제는 식 (4.19)로 주어지는 것에 유의한다. $Y(0)=1$이며, [연습문제 1]에서 보인 바와 같이 $kh\to\infty$일 때, $Y(y)$는 e^{ky}가 되어 무한 수심에 대한 결과를 다시 얻는다.

유한 수심에 대한 분산관계식인 식 (4.19)는 수심이 서서히 변화하여, 생각하는 파도의 파장의 몇 배 되는 거리에 걸친 수심의 변화가 그리 크지 않으면 그대로 쓸 수 있어 매우 유용한 식이다. 특히 5장에서 다룰 바와 같이, 파도가 무한 수심으로부터 해변을 향해 진행하는 경우, 해저 지형이 시간에 따라 변화하지 않으면 수면파의 진동수는 일정하게 유지되므로, 수심이 감소함에 따라 이 분산관계식을 만족하는 파수를 구해야 한다.

무한 수심의 경우에는 ω가 주어지면 분산관계식을 이용하여 k를 직접 계산할 수 있었으나. 유한 수심의 경우에는 ω와 h가 주어지면 k를 구하기 위해 식 (4.19)를 풀어야 한다. 이 식을 푸는 데는 여러 방법을 사용할 수 있으나, 가장 쉬운 방법은 다음과 같이 오차가 0.1% 정도인 근사식을 사용하는 것이다(Hunt(1979)[18] 참조).

무한 수심에서 주어진 ω에 상응하는 파수, $k_0 = \frac{\omega^2}{g}$ 이라고 하고, 수심 h로 무차원화된 파수에 대해 $\kappa_0 = k_0 h$, $\kappa = kh$ 라고 하면, 다음 식에 의해 k를 구할 수 있다[그림 4.4. 참조].

$$\kappa^2 = \kappa_0^2 + \frac{\kappa_0}{1 + \sum_{n=1}^{6} a_n \kappa_0^n},$$

$$a_1 = \frac{2}{3},\ a_2 = \frac{32}{90},\ a_3 = 0.1608465608,$$

$$a_4 = 0.0632098765,\ a_5 = 0.0217540484,\ a_6 = 0.0065407983. \qquad (4.26)$$

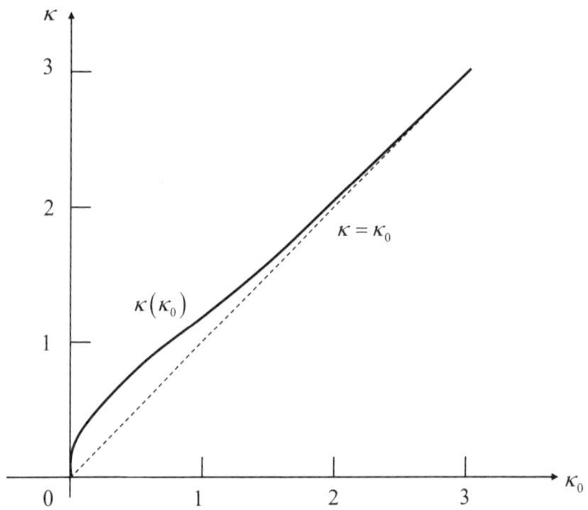

그림 4.4 식 (4.26)을 사용하여 구한 $\kappa(\kappa_0)$

예를 들어 $\omega = 0.8\, rad/s$ 이면, 무한 수심에서의 파장은 $96.21\, m$ 인데, 수심이 $30\, m$ 로 감소한 경우, $\kappa_0 = 1.959$ 를 얻고, 위의 식을 사용하면, $\kappa = 2.031$ 을 얻어 파장이 $92.80\, m$ 로 감소한 결과를 얻는다. [연습문제 2]에서 보인 바와 같은 반복법에 의해 보다 정확한 값을 구하면 파장은 $92.93\, m$를 얻으며, 0.14%의 오차를 가지는 것을 확인할 수 있다.

한편 위상속도에 대해서는 다음 결과를 얻을 수 있는데,

$$\frac{c^2}{gh}=\frac{\omega^2}{k^2}\frac{1}{gh}=\frac{gk\tanh\kappa}{k^2gh}=\frac{\tanh\kappa}{\kappa},\qquad \kappa=kh, \tag{4.27}$$

모든 κ에 대해 $\kappa>\tanh\kappa$이므로, 이 식에 따르면 c는 **임계속도**(critical velocity), $c_c=\sqrt{gh}$ 보다 작아야 하며, $\kappa\ll 1$일 경우, 즉 **천수**(shallow water)에 대해서는 $\tanh\kappa\sim\kappa$이므로 $c\simeq c_c$를 얻고, $\kappa\gg 1$일 경우, 즉 **심수**(deep water) 또는 심해에 대해서는 $\tanh\kappa\sim 1$이므로 $c^2=\dfrac{g}{k}$를 얻어, 식 (1.32)를 다시 얻는다. 천수의 경우, 모든 파도의 위상속도가 임계속도 c_c와 같으므로, 수면파는 분산성이 없는 것으로 볼 수 있음에 유의한다.

위상속도를 $\kappa_0=k_0h$의 함수로 나타낸, 오차 0.1% 정도의 근사식 (Hunt(1979){18}, 참조)은 다음과 같다[그림 4.5 참조].

$$\frac{c^2}{c_c^2}=\frac{\tanh\kappa}{\kappa}=\cfrac{1}{\kappa_0+\cfrac{1}{1+b_1\kappa_0+b_2\kappa_0^2+b_4\kappa_0^4+b_5\kappa_0^5}},\quad c_c=\sqrt{gh},$$

$$b_1=0.6522,\ b_2=0.4622,\ b_4=0.0864,\ b_5=0.0675. \tag{4.28}$$

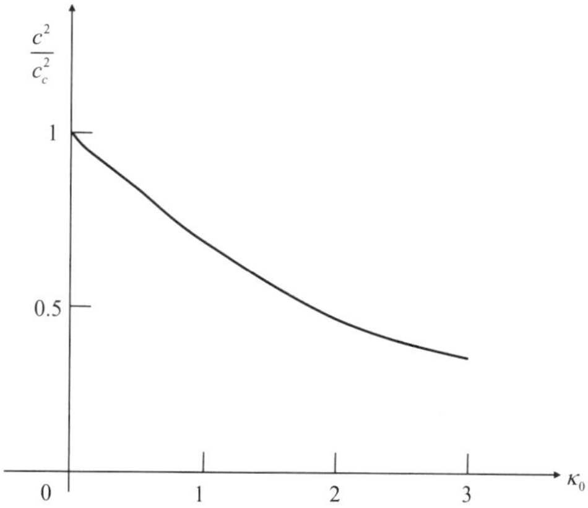

그림 4.5 식 (4.28)을 사용하여 κ_0의 함수로 구한 $\dfrac{c^2}{c_c^2}$

예를 들어 $\omega = 0.8\,rad/s$ 이면, 수심이 $30\,m$ 로 감소한 경우, $\kappa_0 = 1.959$ 를 얻고, 이를 식 (4.28)의 근사식에 대입하면, $\frac{c^2}{c_c^2}$ 에 대해 0.4769 를 얻는데, 보다 정확한 κ 의 값을 첫째 등호의 우변에 대입하면 0.4762 를 얻어 0.15% 의 차이를 보인다.

4.3 방파제에 의한 수면파의 회절

좋은 항구가 될 수 있는 천연적인 조건을 갖춘 곳은 그렇게 흔하지 않으므로, 필요에 따라 **방파제**(breakwater)를 쌓아 먼 바다로부터 들어오는 파도를 막는 방법을 사용하여 항구의 조건을 갖추게 된다. 방파제는 먼 바다의 파도가 항만 내에 가능한 한 영향을 끼치지 않도록 설계해야 하는데, 이를 위해서는 수면파의 회절 현상을 이해해야 한다. 회절 현상에 의한 수면파의 변형과 관련하여 간단한 수학적 모형의 하나로 그림 4.6에 보인 바와 같이 양의 x_1 축에 위치한 **반무한**(semi-infinite) 길이의 방파제를 향해 x_2 방향으로 진행하는 수면파 η_i가 들어오는 경우, 즉 방파제가 **수직 입사파**(normal incident wave) 중에 있는 경우를 생각하기로 하자.

$\phi(x_1, x_2, y, t)$를 구해야 하는 속도포텐셜이라고 하면 ϕ가 만족해야 하는 경계치 문제는 다음과 같다.

$$\frac{\partial \phi}{\partial x_1^2} + \frac{\partial \phi}{\partial x_2^2} + \frac{\partial \phi}{\partial y^2} = 0\,, \text{ 유체 내부에서,} \tag{4.29}$$

$$\frac{\partial \phi}{\partial y} = 0\,,\ y = -h \text{ 에서,} \tag{4.30}$$

$$\frac{\partial \phi}{\partial x_2} = 0\,,\ x_1 > 0\,,\ x_2 = 0 \text{ 에서,} \tag{4.31}$$

$$\frac{\partial\phi}{\partial t}+g\eta=0\,,\ \ \frac{\partial\eta}{\partial t}-\frac{\partial\phi}{\partial y}=0\,,\ \ y=0\text{ 에서,} \tag{4.32}$$

$$\phi\propto Re\,e^{-i(kx_2-\omega t)},\ \ x_1\rightarrow-\infty\text{ 일 때,} \tag{4.33}$$

여기서 h는 수심이다.

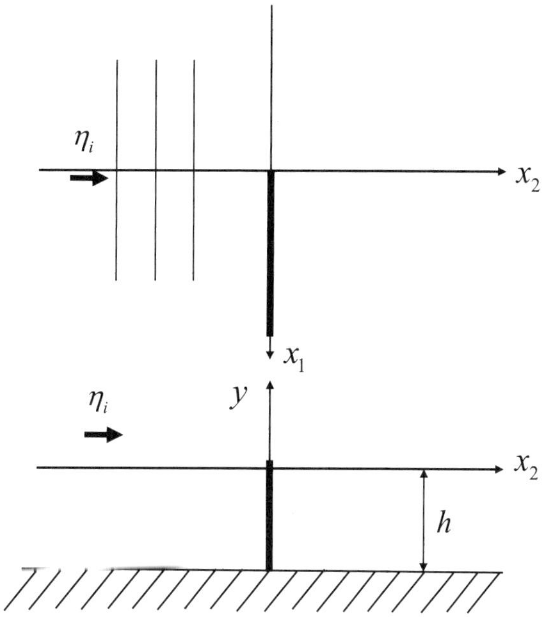

그림 4.6 반무한 길이의 방파제로 들어오는 파도

식 (4.29)는 질량 보존을 뜻하는 연속 방정식이며, 속도포텐셜을 어떤 방향으로 편미분해 주면 그 방향으로의 속도 성분이 얻어진다는 점을 상기하면 식 (4.30), (4.31)은 각각 유체 입자가 바닥과 방파제를 뚫고 들어 갈 수 없다는 비침투 조건이다.

선형화된 수표면에서의 경계조건인 식 (4.32)에 주어진 두 식으로부터 η를 소거하여 다음 식을 얻을 수 있으며,

$$\frac{\partial^2\phi}{\partial t^2}+g\frac{\partial\phi}{\partial y}=0\,,\ y=0\,\text{에서,} \tag{4.34}$$

첫째 식은 ϕ를 얻은 후 수면파의 변위를 구하는데 쓸 수 있다.

또 식 (4.33)은 **방사조건**(radiation condition)이라고 불리는데, 방파제로부터 x_1축을 따라 음의 방향으로 상당히 멀리 떨어진 곳에서는 양의 x_2 방향으로 진행하는 파도만 있어야 한다는 조건이다. 이와 같은 조건은 해의 유일성을 보장하기 위해 초기조건을 고려하는 대신 종종 사용된다.

입사파의 속도포텐셜 ϕ_i는 식 (4.22)와 (4.24)로부터 다음과 같이 얻으며,

$$\phi_i(\underline{x},t)=\frac{gA}{\omega}Y(y)Re\left\{i\,e^{-i(kx_2-\omega t)}\right\},\ \ Y(y)=\frac{\cosh k(y+h)}{\cosh kh}\,, \tag{4.35}$$

$\psi_i(x_1,x_2)=e^{-ikx_2}$라고 하면 이 식은 다음과 같이 바꾸어 쓸 수 있다.

$$\phi_i(\underline{x},t)=Re\frac{igA}{\omega}Y(y)\,\psi_i(x_1,x_2)\,e^{i\omega t}\,, \tag{4.36}$$

이제 ϕ에 대해서도 다음과 같이 가정하고,

$$\phi(\underline{x},t)=Re\frac{igA}{\omega}Y(y)\,\psi(x_1,x_2)\,e^{i\omega t}\,, \tag{4.37}$$

이를 원래의 경계치 문제에 대입하면 ψ에 대한 문제를 다음과 같이 얻는다.

$$\frac{\partial\psi}{\partial x_1^2}+\frac{\partial\psi}{\partial x_2^2}+k^2\psi=0\,,\ x_1\in(-\infty,\infty)\,,\ x_2\in(-\infty,\infty)\,\text{에서,} \tag{4.38}$$

$$\frac{\partial\psi}{\partial x_2}=0\,,\ x_1>0\,,\ x_2=0\,\text{에서,} \tag{4.39}$$

$$\psi\propto e^{-ikx_2},\ x_1\rightarrow-\infty\ \text{일 때,} \tag{4.40}$$

여기서 바닥에서의 경계조건인 식 (4.30)은 식 (4.37)의 가정에 의해 이미 만족되었고, 또 식 (4.34)의 수표면 경계조건은 유한 수심에 대한 분산관계식이 된다.

다행인 것은 식 (4.38)의 Helmholtz **방정식**(Helmholtz equation)과 식 (4.39), (4.40)으로 구성되는 경계치 문제는 이미 Sommerfeld(1896)에 의해 빛의 회절문제와 관련하여 풀려 있다는 점이며, 그의 결과에 따르면 해는 다음과 같다.

$$\psi(x_1,x_2)=\frac{1+i}{2}\left\{e^{-ikx_2}\int_{-\infty}^{r_1}e^{-i\pi u^2/2}du+e^{ikx_2}\int_{-\infty}^{r_2}e^{-i\pi u^2/2}du\right\}. \tag{4.41}$$

여기서 r_1과 r_2는 다음과 같이 주어지는데,

$$r_{1,2}^2=\frac{2k}{\pi}\left(\sqrt{x_1^2+x_2^2}\mp x_2\right), \tag{4.42}$$

r_1의 부호는 1상한에 속한 점에 대해서는 -, 그 외에는 +를 택하고, r_2의 부호는 4상한에 속한 점에 대해서는 +, 그 외에는 −를 택한다.

식 (4.41)에 포함된 적분들은 **Fresnel 적분**(Fresnel integrals)을 사용하여 구할 수 있으며, Abramowitz & Stegun(1970)[10]과 같은 자료에 주어진 표를 사용할 수 있는데, 여기서는 식 (4.41)이 식 (4.40)의 방사조건을 만족하는 것을 보이는데 그치기로 한다. 먼저 $x_1\to-\infty$이고, x_2는 임의의 유한한 값이라고 하면, 식 (4.42)로부터 다음을 얻고,

$$r_{1,2}=\pm\infty, \tag{4.43}$$

따라서 식 (4.41)로부터 다음을 얻으므로 방사조건을 만족하는 것을 확인할 수 있다.

$$\psi(x_1,x_2)=\frac{1+i}{2}e^{-ikx_2}\int_{-\infty}^{\infty}e^{-i\pi u^2/2}du=e^{-ikx_2}. \tag{4.44}$$

여기서 마지막 등호는 다음 관계식을 이용하고[연습문제 3],

$$\int_{-\infty}^{\infty}e^{-\xi^2}d\xi=\sqrt{\pi}, \tag{4.45}$$

식 (4.44)의 피적분 함수에 대해 다음의 변수 변환을 사용하여 얻었다.

$$\frac{1+i}{2}\sqrt{\pi}\,u = \xi. \tag{4.46}$$

그림 4.7에 $x_2 = 2\lambda$, 8λ인 곳에서의 복소함수 ψ의 **크기**(modulus), 즉 $|\psi|$를 보였는데, $|\psi|$는 단위 진폭의 입사파에 대한 수면파의 변위의 최대값이며 무차원량이고, 수평축은 입사파의 파장으로 무차원화한 값이다.

두 경우 모두 $x_1 = 0$에서 0.5의 값을 가지고, 방파제 뒤에서는 비교적 작은 파도가 만들어지는 것과, $x_1 < 0$인 영역에서 1을 중심으로 몇 번의 진동을 거친 뒤 $x_1 \to -\infty$일 때 1로 수렴하는 것을 볼 수 있다. 이와 같은 진동의 횟수는 x_2가 커질수록 작아지는 것을 볼 수 있다. 만약 수면파를 빛으로, 방파제를 스크린으로 생각하고 빛이 직진한다고 가정하면, 방파제 뒤의 $x_1 > 0$인 곳은 스크린의 그림자가 되어 깜깜할 것이며, $x_1 < 0$인 곳에서는 환한 빛을 그대로 볼 수 있을 것이다. 하지만 실제로는 회절 현상 때문에 그림 4.7에 보인 바와 같이 방파제 뒤에서도 약간의 파도를 느낄 수 있으며, 방파제의 영향을 받지 않던 곳에서도 입사파에 대한 간섭 현상을 볼 수 있다.

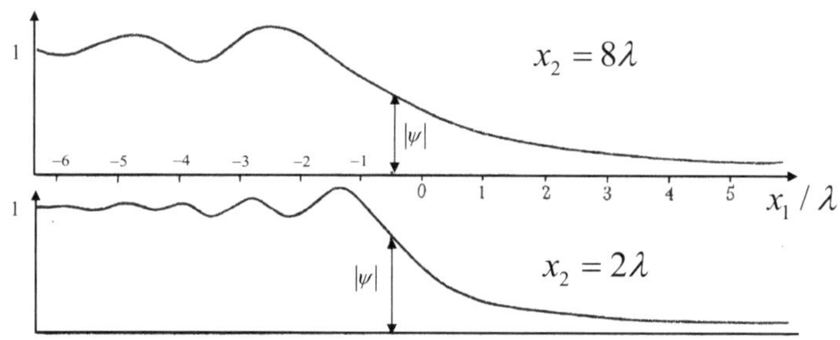

그림 4.7 식 (4.41)로 주어진 복소함수의 크기, $|\psi|$

그림 4.8에는 $x_2 > 0$인 영역에 대해 수면파의 파정선과 $|\psi|$의 등고선을 보였다. 수평축과 수직축 모두 입사파의 파장으로 무차원화한 값이며, 위에서 설명한 여러 현상들을 확인할 수 있다. 이 결과는 수심에 관계없이 적용될 수 있음에 유의한다.

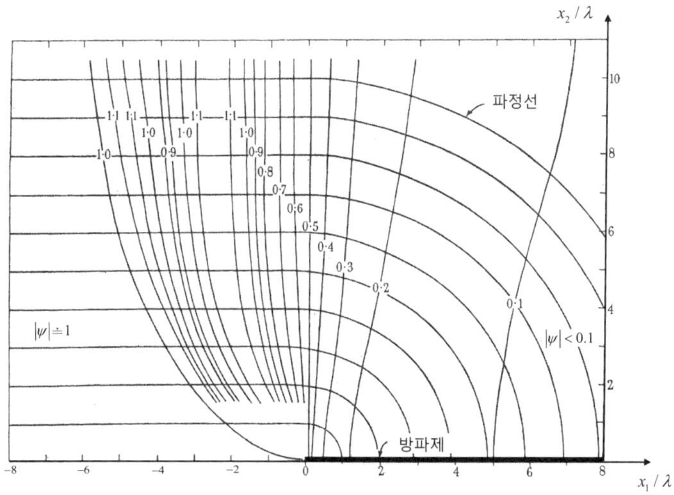

그림 4.8 수면파의 파정선과 $|\psi|$ 의 등고선

그림 4.9는 위의 결과를 개략적으로 원용한 것인데, 섬의 해안선이 절벽으로 이루어져 있다고 할 때, 위에서와 같이 수직으로 입사하는 파도의 회절에 의한 영향을 나타내고 있다. $x_1 = 0$ 에서 0.5 의 값을 가지는 것과, 포물선 형상의 두 곡선으로 $|\psi|$ 가 0.1, 1.0 인 곳을 나타내어 회절의 영향을 몇 개의 영역으로 나누어 잘 보여주고 있다. 여기에는 보이지 않았지만, 방파제의 앞쪽에서 $x_1 \rightarrow \infty$ 인 영역에서는, 4.1절에서 고려했던, 수직으로 입사하는 수면파의 반사와 같은 문제가 되어 정지파가 형성되며, 수면파의 접선의 기울기는 경계면에서 영이 되어야 한다 [연습문제 5].

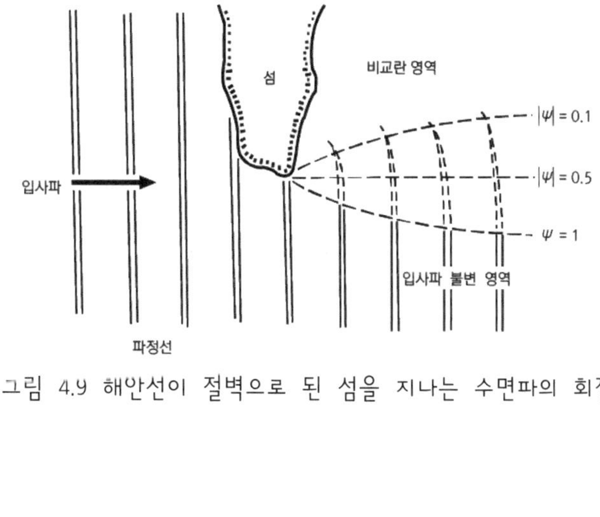

그림 4.9 해안선이 절벽으로 된 섬을 지나는 수면파의 회절

4.4 수직 원주에 의한 수면파의 회절

수면파 중에 놓인 해양구조물에 작용하는 힘을 구하기 위해서는 수면파가 해양구조물에 의해 어떻게 변형되는가를 알아야 하며, 이하에서는 그에 대한 간단한 모형으로 **수직 원주**(vertical circular cylinder)에 의한 회절 현상에 대해 생각하기로 한다.

원주의 경우에는 그 대칭성 때문에 수면파가 어느 방향에서 들어오든지 마찬가지이므로, 그림 4.10에 보인 바와 같이 좌표계를 잡고, 구하고자 하는 속도포텐셜을 $\phi(x_1, x_2, y, t)$라고 하면 ϕ가 만족해야 하는 경계치 문제는 다음과 같다.

$$\frac{\partial\phi}{\partial x_1^2} + \frac{\partial\phi}{\partial x_2^2} + \frac{\partial\phi}{\partial y^2} = 0\,,\ \text{유체 내부에서,} \tag{4.47}$$

$$\frac{\partial\phi}{\partial y} = 0\,,\ y = -h\ \text{에서,} \tag{4.48}$$

$$\frac{\partial\phi}{\partial r} = 0\,,\ y \in (-h, 0)\,,\ r = a\ \text{에서,} \tag{4.49}$$

$$\frac{\partial^2\phi}{\partial t^2} + g\frac{\partial\phi}{\partial y} = 0\,,\ y = 0\ \text{에서,} \tag{4.50}$$

$$\phi \propto Re\, e^{i(kx_1 - \omega t)},\ x_1 \to -\infty\ \text{일 때,} \tag{4.51}$$

여기서 h는 수심이고, a는 원주의 반경이며, $r = \sqrt{x_1^2 + x_2^2}$으로 (x_1, x_2) 평면에서 원점으로부터 생각하는 점 (x_1, x_2)까지의 거리이다. 원주 표면에서의 경계조건은 이 **극좌표**(polar coordinate) r을 사용하여 나타내었는데, 이는 문제의 기하학적 특성 상 당연한 것으로 보아야 할 것이다.[10)]

---

10) 이하의 해석은 학사 과정 3학년에서는 조금 어려운 과정을 포함하고 있으므로, 처음 배우는 학생들은 결과에 치중해서 읽으면 될 것이다.

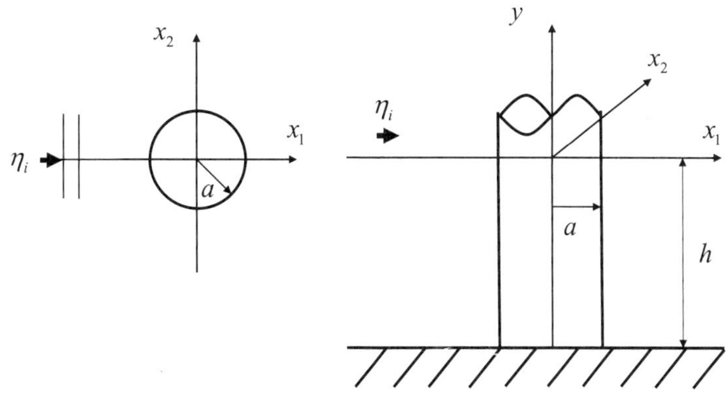

그림 4.10 수직 원주에 의한 수면파의 회절

식 (4.47)은 질량 보존을 뜻하는 연속 방정식이고, 또 속도포텐셜을 어떤 방향으로 편미분해 주면 그 방향으로의 속도 성분이 얻어진다는 점을 상기하면 식 (4.48), (4.49)는 각각 바닥과 원주 표면을 뚫고 들어 갈 수 없다는 소위 비침투 조건임을 알 수 있다. 수표면에서의 경계조건은 앞에서와 동일하고, 식 (4.51)의 방사조건은 입사파가 원주로부터 멀리 떨어진 상류(upstream)에서는 x_1 방향으로 진행해야 하는 점을 고려한 것이다.

4.3절에서 사용했던 방법을 사용하기로 하면, 입사파 $\eta_i = A\cos(kx-\omega t)$에 대한 속도포텐셜 ϕ_i는 식 (4.22)와 (4.24)로부터 다음과 같이 쓸 수 있다.

$$\phi_i(\underline{x},t) = -\frac{gA}{\omega}Y(y)\,Re\left\{ie^{i(kx_1-\omega t)}\right\},\quad Y(y)=\frac{\cosh k(y+h)}{\cosh kh}, \tag{4.52}$$

$e^{ikx_1} = \psi_i(x_1, x_2)$라고 하면 위 식으로부터 다음을 얻는다.

$$\phi_i(\underline{x},t) = -\frac{gA}{\omega}Y(y)\,Re\left\{\psi_i(x_1,x_2)\,i\,e^{-i\omega t}\right\}, \tag{4.53}$$

이제 $\phi_s(\underline{x},t)$를 원주에 의한 간섭에 의해 생긴 파도, 즉 산란파(scattering wave)의 속도포텐셜이라고 하면, $\phi=\phi_i+\phi_s$로 쓸 수 있고, ϕ에 대해서도 위의 식 (4.53)과 같은 형태로 다음과 같이 가정하고,

$$\phi(\underline{x},t) = -\frac{gA}{\omega} Y(y)\, Re\left\{\psi(x_1,x_2)\, i\, e^{-i\omega t}\right\}, \tag{4.54}$$

이를 원래의 경계치 문제에 대입하면 $\psi(x_1,x_2)$에 대한 문제를 다음과 같이 얻는다.

$$\frac{\partial \psi}{\partial x_1^2} + \frac{\partial \psi}{\partial x_2^2} + k^2\psi = 0,\ x_1 \in (-\infty,\infty),\ x_2 \in (-\infty,\infty) \text{ 에서}, \tag{4.55}$$

$$\frac{\partial \psi}{\partial r} = 0,\ r = a \text{ 에서}, \tag{4.56}$$

$$\psi - e^{ikx_1} \propto e^{ikr},\ r \to \infty \text{ 일 때}, \tag{4.57}$$

바닥에서의 경계조건인 식 (4.48)은 식 (4.54)의 가정에 의해 이미 만족되었고, 또 식 (4.50)의 수표면 경계조건은 유한 수심에 대한 분산관계식이 되는 점은 4.3절에서와 동일하다. 단 식 (4.51)의 방사조건은 원주에서 멀리 떨어진 곳에서는 회절에 의한 파도가 반경 방향을 따라 원주 쪽으로는 진행할 수 없다는 조건이다. 왜냐하면 ϕ의 시간에 대한 의존성이 $e^{-i\omega t}$이므로 식 (4.57)의 조건은 ϕ가 $e^{i(kr-\omega t)}$의 항을 가져야 한다는 조건인 셈이며, 이는 원주로부터 바깥쪽으로 $c = \frac{\omega}{k}$의 위상속도로 진행하는 파도에 상응하기 때문이다.

식 (4.55)는 4.3절에서 얻었던 것과 같은 Helmholtz 방정식인데, 단 이제는 다른 조건들이 극좌표를 사용하여 주어졌으므로, 이 식도 극좌표 (r,θ)를 사용하여 나타내야 하는데, 2차원 평면 상에서 극좌표로 나타낸 **라플라스 연산자**(Laplace operator)는 다음과 같으므로(이승준(2010)[4] 참조),

$$\nabla^2\psi = \frac{\partial^2\psi}{\partial r^2} + \frac{1}{r}\frac{\partial \psi}{\partial r} + \frac{1}{r^2}\frac{\partial^2\psi}{\partial \theta^2}, \tag{4.58}$$

이를 식 (4.55)에 대입하여 다음과 같이 극좌표로 나타낸 Helmholtz 방정식을 얻는다.

$$\frac{\partial^2\psi}{\partial r^2}+\frac{1}{r}\frac{\partial\psi}{\partial r}+\frac{1}{r^2}\frac{\partial^2\psi}{\partial\theta^2}+k^2\psi=0\,. \tag{4.59}$$

이 식에 대해 변수분리법을 사용하는 과정은 대부분의 편미분 방정식을 다루는 공학수학 교재에 나와 있으며, 다음과 같이 진행할 수 있다. 먼저 $\psi(r,\theta)=R(r)\Theta(\theta)$를 가정하고, 이를 식 (4.59)에 대입하여 그 요소해를 구하기로 하면 다음을 얻고,

$$r^2\Theta\frac{d^2R}{dr^2}+r\Theta\frac{dR}{dr}+R\frac{d^2\Theta}{d\theta^2}+k^2r^2R\Theta=0\,, \tag{4.60}$$

이 식을 $R\Theta$로 나누고 정리하면 다음을 얻는다.

$$\frac{r^2}{R}\frac{d^2R}{dr^2}+\frac{r}{R}\frac{dR}{dr}+r^2k^2=-\frac{1}{\Theta}\frac{d^2\Theta}{d\theta^2}=m^2\,, \tag{4.61}$$

여기서 마지막 우변의 m^2은 상수로, 첫째 등호의 좌변은 r만의, 우변은 θ만의 함수인 점을 고려하여 상수로 놓았으며, 양의 실수로 잡은 것은 θ에 대한 **의존성**(dependence)이 지수 함수가 아닌 조화 함수의 형태임을 미리 감안한 결과이다.

따라서 다음과 같이 $R(r)$과 $\Theta(\theta)$에 대한 두 개의 상미분 방정식을 얻는다.

$$r^2\frac{d^2R}{dr^2}+r\frac{dR}{dr}+(k^2r^2-m^2)R=0, \tag{4.62}$$

$$\frac{d^2\Theta}{d\theta^2}+m^2\Theta=0\,. \tag{4.63}$$

θ의 기본 구간이 $[0,2\pi]$이고, Θ의 2π 주기성을 고려하면 m은 양의 **정수**(integer)가 되어야 함을 알 수 있으며, 또한 식 (4.62)는 **베셀 방정식**(Bessel equation)으로 그 일반해는 1종 베셀함수 $J_m(kr)$과 2종 베셀함수 $Y_m(kr)$의 선형결합으로 주어지므로(이승준(2014)[3] 참조), 결국 $\psi(r,\theta)$에 대해 다음을 얻는다.

$$\psi(r,\theta) = \sum_{m=0}^{\infty}\{a_m J_m(kr) + b_m Y_m(kr)\}(c_m \cos m\theta + d_m \sin m\theta). \quad (4.64)$$

한편, ψ_s를 산란파에 상응하는 함수라고 하면, $\psi = \psi_i + \psi_s$로 쓸 수 있고, 또 $\psi_i = e^{ikx_1}$을 극좌표를 사용하여 나타내면 다음과 같은 **Jacobi-Anger 전개**(Jacobi-Anger expansion)를 얻으므로(Arfken(1985)[11] 참조),

$$\psi_i = e^{ikx_1} = J_0(kr) + \sum_{m=1}^{\infty} 2i^m J_m(kr)\cos m\theta, \quad (4.65)$$

원주 표면에서의 경계조건인 식 (4.56)을 만족시키기 위해서는 식 (4.64)에서 $d_m = 0$이어야 함을 얻는다.

또 방사조건으로부터 $r \to \infty$일 때 $\psi_s \propto e^{ikr}$이어야 하며, 또 1종 Hankel함수 $H_m^{(1)}(kr)$의 $kr \to \infty$에 대한 점근식이 다음과 같음을 고려하여,

$$H_m^{(1)}(kr) = J_m(kr) + i\,Y_m(kr) \sim \sqrt{\frac{2}{\pi kr}}\, e^{i\left(kr - \frac{m\pi}{2} - \frac{\pi}{4}\right)}, \quad (4.66)$$

ψ_s를 다음과 같이 가정할 수 있다.

$$\psi_s(r,\theta) = \sum_{m=0}^{\infty} a_m\{J_m(kr) + i\,Y_m(kr)\}\cos m\theta = \sum_{m=0}^{\infty} a_m H_m^{(1)}(kr)\cos m\theta. \quad (4.67)$$

원주 표면에서의 경계조건인 식 (4.56)에 이 식과 식 (4.65)를 대입하면 다음을 얻는다.

$$J_0{}'(\xi) + \sum_{m=1}^{\infty} 2i^m J_m{}'(\xi)\cos m\theta = -\sum_{m=0}^{\infty} a_m H_m^{(1)\prime}(\xi)\cos m\theta, \quad (4.68)$$

여기서 $\xi = ka$이고, 예를 들어 $J_0{}'(\xi) = \left.\dfrac{dJ_0(x)}{dx}\right|_{x=\xi}$를 뜻한다. 그러므로 양변을

비교하고, 1, $\cos\theta$, $\cos 2\theta$, $\cdots$ 가 선형 독립임을 고려하여, 미정 계수 a_m에 대해 다음을 얻는다.

$$a_0 = -\frac{J_0'(\xi)}{H_0^{(1)\prime}(\xi)},\ a_m = -2i^m \frac{J_m'(\xi)}{H_m^{(1)\prime}(\xi)},\ m = 1, 2, \cdots . \tag{4.69}$$

따라서 산란파에 대해 $\psi_s(r,\theta)$를 다음과 같이 얻으며,

$$\psi_s = -\frac{J_0'(\xi)}{H_0^{(1)\prime}(\xi)} J_0(kr) - 2\sum_{m=1}^{\infty} i^m \frac{J_m'(\xi)}{H_m^{(1)\prime}(\xi)} H_m^{(1)}(kr) \cos m\theta, \tag{4.70}$$

입사파에 대한 표현인 식 (4.65)와 위 식을 더하여 얻어지는 결과를 식 (4.54)에 대입하면 구하고자 하는 속도포텐셜을 얻는다.

속도포텐셜을 사용하여 단위 길이 당 수직 원주에 작용하는 힘의 x_1 성분, $f(y,t)$를 구하기 위해, 원주 표면에 작용하는 수동압 p_d를 먼저 구하면, 수동압에 대해 식 (1.10)으로부터 다음을 얻으므로,

$$\frac{p_d}{\rho} = -\frac{\partial \phi}{\partial t} = Re(i\omega\phi), \tag{4.71}$$

압력의 x_1 방향 성분을 θ에 대해 적분하여 다음을 얻는다.

$$f = -\int_0^{2\pi} p_d \cos\theta\, a d\theta = -\rho g A a Y(y) Re\left\{ e^{-i\omega t} \int_0^{2\pi} \psi(a,\theta) \cos\theta\, d\theta \right\}. \tag{4.72}$$

식 (4.72)의 피적분 함수에 $\cos\theta$가 곱해져 있으므로, ψ에 대한 표현 중, $\cos\theta$에 비례하는 항만 영이 아닌 적분값을 주므로[연습문제 6], 다음 결과를 얻는다.

$$\int_0^{2\pi} \psi(a,\theta) \cos\theta\, d\theta = R_1 \int_0^{2\pi} \cos^2\theta\, d\theta = \pi R_1 . \tag{4.73}$$

여기서 R_1은 식 (4.65)와 (4.70)으로부터 다음과 같이 얻는다.

$$R_1 = 2i\left(J_1 - \frac{J_1'}{H_1^{(1)\prime}} H_1^{(1)}\right) = \frac{2i}{H_1^{(1)\prime}} \frac{2i}{\pi\xi} = -\frac{4}{\pi\xi H_1^{(1)\prime}}. \qquad (4.74)$$

위 식에서 베셀함수와 Hankel함수는 모두 $\xi = ka$에서의 값이고, 둘째 등호는 베셀함수의 성질 $J_1 H_1^{(1)\prime} - J_1' H_1^{(1)} = \dfrac{2i}{\pi\xi}$를 사용하여 얻었다(Abramowitz & Stegun(1970)[10] 참조).

이들을 식 (4.72)에 대입하여 다음을 얻으며,

$$f = \rho g A a Y(y) Re\left(e^{-i\omega t} \frac{4}{\xi H_1^{(1)\prime}}\right) = \frac{4\rho g A}{k} Y(y) Re\left(\frac{e^{-i\omega t}}{H_1^{(1)\prime}}\right), \qquad (4.75)$$

식 (4.66)에 보인 1종 Hankel함수의 정의를 사용하여 이 식을 정리하면 결국 다음을 얻는다.

$$f(y,t) = \frac{4\rho g A}{k} Y(y) B(\xi) \cos(\omega t + \alpha),$$

$$B(\xi) = \frac{1}{\sqrt{J_1'^2 + Y_1'^2}}, \quad \tan\alpha = \frac{Y_1'}{J_1'}. \qquad (4.76)^{11)}$$

이 식에 따르면 주어진 입사파에 대해, 다시 말하면 k, A가 주어진 경우, f는 시간에 따라 수직 원주의 전 길이에 걸쳐 같은 위상차를 가지며, 입사파의 진동수 ω와 같은 진동수의 코싸인 함수처럼 변화하고, 그 크기는 y와 무차원 변수인 $\xi = ka$의 함수이다. $Y \in [\mathrm{sech}\xi, 1]$이므로, Y는 $y = 0$에서 최대값 1을 가지며, 입사파와의 위상차 α를 제외하면 원주의 기하학적 특성인 a는 $\xi = ka$를 자변수로 하는 함수 $B(\xi)$의 형태로만 f에 영향을 미친다.

---

11) 이 식의 위상차 α가 McCamy & Fuchs(1954){10}의 결과와 차이가 나는 것은, 그들은 입사파를 $-A\sin(kx - \omega t)$로 취하였기 때문이며, 또한 그들은 속도 벡터를 속도포텐셜의 $-grad$가 되도록 정의한 점에도 유의한다.

그림 4.11에 함수 $B(\xi)$를 보였는데, $\xi=0$에서 영의 값을 가지며 ξ의 증가에 따라 단조적으로 증가하는 함수이다. $\xi \ll 1$일 때 베셀함수는 다음과 같은 점근식으로 나타낼 수 있으므로(이승준(2014)[3] 참조),

$$J_1(\xi) \sim \frac{\xi}{2}, \quad Y_1(\xi) \sim -\frac{2}{\pi\xi}, \tag{4.77}$$

이를 식 (4.76)에 대입하여 $\xi \ll 1$일 때 함수 $B(\xi)$에 대해 다음을 얻는다.

$$B(\xi) \sim \frac{1}{\sqrt{\left(\frac{1}{2}\right)^2 + \left(\frac{2}{\pi\xi^2}\right)^2}} = \frac{\pi\xi^2}{2}. \tag{4.78}$$

이 식에 따르면 f는 $\xi \ll 1$일 때 ξ^2에 비례하여 포물선처럼 증가한다.

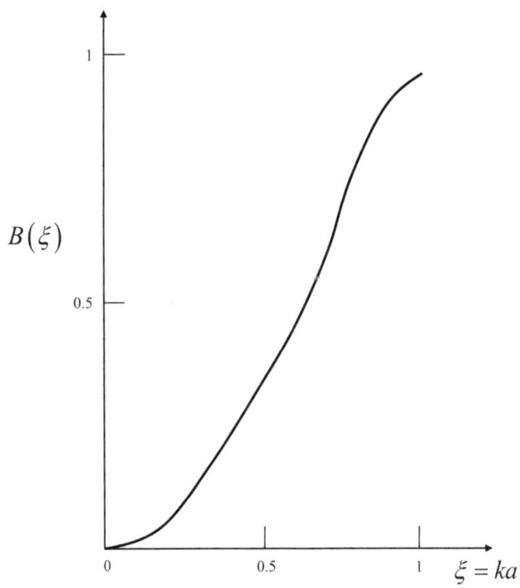

그림 4.11 식 (4.76)의 $B(\xi)$, $\xi = ka$

한편 $\xi \gg 1$일 때 베셀함수는 다음과 같은 점근식으로 나타낼 수 있으므로,

$$J_1(\xi) \sim \sqrt{\frac{2}{\pi\xi}}\cos\left(\xi - \frac{3\pi}{4}\right),\ \ Y_1(\xi) \sim \sqrt{\frac{2}{\pi\xi}}\sin\left(\xi - \frac{3\pi}{4}\right), \tag{4.79}$$

이를 식 (4.76)에 대입하여 $\xi \gg 1$일 때 함수 $B(\xi)$에 대해 다음을 얻는다.

$$B(\xi) \sim \left(\sqrt{\frac{2}{\pi\xi}}\right)^{-1} = \sqrt{\frac{\pi\xi}{2}}. \tag{4.80}$$

이 식에 따르면 f는 $\xi \gg 1$일 때 $\sqrt{\xi}$에 비례하여 증가한다.

그림 4.11에서 식 (4.78)과 식 (4.80)으로 주어지는 경향을 확인할 수 있으며, 특히 식 (4.80)은 $\xi \gg 1$에 대한 식으로 얻어졌으나, $\xi \sim 3$부터 이 식과 유사한 경향을 보이는 것에 유의한다.

원주 전체에 작용하는 x_1 방향의 힘도 어렵지 않게 구할 수 있으며, 이에 대해서는 [연습문제 7]로 미루기로 한다.

또한 구조 강도 계산을 위해 필요한 원주 바닥의 **고정단**(fixed end)에 작용하는 **굽힘모멘트**(bending moment) M_b는 다음과 같이 구할 수 있다.

$$M_b = \int_{-h}^{0} f(y,t)(y+h)dy = \frac{4\rho g A}{k}B(\xi)\cos(\omega t + \alpha)\int_{-h}^{0} Y(y)(y+h)dy. \tag{4.81}$$

$Y(y)$에 대해 식 (4.24)를 이용하고 $kh = \kappa$로 쓰며, 위 식의 적분을 계산하는데 $y+h = y_b$는 바닥으로부터 잰 거리임을 이용하면 다음을 얻으며,

$$\int_{-h}^{0} Y(y)(y+h)dy = \frac{1}{\cosh kh}\int_{-h}^{0}(y+h)\cosh k(y+h)dy$$
$$= \frac{1}{\cosh\kappa}\int_{0}^{h} y_b \cosh k y_b\, dy_b = \frac{1}{k^2}\frac{\kappa\sinh\kappa - \cosh\kappa + 1}{\cosh\kappa} \equiv \frac{D(\kappa)}{k^2}, \tag{4.82}$$

$$D(\kappa) \equiv \frac{\kappa\sinh\kappa - \cosh\kappa + 1}{\cosh\kappa}, \tag{4.83}$$

이 결과를 식 (4.81)에 대입하여 다음 결과를 얻는다.

$$M_b = \frac{4\rho g A}{k^3} B(\xi)\, D(\kappa) \cos(\omega t + \alpha). \tag{4.84}$$

이 식에 따르면 우선 M_b는 k^{-3}, 즉 입사파의 파장의 3승에 비례하여 증가하며, 시간에 대해서는 입사파의 진동수와 같은 코싸인 함수처럼 변화한다. 또 그 크기는 주어진 파도에 대해, 즉 k, A가 주어진 경우, 두 개의 무차원 변수 $\xi = ka$, $\kappa = kh$만의 함수이며, $B(\xi)$에 대해서는 위에서 설명한 바와 같고, $D(\kappa)$는 그림 4.12에 보였다. $D(\kappa)$도 $\kappa = 0$에서 영의 값을 가지며 κ의 증가에 따라 단조적으로 증가하는 함수이다. $\kappa \ll 1$일 때 쌍곡선함수는 다음과 같은 점근식으로 나타낼 수 있으므로,

$$\cosh\kappa \sim 1, \ \sinh\kappa \sim \kappa, \tag{4.85}$$

이를 식 (4.83)으로 주어진 $D(\kappa)$의 정의에 대입하여 $\kappa \ll 1$일 때 함수 $D(\kappa)$에 대해 다음을 얻는다.

$$D(\kappa) \sim \kappa^2. \tag{4.86}$$

이 식에 따르면 M_b는 $\kappa \ll 1$일 때 κ^2에 비례하여 포물선처럼 증가한다.

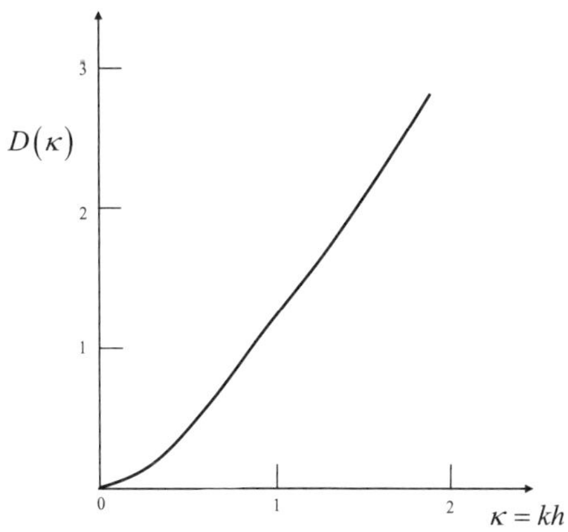

그림 4.12 식 (4.83)으로 주어진 $D(\kappa)$

한편 $\kappa \gg 1$일 때 쌍곡선함수는 다음과 같은 점근식으로 나타낼 수 있으므로,

$$\cosh\kappa \sim \frac{e^{\kappa}}{2}, \ \sinh\kappa \sim \frac{e^{\kappa}}{2}, \tag{4.87}$$

이를 $D(\kappa)$의 정의에 대입하여 $\kappa \gg 1$일 때 함수 $D(\kappa)$에 대해 다음을 얻는다.

$$D(\kappa) \sim \kappa - 1. \tag{4.88}$$

이 식에 따르면 M_b는 $\kappa \gg 1$일 때 κ에 비례하여 직선처럼 증가한다.

식 (4.86)과 (4.88)로 주어지는 경향을 그림 4.12에서 확인할 수 있으며, 특히 식 (4.88)은 $\kappa \gg 1$에 대한 식으로 얻어졌으나, $\kappa \sim 5$부터 이 식과 유사한 경향을 보이는 것에 유의한다.

이상에서 비교적 자세하게 수직 원주에 수면파가 입사할 때, 회절에 의해 원주가 받는 단위 길이 당 힘과 굽힘모멘트에 대해 알아보았다. 선형 문제이지만, 그 해가 알려진 많지 않은 예 중의 하나이며, 또 실제 해양구조물의 형상이 원주인 경우가 적지 않으므로, 해의 특성을 잘 살펴서, 실제 문제에 잘 응용할 수 있기 바란다.

연습문제

1. 식 (4.24)로 정의된 함수 $Y(y)$는 다음과 같이 분자를 전개하여 다시 쓸 수 있으므로,

$$Y(y)=\frac{\cosh ky\cosh kh+\sinh ky\sinh kh}{\cosh kh}, \qquad \text{(연4.1)}$$

$kh=\kappa\rightarrow\infty$일 때, 식 (4.87)에 주어진 점근식을 이용하여 다음을 얻음을 보이시오.

$$Y(y)\sim e^{ky}. \qquad \text{(연4.2)}$$

2. 유한 수심에 대한 분산관계식인 식 (4.19)를 사용함에 있어, ω와 수심 h가 주어진 경우, 파수 k를 구해야 할 경우가 대부분이다. 이 경우 쉽게 쓸 수 있는 해법 중의 하나는 반복법인데, 식 (4.19)를 다음과 같은 식으로 바꾸어 쓰고,

$$k=\frac{\omega^2}{g}\frac{1}{\tanh kh}, \qquad \text{(연4.3)}$$

이 식을 다음과 같이 반복자(iterator)로 사용하는 것이다.

$$k_{n+1}=\frac{\omega^2}{g}\frac{1}{\tanh k_n h}=\frac{k_0}{\tanh k_n h},\ n=0,1,2,\cdots. \qquad \text{(연4.4)}$$

물론 k_0는 무한 수심에서 ω에 상응하는 파수이다. 식 (4.26) 아래에서 고려한 예, 즉 $\omega=0.8\,rad/s$, $h=30\,m$인 경우에 대해, 식 (연4.4)를 사용하여 유효숫자 네 자리의 파수 0.06761을 구하는데 몇 번의 반복이 필요한지 알아보고, 이때의 파장이 $92.93\,m$임을 확인하시오.

3. 다음 적분을 구하시오.

$$I = \int_{-\infty}^{\infty} e^{-x^2} dx = \sqrt{\pi}\ . \tag{연4.5}$$

힌트; I^2 을 고려하는데, 적분 평면을 (x,y)로부터 (r,θ)로 바꾸어 생각함으로써 $I^2 = \pi$를 보이시오.

4. 식 (4.44)에 보인 적분에 식 (4.46)의 변수 변환을 수행하여 식 (연4.5)로 주어지는 적분을 얻고, 식 (4.44)의 결과를 얻으시오.

5. 4.3절의 마지막 부분에서 논의한 바와 관련하여, 식 (4.46)을 사용하여 $(x_1, x_2) = (\infty, 0^-)$에서의 ψ를 구하고, 그 결과가 정지파에 상응함을 보이시오.

6. 식 (4.73)에서 사용한 다음 적분을 보이시오.

$$\int_0^{2\pi} \cos m\theta \cos\theta\, d\theta = 0\ ,\ \ m = 0, 2, 3, \cdots\ . \tag{연4.6}$$

힌트; 삼각 함수에 대한 덧셈 공식을 사용하시오.

7. 식 (4.76)에 주어진 단위 길이 당 힘을 y에 대해 적분하여 전체 수직 원주가 받는 x_1 방향의 힘 $X_1(t)$가 다음과 같이 주어지는 것을 보이시오.

$$X_1(t) = \frac{4\rho g A}{k^2} B(\xi) \tanh\kappa \cos(\omega t + \alpha)\,. \tag{연4.7}$$

이 식에 따르면, $X_1(t)$는 파장의 제곱에 비례하며, 입사파가 주어진 경우 두 무차원 변수 $\xi = ka$, $\kappa = kh$의 함수인 점에 유의하고, $\kappa \ll 1$인 경우 $X_1 \propto \kappa$임과, 또 $\kappa \gg 1$인 경우, X_1는 더 이상 κ의 함수가 아니며, 유한한 값을 가짐을 보이시오.

5장
수심 감소에 따른 수면파의 변화

해상에서 바람에 의해 생성된 파도는 깊은 바다를 거쳐 결국 해안가에 도달한다. 해안에 가까워지면, 수심이 감소하므로, 수면파의 형상에 몇 가지 변화가 생긴다. 첫째로는 수심이 감소하면 분산관계식에 의해 파장 λ와 위상속도 c가 감소한다. 둘째로는, 직선 해안을 가정하고 해안에 수직인 방향을 x축 방향으로 잡은 뒤, 파도의 진행 방향과 x축 사이의 각을 θ라고 하면, 해안에 대해 직각으로 입사하는 경우가 아닌 경우에는 파도의 진행각 θ의 변화가 발생하며, 이에 따라 파도의 진폭 A 또한 변화하게 된다. 해안에 가까워지면, 파도는 해안에 수직으로 입사하여 $\theta \to 0$이 되고, 또 진폭 A가 증가하므로, 결국 기울기 $\frac{A}{\lambda}$가 증가하여, 수심이 어떤 값보다 더 작아지면 결국 파도는 부서지기 시작한다.

쇄파가 발생하면, 초기에는 파정에 하얀 포말이 생겨 그 에너지를 잃게 되지만, 해변에서는 결국 파도에 남아 있던 상당 부분의 에너지가 난류의 형태로 바뀌며 소실된다. 물론 어느 정도의 에너지는 반사되어 바다로 다시 돌아가는데, 이와 같은 현상은 해안의 바닥이 얼마나 가파르냐에 따라 여러 가지 양태를 보인다.

이 장에서는 먼저 4.2절에서 논의한 유한 수심에 대한 분산관계식에 의해 파도가 겪게 되는 변화에 대해 살피고, 5.2절에서 굴절(refraction)과 관련하여 스넬의 법칙(Snel's law)[12]에 대해 고찰하고, 5.3절에서는 간단하게 쇄파와 관련하여 잘 알려진 몇 가지 사항에 대해 알아본다.

5.1 분산관계식

유한 수심에 대한 분산관계식은 식 (4.19)에서 다음과 같이 얻었으며,

$$\omega^2 = gk\tanh kh, \tag{4.19}$$

또한 수면파의 위상속도에 대해 식 (4.27)을 다음과 같이 얻었다.

---

12) 스넬은 네덜란드 사람인데, 같은 나라 사람인 Dingemans(1997)[12]에 따르면, 통상 그의 이름을 Snell로 쓰는 것은 오류이며, Snel로 써야 한다고 하는 주장을 따라 여기서는 Snel로 쓰기로 한다.

$$\frac{c^2}{c_0^2} = \frac{\tanh\kappa}{\kappa}, \; c_0 = \sqrt{gh}, \; \kappa = kh. \tag{4.27}$$

위의 두 식은 모두 tanh 함수를 포함하고 있는데, 이 함수의 점근적 성질에 따라 분산관계식은 다른 형태로 이해될 수 있다. tanh 함수에 대해 다음이 성립하는데[그림 5.1 참조],

$$\tanh\kappa \sim \begin{cases} \kappa, \kappa \ll 1, \\ 1, \kappa \gg 1, \end{cases} \tag{5.1}$$

전자는 천수, 후자는 심수(또는 심해)로 구분한다. 여기서 강조하고 싶은 것은 이들의 구분이 수심에 따른 것이 아니고, 무차원 매개변수인 $\kappa = kh$ 의 값에 따라 이루어진다는 점이다.

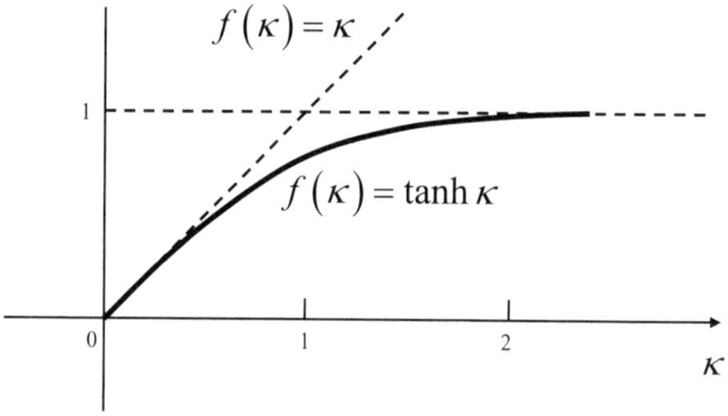

그림 5.1 tanh 함수의 성질

천수에 대해서 식 (5.1)의 위 식을 식 (4.19), (4.27)에 대입하여 다음을 얻고,

$$\omega = c_0 k, \; c = c_0, \tag{5.2}$$

심해에 대해 식 (5.1)의 아래 식을 대입하여 다음을 얻는다.

$$\omega = \sqrt{gk}, \; c = \sqrt{\frac{g}{k}}. \tag{5.3}$$

식 (5.2)에 따르면 천수 중의 수면파는 분산성이 없는 것으로 간주할 수 있고 이 점은 식 (4.27) 아래에서 이미 지적한 바 있다.

실제 식 (5.1)을 응용할 때, $\kappa \ll 1$은 $\kappa < \dfrac{\pi}{10}$, $\kappa \gg 1$은 $\kappa > \pi$로 대체하여 사용한다. 따라서 식 (4.19)와 식 (4.27)을 그대로 써야 하는 경우는 $\kappa \in \left[\dfrac{\pi}{10}, \pi\right]$으로 볼 수 있으며. 이는 $h \in \left[\dfrac{\lambda}{20}, \dfrac{\lambda}{2}\right]$에 해당한다. 다시 말하면, 수심이 생각하는 파도의 반 파장보다 크면 심해로, 또 파장의 $\dfrac{1}{20}$보다 작으면 천수로 다루며, 그 사이의 경우에 대해서는 식 (4.19)와 (4.27)을 그대로 사용해야 한다.

천수파(shallow water wave)는 그 파장이 수심의 20배 이상이므로, 통상 장파(long wave)라고도 부르며, **쓰나미**(tsunami)는 장파의 대표적인 예로 생각할 수 있다. 생각하는 해역의 평균 수심을 1 km라고 할 때, 쓰나미의 파장은 통상 20 km보다 큰 경우가 대부분이다.

한편, 식 (4.19)와 (4.27)은 수심의 변화가 완만하다고 가정할 수 있는 경우에는 그대로 사용할 수 있다는 점, 또한 이미 밝힌 바 있다. 파수가 위치에 따라 서서히 변화하는 소위 **지변함수**(slowly varying function)임을 가정할 수 있다면, x의 양의 방향으로 진행하는 수면파의 위상함수 Θ는 다음과 같이 쓸 수 있으므로,

$$\Theta(x,t) = k(x)x - \omega(x)t, \tag{5.4}$$

근사적으로 다음 식이 성립해야 한다.

$$k = \frac{\partial \Theta}{\partial x}, \ \omega = -\frac{\partial \Theta}{\partial t}. \tag{5.5}$$

따라서 식 (5.5)의 두 식이 서로 일관되기 위해서는 다음이 성립해야 한다.

$$\frac{\partial k}{\partial t} + \frac{\partial \omega}{\partial x} = 0. \tag{5.6}$$

이 식 좌변의 첫째 항은 고정된 위치에서 파수의 시간에 따른 변화율인데, 심해의 파도가 해안으로 이동하는 경우에서와 같이, 해저 지형이 시간에 따라 변화하지 않는다면, 심해에서 주어진 조건이 같을 경우 정해진 위치에서의 파수는 항상 같을 것이므로, 영으로 간주할 수 있다. 따라서 둘째 항 $\frac{\partial \omega}{\partial x}$ 도 0이 되어야 하는데, 이는 심해에서의 진동수가 수심이 변화하는 영역에서도 그대로 유지된다는 것을 뜻한다. 그러므로 식 (4.25) 아래에서 논의한 바와 같이 심해의 수면파가 해안으로 이동하는 문제에 대해서는 진동수를 상수로 볼 수 있으며, 식 (5.4)의 우변 둘째 항은 ωt 로 써야 한다.

그림 5.2에 보인 바와 같이, 식 (5.6)은 파장 λ 보다는 크지만 전체적인 스케일에서는 Δx 로 볼 수 있는 미소 요소 Δx 내부의 파도의 수, 즉 파수의 보존 법칙으로 볼 수도 있다. 즉 파도 하나를 2π 의 래디안 단위로 나타내기로 하면, Δx 내부에 있는 파도의 수는 $k\Delta x$ 이므로 시간에 따른 파수의 변화는 $\frac{\partial k}{\partial t}\Delta x$ 이고, 이는 Δx 의 양쪽 끝에서 단위 시간 당 들어오고 나가는 파도의 개수의 총합, $\omega - \left(\omega + \frac{\partial \omega}{\partial x}\Delta x\right)$, 즉 $-\frac{\partial \omega}{\partial x}\Delta x$ 와 같아야 하므로, 이 두 양을 등치하여 식 (5.6)을 얻을 수 있기 때문이다.

단위 시간 당 I과 II를 통과하는 파수

$$= \omega - \left(\omega + \frac{\partial \omega}{\partial x}\Delta x\right) = -\frac{\partial \omega}{\partial x}\Delta x$$

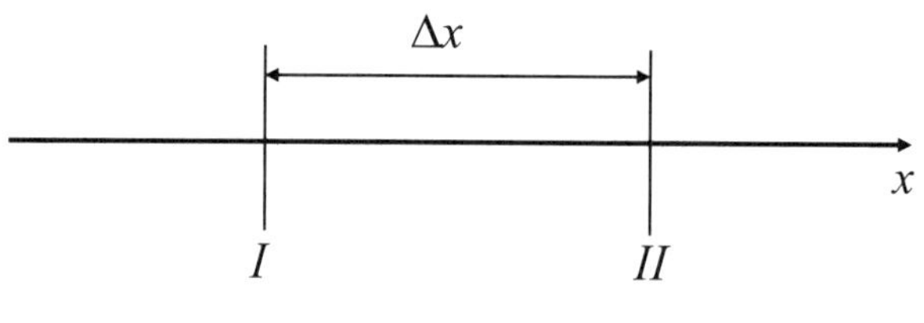

단위 시간 당 Δx 내의 파수의 변화$=\frac{\partial (k\Delta x)}{\partial t}$

그림 5.2 미소 요소 Δx 에 대한 파수의 보존

수면파가 깊은 바다로부터 해안으로 이동할 경우와 같이 진동수가 일정한 경우, 심해에서의 파수 $k_0 = \frac{\omega^2}{g}$ 를 이용하여 유한 수심에 대한 분산관계식을 다시 쓰면 다음을 얻는다.

$$k = \frac{\omega^2}{g\tanh\kappa} = \frac{k_0}{\tanh\kappa}, \tag{5.7}$$

이 식에 따르면, 심해에서는 $\tanh\kappa \simeq 1$ 이므로, 파수는 거의 변화가 없으나, 수심의 감소에 따라 $\tanh\kappa$ 도 서서히 감소하며, 따라서 k 는 매우 천천히 증가한다. 한편 위 식의 양변에 h 를 곱해 주면 근사적으로 $\kappa \propto h$ 가 성립하며, 따라서 무차원 파수 κ 는 수심이 감소하면 그에 비례하여 감소한다.

천수에서는 $\tanh\kappa \simeq \kappa$ 이므로, 이 식을 다음과 같이 쓸 수 있고,

$$k^2 h \simeq k_0, \tag{5.8}$$

따라서 파수에 대해 다음 관계를 얻는다.

$$k \simeq \sqrt{\frac{k_0}{h}}. \tag{5.9}$$

다시 말하면 파수는 천수에서는 $h^{-1/2}$ 에 비례하여 증가한다. 또한 무차원 파수 κ 에 대해서는 다음 관계를 얻으므로,

$$\kappa \simeq \sqrt{k_0 h} = \sqrt{\kappa_0}, \tag{5.10}$$

천수에서 κ 는 수심이 감소할 때 $h^{1/2}$ 에 비례하여 감소한다.

이상으로부터 심해로부터 해변으로 이동하는 수면파의 경우, k 는 수심의 감소에 따라 처음에는 매우 천천히 증가하지만, 천수에 도달하면 $h^{-1/2}$ 에 비례하여 증가하여, 전 구간에 걸쳐 단조적으로 증가한다. 한편, κ 는 심해에서는 수심의 감소에 따라 선형적으로 감소하다가, 천수에서는 $h^{1/2}$ 에 비례하여 감소하므로, 전 구간에 걸쳐 단조적으로 감소한다.

그림 5.3에 수면파가 깊은 바다로부터 해안으로 이동할 경우, 수심 감소에 따른 $\frac{k}{k_0} = \frac{1}{\tanh\kappa}$ 와 κ 의 변화를 $\frac{\kappa_0}{2\pi} = \frac{h}{\lambda_0}$ 의 함수로 보였는데, 위에서 설명한 사항들을 모두 확인할 수 있으며, 여기서 $\lambda_0 = \frac{2\pi}{k_0}$ 는 심해에서의 파장이므로, κ 에 대한 그래프는 그림 4.4와 본질적으로 같음에 유의한다.

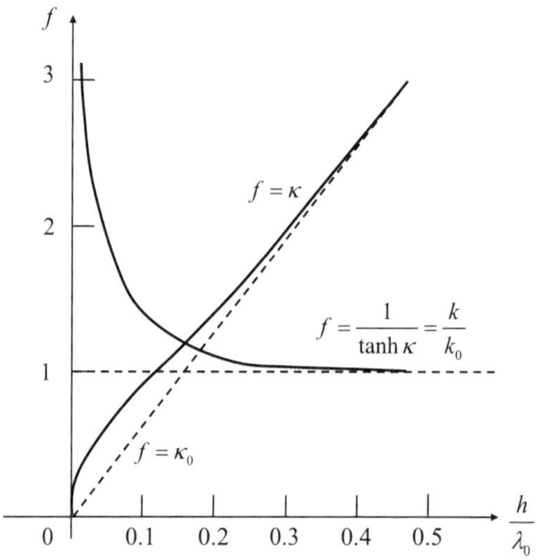

그림 5.3 해변으로 진행하는 수면파에 대해 $\frac{h}{\lambda_0}$ 의 함수로 나타낸 $\frac{k}{k_0}$ 와 κ

또한 위와 같은 경우에는 진동수가 일정하므로, 위상속도 c 의 변화는 k^{-1} 의 변화와 같으므로, 심해에서는 그 변화가 미미하지만, 천수에서는 수심의 감소에 따라 $h^{1/2}$ 에 비례하여 감소하며, 전 구간에 걸쳐 단조적으로 감소한다.

진동수가 일정한 경우, 무한 수심에서의 위상속도 $c_0 = \frac{\omega}{k_0} = \frac{g}{\omega}$ 임을 이용하고, 분산관계식을 사용하여 유한 수심에서의 수면파의 위상속도를 구하면 다음을 얻는데,

$$c = \frac{\omega}{k} = \frac{\omega^2}{k\omega} = \frac{gk\tanh\kappa}{k\omega} = c_0\tanh\kappa\,, \tag{5.11}$$

위에서 논의한 바와 같이, 수심의 감소에 따라 κ는 전 구간에 걸쳐 단조적으로 감소하므로, 이 식에 따르면 위상속도 c도 수심이 감소함에 따라 단조적으로 감소하며 이는 위에서 얻은 결론과도 일치한다.

식 (1.42)로 주어진 군속도의 정의는 유한 수심에 대해서도 동일하므로, 식 (4.19)를 k에 대해 미분하여 다음을 얻는다.

$$2\omega c_g = g\left(\tanh\kappa + \kappa \operatorname{sech}^2\kappa\right), \tag{5.12}$$

이 식에 $c_0 = \dfrac{\omega}{k_0} = \dfrac{g}{\omega}$임을 사용하고 쌍곡선 함수의 성질을 이용하여 정리하면, 유한 수심에서의 군속도 c_g에 대해 다음을 얻는다.

$$\frac{c_g}{c_0} = \frac{1}{2}\left(\tanh\kappa + \kappa \operatorname{sech}^2\kappa\right) = \frac{1}{2}\left(1 + \frac{2\kappa}{\sinh 2\kappa}\right)\tanh\kappa \equiv G(\kappa). \tag{5.13}$$

여기서 주어진 ω에 대해서 c_0는 상수임을 다시 한 번 강조한다.

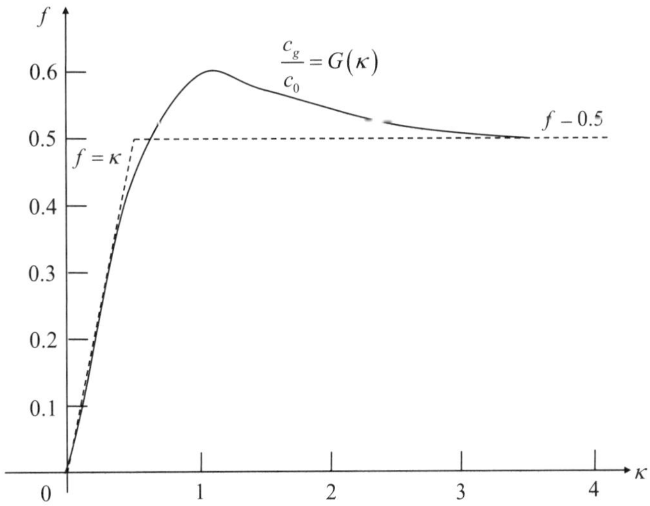

그림 5.4 $\dfrac{c_g}{c_0}$의 $\kappa = kh$에 따른 변화

그림 5.4에 $G(\kappa)$를 보였으며, 그 점근식은 다음과 같으므로,

$$G(\kappa)=\begin{cases}\kappa, & \kappa \ll 1,\\ \dfrac{1}{2}, & \kappa \gg 1,\end{cases} \tag{5.14}$$

$\kappa = O(1)$에서 국부 최대값을 가지는 것을 알 수 있으며, 그 값은 $\dfrac{dG}{d\kappa}=0$의 조건으로부터 다음과 같이 얻는다.

$$\frac{dG}{d\kappa} = \mathrm{sech}^2\kappa(1-\kappa\tanh\kappa) = 0. \tag{5.15}$$

이 식으로부터 $\kappa_m = 1.20$에서 $G(\kappa)$는 국부 최대값을 가짐과, 또 식 (5.13)으로부터 그 값은 0.60임을 얻는다.

심해 수면파에 대해 ω가 주어지면 c_0는 일정한 값으로 결정되며, 이 수면파가 수심이 감소하는 영역을 지나 해안으로 접근할 경우, κ는 단조적으로 감소하는데, 그림 5.4에 따르면, 그때의 군속도 c_g는 심해에서의 값 $0.5c_0$로부터 일단 κ_m에서 $0.6c_0$의 값을 가질 때까지 증가하므로, 군속도의 크기는 최대 20%까지 증가한다. 그 후, 해안가에 이르기까지는 계속 감소하여 $\kappa < \dfrac{\pi}{10}$에서 c_g는 κc_0의 값을 가진다.

군속도는 파가 가진 에너지의 전파 속도이기도 하므로, 해변에 가까워질수록 군속도가 감소한다는 사실은 에너지의 전파 속도가 감소한다는 것을 뜻한다. 다음 절에서 알게 될 바와 같이 이는 해변에 가까워질수록 수면파의 진폭이 증가한다는 사실을 뜻한다.

5.2 수면파의 굴절

3.4절에서 논의한 바와 같이 수평면 상에서의 진행 방향이 다른 수면파를 다루기 위해서는 다음과 같은 식 (3.23)을 사용하여 그 변위를 나타낼 수 있다.

$$\eta(\underline{x},t)= A\cos(\underline{k}\cdot\underline{x}-\omega t), \tag{3.23}$$

여기서 $\underline{x}=(x_1,x_2)$는 수평면 상의 위치 벡터이고, $\underline{k}=(k_1,k_2)$는 파수 벡터이다. 파수 벡터의 크기, $|\underline{k}|=k$라고 하면, $\underline{k}=k(\cos\theta,\sin\theta)$로 쓸 수 있으므로, 식 (3.23)은 x_1축과 반시계 방향으로 θ의 각을 이루는 방향으로 진행하는 파수 k의 조화파의 변위를 나타낸다.

식 (3.23)으로 주어지는 수면파의 위상함수 Θ는 따라서 다음과 같은데,

$$\Theta=\underline{k}\cdot\underline{x}-\omega t, \tag{5.16}$$

이 식은 식 (5.4)를 일반화한 결과로 볼 수 있으므로, 파수 벡터는 식 (5.5) 대신 다음 식으로 나타낼 수 있다.

$$\underline{k}=k_1\hat{e}_1+k_2\hat{e}_2=\frac{\partial\Theta}{\partial x_1}\hat{e}_1+\frac{\partial\Theta}{\partial x_2}\hat{e}_2=\nabla\Theta. \tag{5.17}$$

해안에 가까운 곳에서의 해저 지형은 해안선과 평행한 방향으로는 변화가 크지 않은 경우가 많다. 그림 5.5에 보인 **경사 해안**(sloping beach)과 같이, 직선인 해안선을 $x_1=0$에 잡고, 심해는 $x_1\to-\infty$에 상응한다고 할 때, 만약 x_2 방향으로는 수심의 변화가 없다고 가정하면, 식 (5.13)으로 주어지는 파수 벡터의 정의는 매우 중요한 결과를 얻는데 사용될 수 있다.

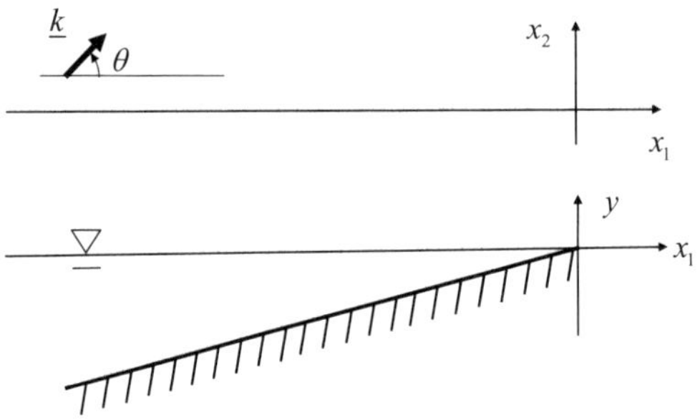

그림 5.5 수심이 x_2에 대해 독립인 경사 해안

즉 파수 벡터 $\underline{k}$가 Θ의 $grad$로 주어졌으므로, 파수 벡터의 $curl$, 즉 $\nabla \times \underline{k}$는 영 벡터가 되어야 한다. 다시 말하면, 다음을 얻는데,

$$\nabla \times \underline{k} = \left(\frac{\partial}{\partial x_1}, \frac{\partial}{\partial x_2}, \frac{\partial}{\partial y}\right) \times (k_1, k_2, 0) = \left(0, 0, \frac{\partial k_2}{\partial x_1} - \frac{\partial k_1}{\partial x_2}\right) = \underline{0}\,, \tag{5.18}$$

여기서 둘째 등호는 $\underline{k}$가 y의 함수가 아님에 따른 결과이다. 그러므로 다음을 얻는데,

$$\frac{\partial k_2}{\partial x_1} - \frac{\partial k_1}{\partial x_2} = 0\,, \tag{5.19}$$

수심이 x_2 방향으로는 변화하지 않으므로, $\underline{k}$는 x_2의 함수가 아니며, 위 식 좌변의 둘째 항은 영이 되어야 하고, 따라서 첫째 항도 영이 되어야 한다. 이는 수심이 변화하는 경우에도, k_2는 모든 곳에서 일정하다는 뜻이며, 따라서 다음을 얻는다.

$$k_2 = k\sin\theta = const. = \mu. \tag{5.20}$$

이 식을 먼 바다에서 해안선을 향해 θ의 각도로 입사하는 파도의 경우에 대해 생각하면, 파수와 파의 진행 방향에 대해 다음 결과를 얻는다.

$$\frac{\mu}{\omega} = \frac{\sin\theta}{\omega k^{-1}} = \frac{\sin\theta}{c} = const.. \tag{5.21}$$

식 (5.6) 아래에서 설명한 바와 같이 파의 진동수가 일정하다는 사실을 이용하여 위의 결과를 얻었으며, 이 결과는 통상 스넬의 법칙(Snel's law)이라고 불린다.

식 (5.9)와 관련하여 논의한 바와 같이, 천수에서 k는 수심의 감소에 따라 $h^{-1/2}$에 비례하여 증가하므로, 위상속도는 $\sqrt{h}$ 에 비례하여 감소한다. 따라서 식 (5.21)의 스넬의 법칙에 따르면, $\sin\theta$ 즉 θ도 $\sqrt{h}$ 에 비례하여 감소해야 하며, 해변에서는 $k\to\infty$, $\theta\to 0$의 형태로 스넬의 법칙을 만족하게 된다. 그림 5.6에 보인 바와 같이 해변에서 파도는 항상 해안선에 수직하게 들어오는 것으로 보일 것이며, 이는 우리의 일상적인 경험과도 일치한다.

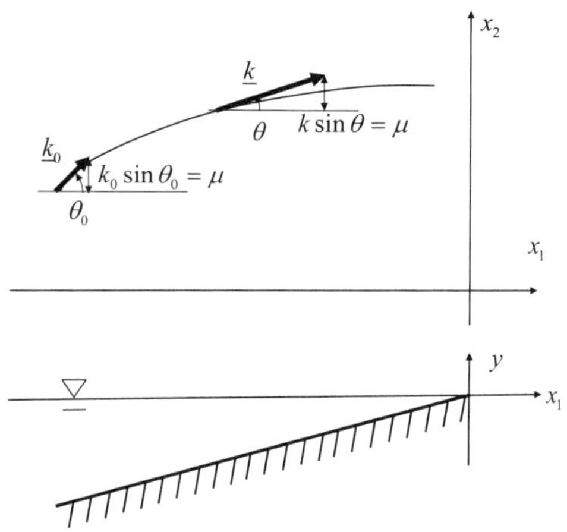

그림 5.6 해안선 부근에서의 수면파의 굴절

이와 같이 파도의 위상속도의 변화에 따라 진행 방향이 변화하는 현상을 **굴절**(refraction)이라고 부르며, 수면파의 경우에는 그림 5.3에 보인 바와 같이 수심의 감소에 따라 k가 단조적으로 증가하며, 따라서 위상속도가 단조적으로 감소하는 데 기인하여 발생하는 현상이다.

다음으로 수심의 감소에 따른 수면파의 진폭 또는 파고의 변화에 대해 고려하기로 한다. 2차원 경사 해안을 통과하여 해변으로 진행하는 수면파를 생각하기로 하고, 파도의 **파정선**(crestline)에 수직한 곡선, 즉 **레이**(ray)를 그리면 그림 5.7에 보인 바와 같은 결과를 얻는다. 레이 상의 한 점에서 접선 벡터를 그리면, 이는 그 점에서의 파의 진행 방향을 나타내는 파수 벡터와 평행해야 하며, 또 x_2 방향으로는 해저 지형의 변화가 없으므로, 그림에 보인 바와 같이 두 개의 레이는 서로 평행할 것이다. 이는 스넬의 법칙에 의해 보장되며, 따라서 x_2 방향으로 잰 두 레이 사이의 거리 l은 일정해야 한다.

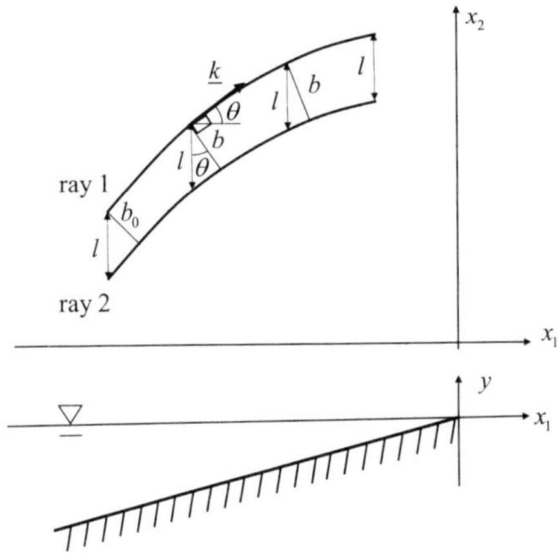

그림 5.7 직선형 바닥의 경사 해안에 비스듬하게 입사하는 수면파

또 그림에 보인 바와 같이, 먼 바다에서 영이 아닌 θ의 각을 가지고 입사하는 수면파의 경우, 에너지 보존 법칙에 따라 평행한 두 레이 사이의 에너지 전달은 레이에 수직한 모든 단면에서 같아야 하므로, 다음을 얻는다.

$$e_t b c_g = const. = e_{t0} b_0 c_{g0}. \tag{5.22}$$

여기서 e_t는 식 (1.40)에서 얻었던 단위 길이 당 평균 에너지이고, b는 레이에 수직하게 잰 두 레이 사이의 거리이고, 군속도 c_g는 에너지의 전파 속도이다. 또 하첨자 0은 심해에서의 값을 나타낸다. 식 (1.40)으로부터 얻는 $e_t \propto A^2$을 이 식에 대입하면 다음을 얻는데,

$$A^2 b c_g = A_0^2 b_0 c_{g0}. \tag{5.23}$$

이를 진폭 A에 대해 정리하여 다음을 얻는다.

$$A = A_0 \sqrt{\frac{b_0}{b}} \sqrt{\frac{c_{g0}}{c_g}} \equiv A_0 K_r K_s. \tag{5.24}$$

여기서 K_r은 굴절 계수(refraction coefficient), K_s는 천수 계수(shoaling coefficient)로 각각 불리며, 굴절 계수는 수심의 감소에 따라 파도의 진행 방향이 얼마나 변화했는가, 또 천수 계수는 파도의 군속도가 얼마나 변화했는가가 각각 파도의 진폭에 미치는 영향을 나타내는 계수이다.

그림 5.7에서 알 수 있는 바와 같이 $b = l\cos\theta$이므로, K_r에 대해 다음을 얻으며,

$$K_r = \sqrt{\frac{b_0}{b}} = \sqrt{\frac{\cos\theta_0}{\cos\theta}}\ , \tag{5.25}$$

θ는 수심의 감소에 따라 감소하므로, $\cos\theta > \cos\theta_0$가 성립하며, 따라서 이 식 우변 제곱근 안의 양은 항상 1보다 작고, 따라서 굴절 계수는 수심이 감소함에 따라 진폭이 감소되도록 하는 인자이다. 또한 천수에서는 $\theta \simeq 0$으로 보아도 좋으므로, 결국 K_r은 먼 바다에서의 입사각의 코싸인의 제곱근, $\sqrt{\cos\theta_0}$에 수렴한다.

그림 5.8에 직선적으로 수심이 감소하는 경사 해안에 대해, 수직축은 θ_0, 수평축은 $\dfrac{h}{2\pi\lambda_0}$로 잡아, 수심 감소에 따른 θ의 변화와 굴절 계수 K_r의 등고선을 보였다. 예를 들어 먼 바다에서의 $\theta_0 = 20^\circ$일 때, 만약 $\dfrac{h}{2\pi\lambda_0} \simeq 0.0016$, 즉 $h \simeq 0.01\lambda_0$이면, $\theta = 5^\circ$, $K_r \simeq 0.971$임을 얻는다. 물론 K_r의 이 값은 θ_0와 θ의 값을 식 (5.25)에 대입하여 얻는 값과 거의 동일하다.

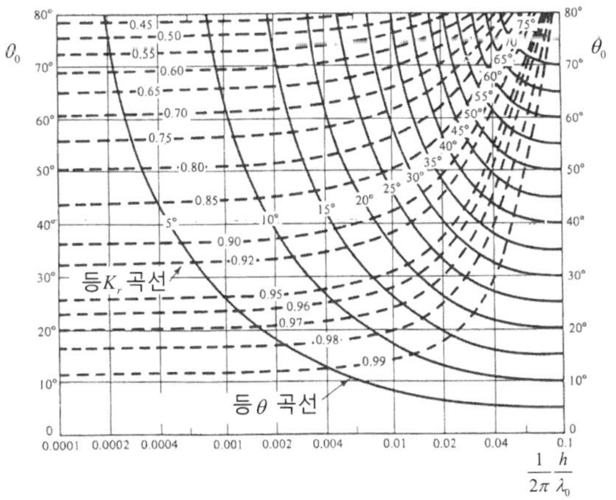

그림 5.8 직선형 바닥의 경사 해안에 대한 등θ 및 등K_r 곡선

심해에서의 군속도 $c_{g0} = \dfrac{c_0}{2}$ 이므로, 천수 계수 K_s 에 대해서는 식 (5.13)으로부터 다음을 얻는다.

$$K_s = \sqrt{\frac{c_{g0}}{c_g}} = \sqrt{\frac{1}{2}\frac{c_0}{c_g}} = \frac{1}{\sqrt{2G(\kappa)}}. \tag{5.26}$$

따라서 식 (5.14)에 보인 $G(\kappa)$ 의 점근적 성질을 이용하면 K_s 에 대해 다음을 얻는다.

$$K_s = \begin{cases} \dfrac{1}{\sqrt{2\kappa}}, & \kappa \ll 1, \\ 1, & \kappa \gg 1, \end{cases} \tag{5.27}$$

그림 5.4에 보인 바와 같이 $G(\kappa)$ 는 국부 최대값을 가지므로, 상응하는 κ 에서 $K_s(\kappa)$ 는 국부 최소값을 가지며, 식 (5.15) 아래에서 얻은 바에 따라 $\kappa_m = 1.20$ 에서 최소값 0.913 을 가진다. 그림 5.9에 보인 바와 같이 따라서 K_s 는 수심이 감소함에 따라 처음에는 약간 감소하지만, 이후에는 증가하기 시작하는데, 식 (5.10)에 보인 바와 같이 천수에서 κ 는 $h^{1/2}$ 에 비례하므로, 이를 식 (5.27)에 대입하면 천수 계수 K_s 는 천수에서는 수심이 감소함에 따라 $h^{-1/4}$ 에 비례하여 증가한다.

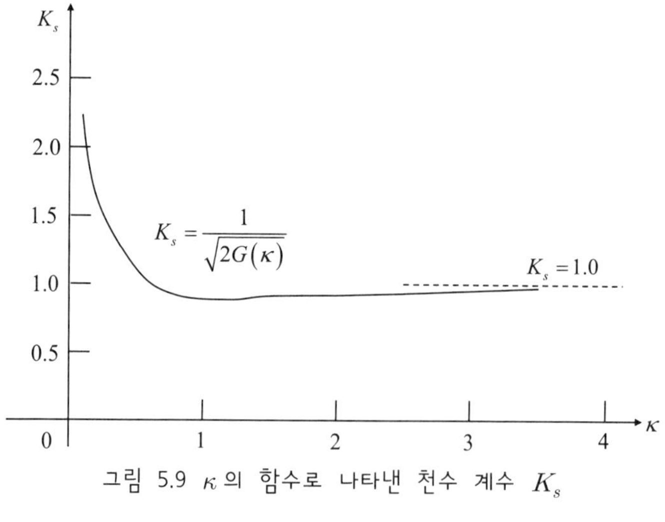

그림 5.9 κ 의 함수로 나타낸 천수 계수 K_s

천수에 대해 위에서 얻은 $K_r \sim \sqrt{\cos\theta_0}$, $K_s \sim \dfrac{1}{\sqrt{2\kappa}} \propto \dfrac{1}{h^{1/4}}$을 식 (5.24)에 대입하여 다음을 얻으며,

$$A \propto A_0 \sqrt{\frac{\cos\theta_0}{h^{1/4}}} \propto A_0 h^{-1/4}, \tag{5.28}$$

또 식 (5.10)에서 보인 바와 같이 천수에서 $k \propto h^{-1/2}$이므로, $\lambda \propto h^{1/2}$를 얻어, 결국 천수에서 파도의 기울기 $\dfrac{A}{\lambda}$에 대해 다음을 얻는다.

$$\frac{A}{\lambda} \propto \frac{h^{-1/4}}{h^{1/2}} = h^{-3/4}. \tag{5.29}$$

이 식에 따르면, 천수에서 수심의 감소에 따라 파도의 기울기는 꽤 급격하게 증가하므로, 선형 이론인 에어리 이론의 한계, 즉 $\dfrac{A}{\lambda} = \dfrac{1}{50}$을 초과할 것이며, 따라서 수심이 그보다 더 작은 영역에 대한 예측은 보다 정확한 이론을 사용해야 할 것이다.

물론 수심의 감소에 따라 진폭이 증가하고, 파장이 감소하면 궁극적으로 쇄파(wave breaking)가 발생할 것이며, 이에 대해서는 다음 절에서 논하기로 한다.

5.3 수면파의 쇄파

3장에서 바람에 의한 수면파의 생성과 관련하여 쇄파에 대해 언급한 적이 있는데, 이는 파장이 매우 짧은 파도에 대한 것이었다. 쇄파에 이르는 기제는 여러 가지가 알려져 있지만, 중요한 점은 파도가 기하학적 형상을 유지하면서 허용할 수 있는 것에 비해 과도한 에너지가 주어지는 경우 발생한다는 것이다.

Miche(1951){19}는 파정에서의 유체 입자의 속도가 파도의 위상속도와 같다는 조건을 고려하여 파도 기울기의 최대값을 다음과 같이 구하였다.

$$\left(\frac{H}{\lambda}\right)_{max} = 0.14\tanh kh\,. \tag{5.30}$$

이 식에 따르면 심해에서 $\left(\frac{H}{\lambda}\right)_{max}$ 는 0.14이며, 기울기가 이 값에 가까워지면 파정에서 하연 포말이 생기는 **분출형**(spilling type)의 쇄파가 발생한다[그림 5.10 참조].

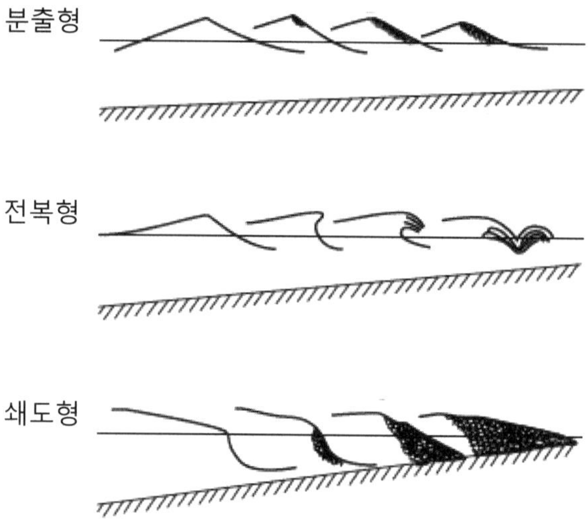

그림 5.10 다양한 형태의 쇄파

또 다른 관점에서 스토크스(Stokes, 1880){20}에 의해 알려진 파도의 극한적인 형태는 파정 부근에서 파도 변위의 1계 미분이 불연속이 되어 파정에서 꼭지점을 가지는 삼각형 모양의 파정이 형성되는데, 그 사잇각이 120°로 형성된다는 점이다. 이보다 사잇각이 더 작은 뾰쪽한 파도는 만들어 질 수 없으며, 사잇각이 120°에 가까운 값을 가지는 경우에도 분출형 쇄파가 발생한다.

식 (5.30)을 천수에 대해 적용하면 다음을 얻는데,

$$\left(\frac{H}{h}\right)_{\max} = 0.88. \tag{5.31}$$

이는 실험 결과와도 비교적 잘 일치하는 결과를 주는 것으로 알려져 있다.

일반적으로 천수파에 대한 이론은 **심해파**(deep water wave)에 대한 이론보다 복잡한 면이 있는데, 이는 심해파에 대해서는 파도의 기울기 $\frac{H}{\lambda}$만 고려하면 되지만, 천수파에 대해서는 식 (5.31)에서 보는 바와 같이 $\frac{H}{h}$도 고려해 주어야 한다는 점에 기인한다.

천수 영역 또는 천수역(shallow water region)에서의 쇄파는 대개 파도타기 영역(surf zone)에서 발생하는데 이 영역에서는 수심의 변화를 고려해 주어야함 한다는 어려운 점이 있다. 수심의 변화가 매우 완만한 경우에는 심해에서와 유사하게 분출형 쇄파가 발생하지만, 한 파장 내에서의 수심 변화가 상대적으로 급격하여 파도의 앞부분과 뒷부분 사이의 대칭성이 깨지면, 파정으로부터 파도의 앞부분으로 소위 **전복형**(plunging type) 쇄파가 발생하며, 이 경우에는 주로 파정부에 속한 유체 입자가 가지는 파도 진행 방향의 속도 성분이 천수파가 가질 수 있는 최대의 위상속도인 $c_c = \sqrt{gh}$ 보다 더 커져서 유체 입자가 파형을 이탈하면서 형성된다.

수심의 변화가 더욱 클 경우에는 파도 전반부의 형상이 거의 동시에 연직선에 가까운 파형이 만들어지는데, 이와 같은 쇄파, 즉 **쇄도형**(surging type) 쇄파는 대부분 평균 수심이 영인 해변에서 발생한다.

Galvin(1968){21}은 다음과 같이 정의되는 무차원 매개변수 ξ를 사용하여 쇄파의 형태가 달라짐을 실험적으로 보였다.

$$\xi = \frac{s}{H/\lambda_0}. \tag{5.32}$$

여기서 $s = \tan\alpha$ 이며, α는 해저면의 기울기를 나타내는 각도이고, λ_0는 심해에서의 파장이다. ξ의 값이 2.3보다 작으면 쇄파가 발생하여 반사파는 현저히 감소하는데, 쇄파가 발생하는 곳에서 계산된 ξ의 크기에 따라 대개 다음과 같은 쇄파 현상이 관찰됨을 보고하였다.

$$\begin{cases} \xi < 0.4, & \text{분출형}, \\ \xi \in (0.4, 2.4), & \text{전복형}, \\ \xi > 2.4, & \text{쇄도형}. \end{cases} \tag{5.33}$$

어떠한 형태의 쇄파든지 일단 쇄파가 발생하면 파도가 가지고 있던 에너지는 난류에너지, 열에너지로 변환되거나, 또는 해안의 침식을 야기하며, 해안 보호(shore protection)를 위해서는 쇄파 이후에 발생하는 유체의 흐름을 잘 이해해야 할 것이다.

연습문제

1. 먼 바다에서 파장이 $100\,m$인 파도가 해안에 수직한 방향으로 해안을 향해 진행할 때, 수심 $50\,m$, $40\,m$, $30\,m$, $20\,m$, $10\,m$, $5\,m$인 해역에서의 파장과 위상속도 및 군속도를 구하시오.

2. 먼 바다에서 파장이 $200\,m$인 파도가 해안에 수직한 방향으로 해안을 향해 진행할 때, 군속도가 최대가 되는 수심을 구하시오. 그 수심에서의 군속도가 $0.6c_0$이며 K_s는 최소값 0.913이 됨을 확인하시오.

3. 먼 바다에서의 입사각 $\theta_0 = 45^\circ$인 파도가 수심이 $2\pi\lambda_0$의 $\frac{1}{1000}$인 해역에 도달하였을 때의 K_r, K_s를 구하고, 진폭과 파장이 먼 바다에서의 값에 비해 어떻게 달라졌는지 구하시오. 단 해저면은 경사각이 일정한 직선형으로 가정한다.

4. 해저면의 경사각 $\alpha = 10^\circ$일 때, 분출형 쇄파가 관측될 수 있는 최소 파고를 구하고, 또 쇄도형 쇄파가 관측될 수 있는 최대 파고를 구하시오. 단 먼 바다에서의 파장은 $100\,m$로 한다.

6장

가속 유동장 또는 가속 운동에 의해 물체가 받는 힘

5장까지는 수면파의 생성, 전파, 소멸에 대해 생각하면서, 파도 자체의 성질에 대해 알아보았다. 이 장에서는 그와 같은 수면파 중에 놓인 구조물, 또는 보다 기본적으로 가속 유동장 중의 물체가 받는 힘에 대해 생각해 보기로 한다.

한편, 진공 중에 있는 물체가 가속 운동을 하는 경우에는 자신의 질량만 가속시키면 되지만, 유체 중에 있는 물체가 가속 운동을 하는 경우에는 주변의 유체도 어느 정도 가속시키지 않으면 안 된다. 다시 말하면 물체가 유체에 힘을 가해 주변의 유체도 어느 정도 가속시켜야 하므로, 작용-반작용에 의해 물체 또한 유체로부터 힘을 받게 된다.

물론 가속도가 없는 균일유동의 경우에는 물체가 균일유동 중에 있거나, 또는 정지해 있는 유체 중을 물체가 균일유동의 속도와 크기는 같고 반대 방향으로 운동하는 경우, 만약 유체의 점성을 무시하고 또 무한히 넓은 유동장에 대해 고려한다면, 물체에 작용하는 힘은 두 경우 모두 영이라는 소위 d'Alembert(1752){22}의 역설(paradox)을 얻는다.

하지만 정지해 있는 유체 중에서 가속 운동을 하는 물체와 가속 유동장 중에 정지해 있는 물체는 영이 아닌 힘을 받으며, 물체가 받는 힘은 두 경우 그 크기가 다르므로, 이 장에서는 이들 문제를 차례로 다룰 것이다. 가속 유동장 중에 정지해 있는 물체가 받는 힘은 유동이 시간에 따라 변화하는 것에 기인하므로 비정상력(unsteady force)이라고 부르며, 이와 같은 힘은 유체의 점성을 무시하는 경우에도 작용하므로, 이 장에서는 유체를 비점성으로 가정하기로 한다.

베셀(Bessel, 1828){23}은 공기 중에서 움직이는 진자(pendulum)의 운동과 관련하여 이와 같이 유체가 물체에 가하는 힘을 고려해야 할 필요성을 지적한 바 있다. 이와 같은 힘을 물체의 가속도로 나누면 질량의 차원을 가지는 양이 얻어지는데, 이 양을 부가질량(added mass)이라고 부른다. 즉 유체로부터 받는 힘을 물체의 질량이 부가질량만큼 증가한 것으로 간주하는 관점이 Bessel에 의해서 시작되었다고 할 수 있다.

이하에서는 6.1절에서 먼저 비정상 유동의 가장 간단한 문제로 볼 수 있는 무한 유체 중에서 가속 직선 운동을 하는 원주(circular cylinder) 주위의 유동에 대한 속도포텐셜을 구하기로 한다. 6.2절에서는 위에서 구한 속도포텐셜을 이용하고 일-에너지 원리를 사용하여 원주에 작용하는 힘을 구하고, 또 물체 표면에 작용하는 압력의 운동 방향 성분의 합력을 구하여 같은 결과를 얻을 수 있음을 보이며,

이 결과로부터 원주의 부가질량을 구하기로 한다. 또 6.3절에서는 시간에 따라 속도가 변하는 가속 균일유동 내에 정지해 있는 원주 주위의 유동장을 구하고 원주에 작용하는 힘을 구하여 두 문제의 차이점에 대해 논하기로 하며, 또 보다 일반적인 형상의 물체에 대한 결과에 대해 고찰하기로 한다.

6.1 무한 유체 중에서 직선 운동을 하는 원주

점성을 무시하고 있고, 유동이 정지 상태로부터 시작하였다는 가정을 사용하면 비회전성 유동에 대한 속도포텐셜 $\phi(r,\theta,t)$를 도입할 수 있으므로, 질량보존 법칙인 연속 방정식은 다음과 같은 라플라스 방정식으로 주어진다.

$$\nabla \cdot \underline{u} = \nabla \cdot \nabla\phi = \nabla^2\phi = 0\,, \tag{1.1}$$

단 여기서 라플라스 연산자는 다음과 같은 식 (4.58)에서 고려한 극좌표에 대한 표현을 사용하기로 한다.

$$\nabla^2\phi = \frac{\partial^2\phi}{\partial r^2} + \frac{1}{r}\frac{\partial\phi}{\partial r} + \frac{1}{r^2}\frac{\partial^2\phi}{\partial\theta^2}\,. \tag{6.1}$$

좌표계의 원점은 그림 6.1에 보인 바와 같이 반경 a인 원주의 중심에 잡으며, 원주와 같이 음의 x 방향으로 $U(t)$의 속도로 움직이는 것으로 생각한다.

따라서 속도포텐셜 $\phi(r,\theta,t)$가 만족해야 하는 경계조건은 다음과 같다.

$$\frac{\partial\phi}{\partial r} = -\,U(t)\cos\theta\,,\ \ r = a \text{에서,} \tag{6.2}$$

$$|\nabla\phi| \to 0\,,\ \ r \to \infty \text{ 일 때.} \tag{6.3}$$

식 (6.2)는 원주 표면에서의 유체 입자의 반경 방향, 즉 법선 방향 속도 성분이 원주의 운동 속도에 기인하는 법선 방향 속도 성분과 같아야 한다는, 다시 말하면 식 (4.56)과 본질적으로는 같은 비침투 조건이며, 식 (6.3)은 물체로부터 멀리 떨어진 곳에서는 물체의 운동과 상관없이 유체가 정지 상태에 있어야 함을 뜻한다.

위 문제 또한 변수분리법을 사용하여 풀 수 있는데, 먼저 다음을 가정하기로 하되,

$$\phi(r,\theta,t) = R(r)\Theta(\theta)T(t), \tag{6.4}$$

여기서 시간에 대한 의존도는 식 (6.2)에서 $U(t)$의 형태로 나타나고 있으므로, $T(t) = U(t)$로 가정하기로 한다. 위 식을 식 (6.1)에 대입하고 $\frac{r^2}{\phi}$을 곱한 뒤, 정리하여 다음을 얻는다.

$$\frac{r^2}{R}\frac{d^2R}{dr^2} + \frac{r}{R}\frac{dR}{dr} = -\frac{1}{\Theta}\frac{d^2\Theta}{d\theta^2} = n^2. \tag{6.5}$$

여기서 n은 양의 자연수이다. 첫째 등호의 좌변은 r만의 함수, 우변은 θ만의 함수이므로, 둘째 등호 우변을 상수로 놓았으며, Θ는 주기가 2π인 θ의 주기함수가 되어야 하므로 양의 자연수의 제곱으로 취하였다.

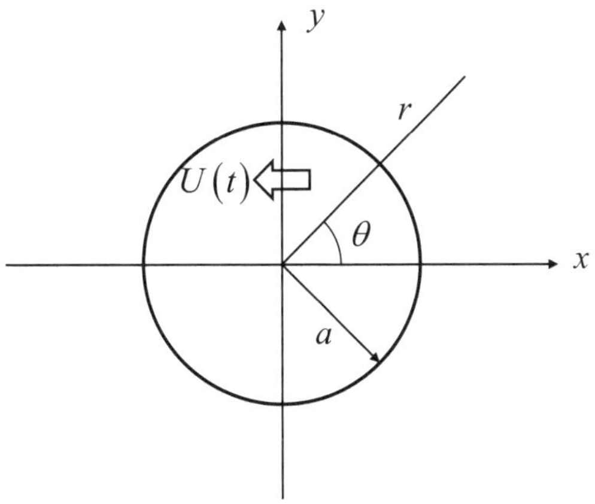

그림 6.1 가속 직선 운동을 하는 원주

따라서 위 식으로부터 다음 두 식을 얻는다.

$$r^2 \frac{d^2 R}{dr^2} + r\frac{dR}{dr} - n^2 R = 0\,, \tag{6.6}$$

$$\frac{d^2\Theta}{d\theta^2} + n^2 \Theta = 0\,. \tag{6.7}$$

식 (6.7)로부터 다음을 얻으며,

$$\Theta = C\cos n\theta + D\sin n\theta\,, \tag{6.8}$$

식 (6.6)은 오일러 미분 방정식이므로 그 해를 $R = r^\lambda$로 가정하여 식 (6.6)에 대입하면 다음 식을 얻는다.

$$\lambda(\lambda-1) + \lambda - n^2 = (\lambda - n)(\lambda + n) = 0\,. \tag{6.9}$$

따라서 $\lambda = \pm n$ 임을 얻어 결국 다음과 같이 R을 얻는다.

$$R = Ar^{-n} + Br^{n}\,, \tag{6.10}$$

한편 식 (6.4)를 식 (6.2), (6.3)에 대입하면 다음을 얻는데,

$$\left.\frac{dR}{dr}\right|_{r=a} \Theta = -\cos\theta\,, \tag{6.11}$$

$$\left.\frac{dR}{dr}\right|_{r\to\infty} = 0\,, \tag{6.12}$$

식 (6.11)에 (6.8), (6.10)을 대입하면 $n = 1$, $D = 0$를 얻고, 또 식 (6.12)에 의해 $B = 0$을 얻으며, 잠정적으로 다음과 같이 쓸 수 있다.

$$\phi = \alpha \frac{U(t)}{r} \cos\theta. \qquad (6.13)$$

여기서 α는 상수이다. 이 식을 식 (6.2)에 대입하면 $\alpha = a^2$을 얻어 결국 다음과 같이 해를 얻는다.

$$\phi = U(t) \frac{a^2}{r} \cos\theta. \qquad (6.14)$$

이 식을 원래의 경계치 문제였던 식 (6.1), (6.2), (6.3)에 대입하여 이들이 모두 만족됨을 확인할 수 있다.

극좌표로 나타낸 속도 벡터 $\underline{u}$는 다음과 같은데,

$$\underline{u} = u_r \hat{e}_r + u_\theta \hat{e}_\theta = (u_r, u_\theta) = \left(\frac{\partial \phi}{\partial r}, \frac{1}{r}\frac{\partial \phi}{\partial \theta} \right) = -\frac{Ua^2}{r^2}(\cos\theta, \sin\theta), \quad (6.15)$$

여기서 $\hat{e}_r$, $\hat{e}_\theta$는 각각 반경 방향과 원주 방향의 단위 벡터이다. 이 식에 따르면 속도 벡터는 원주 표면에서 $\hat{e}_r$, 즉 법선 방향뿐만 아니라 $\hat{e}_\theta$, 즉 접선 방향으로도 속도 성분을 가진다. 또 속도 벡터의 크기는 다음과 같으므로,

$$|\underline{u}| = \frac{Ua^2}{r^2}, \qquad (6.16)$$

원점으로부터의 거리의 제곱에 반비례하여 감소한다. 식 (6.14)의 우변은 원점에 위치한 세기 $U(t)a^2$의 쌍극점(dipole)의 속도포텐셜이므로,[13] 원주가 쌍극점으로 대체된 것으로 생각할 수 있다.

$\hat{e}_r$, $\hat{e}_\theta$를 x 방향과 y 방향의 단위 벡터 $\hat{i}$, $\hat{j}$를 써서 나타내면 다음과 같으므로[그림 6.2 참조],

$$\hat{e}_r = \cos\theta \hat{i} + \sin\theta \hat{j}, \qquad (6.17)$$

13) 기본적인 2차원 포텐셜 유동의 속도포텐셜에 대해서는 이승준(2009)[5]을 참조하기 바란다.

$$\hat{e}_\theta = -\sin\theta\,\hat{i} + \cos\theta\,\hat{j}\,, \tag{6.18}$$

식 (6.15)에 이들을 대입하여 다음을 얻는다.

$$\underline{u} = -\frac{Ua^2}{r^2}\{(\cos^2\theta - \sin^2\theta)\hat{i} + 2\sin\theta\cos\theta\,\hat{j}\} = -\frac{Ua^2}{r^2}(\cos 2\theta\,\hat{i} + \sin 2\theta\,\hat{j}). \tag{6.19}$$

따라서 속도 벡터의 방향은 x축으로부터 시계 방향으로 2θ만큼 회전한 방향이다. 예를 들어 원주 표면 상의 $\theta = \pi$인 점에서의 속도 벡터의 방향은 음의 x 방향이 되어 유체 입자의 법선 방향 속도 성분이 원주의 법선 방향 속도 성분과 같음을 확인할 수 있다.

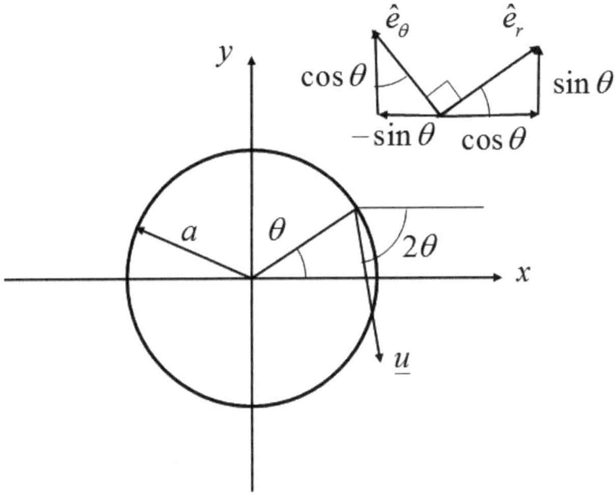

그림 6.2 단위 벡터들 사이의 관계 및 쌍극점에 대한 속도 벡터의 방향

한편 위의 식 (6.5)로부터 식 (6.6), (6.7)을 얻는 과정에서 $n = 0$이 될 가능성을 식 (6.11)의 경계조건 때문에 고려하지 않았으나, 일반적인 문제에 대해서는 $n = 0$이 될 가능성을 배제할 수 없으며, 이 경우에 대한 해는 점 보텍스(point vortex), 용출점(point source) 등으로 얻어지는데, 이에 대해서는 [연습문제 1]로 미루기로 한다.

6.2 원주의 부가질량

앞 절에서 유동장에 대한 속도포텐셜을 구했으므로 유동장 내의 모든 점에서 속도 벡터를 구할 수 있으며, 따라서 전체 유동장이 가지고 있는 운동에너지 E_k를 다음과 같이 구할 수 있다.

$$E_k = \frac{\rho}{2}\int_a^\infty \int_0^{2\pi} |\underline{u}|^2 r\,dr d\theta = \rho\pi U^2 a^4 \int_a^\infty \frac{1}{r^3}\,dr = \frac{\rho\pi a^2 U^2}{2}. \tag{6.20}$$

여기서 $\rho\pi a^2$은 물체가 배제한 유체의 질량이므로, m_0로 나타내기로 하면 다음을 얻는다.

$$E_k = \frac{m_0 U^2}{2}. \tag{6.21}$$

다시 말하면 원주가 $-U\hat{i}$라는 속도로 움직일 때, 유체 유동장이 가지고 있는 운동에너지는 원주가 배제한 만큼의 유체 질량이 속도 U로 움직일 때 가지는 운동에너지와 같다.

한편, 일-에너지 원리에 따르면 원주가 단위 시간 당 유체에 대해 한 일은 운동에너지의 증가분과 같아야 한다. 원주가 단위 시간 당 한 일 $\frac{dW}{dt}$는 다음과 같으며,

$$\frac{dW}{dt} = (-F\hat{i})\cdot(-U\hat{i}) = FU, \tag{6.22}$$

여기서 F는 원주가 유체에 가한 x 방향 힘의 크기이다. 물론 작용-반작용에 의해 원주가 유체로부터 받는 저항은 $F\hat{i}$이다. 또한 운동에너지의 증가분 $\frac{dE_k}{dt}$는 다음과 같으므로,

$$\frac{dE_k}{dt} = m_0 U \frac{dU}{dt}, \tag{6.23}$$

식 (6.22), (6.23)으로부터 F를 다음과 같이 얻는다.

$$F = m_0 \frac{dU}{dt}. \tag{6.24}$$

이 식에 따르면 원주는 원주가 배제한 질량과 가속도의 크기를 곱한 양으로 주어지는 저항을 유체로부터 받는다. 원주가 유체 중에서 가속 운동을 하는 경우에는 원주 자체의 질량 m뿐만 아니라 원주가 배제한 유체의 질량 m_0를 더해준 양에 가속도의 크기를 곱한 만큼의 힘을 가해야 함을 알 수 있다.

식 (6.24)로 주어지는 저항 F에 대해서는 통상 물체의 질량이 m_0만큼 증가한 것으로 보는 관점을 취한다. 다시 말하면, 저항을 가속도의 크기로 나누어 준 양으로 볼 수 있는 m_0를 부가질량(added mass) m_a로 간주한다. 따라서 원주의 부가질량 m_a에 대해서는 다음을 얻는다.

$$m_a = \rho \pi a^2 = m_0. \tag{6.25}$$

물체가 받는 저항 F는 원주 표면에 작용하는 압력의 x 성분을 적분하여 얻을 수도 있는데, 먼저 압력은 비정상 비회전성 유동에 대한 베르누이 방정식, 식 (3.17)로부터 다음과 같이 얻는다.

$$\frac{\partial \phi}{\partial t} + \frac{p}{\rho} + gy + \frac{1}{2}|\underline{u}|^2 = \text{상수}. \tag{3.17}$$

여기서 p_a를 주변의 압력이라고 하면, 우변의 상수는 $\dfrac{p_a}{\rho}$로 쓸 수 있으며, 또 1장에서와 마찬가지로 다음과 같은 식 (1.9)를 사용하여 수동압을 정의하기로 하면,

$$p_d = p - p_a - p_s = p - p_a + \rho g y, \tag{1.9}$$

결국 다음과 같은 수동압에 대한 식을 얻는다.

$$\frac{p_d}{\rho} = -\frac{\partial \phi}{\partial t} - \frac{|\underline{u}|^2}{2}. \tag{6.26}$$

수정압은 부력을 줄 것이므로 여기서는 논의에서 제외하여도 문제가 없을 것이다.

식 (6.26)에 식 (6.14)와 (6.16)을 대입하여 원주 표면에 작용하는 수동압을 다음과 같이 얻는다.

$$\left.\frac{p_d}{\rho}\right|_{r=a} = -a\frac{dU}{dt}\cos\theta - \frac{U^2}{2}. \tag{6.27}$$

따라서 F를 다음과 같이 얻으므로,

$$F = -\int_0^{2\pi} p_d|_{r=a}\cos\theta\, a\, d\theta = \rho a^2\frac{dU}{dt}\int_0^{2\pi}\cos^2\theta\, d\theta = \rho\pi a^2\frac{dU}{dt} = m_a\frac{dU}{dt}, \tag{6.28}$$

결국 식 (6.24)와 같은 결과를 얻었다. 위에서 식 (6.27) 우변의 마지막 항은 적분값에 아무런 영향을 미치지 않음에 유의한다.

이상으로 일-에너지 원리를 사용하여 유체 중에서 가속 운동을 하는 원주는 마치 원주가 배제한 유체의 질량만큼 질량이 증가한 것처럼 다룰 수 있음을 보였으며, 또 원주에 작용하는 압력을 적분하여서도 같은 결과를 얻음을 보였다. 마지막으로 식 (6.24) 또는 (6.28)에서 만약 U가 시간에 따라 변화하지 않는 경우라면 물론 원주가 받는 저항은 영임에 유의한다.

6.3 가속 균일유동 중에 정지해 있는 원주

앞 절에서는 정지해 있는 유체 중을 원주가 가속 운동하는 경우에 대해 고려하였으나, 여기서는 양의 x 방향으로 $U(t)$의 속도를 가지는 가속 균일유동 중에 원주가 정지해 있는 경우를 생각하기로 한다[그림 6.3 참조].

이 경우에 대해서는 $r\to\infty$ 일 때, 즉 무한 원방에서의 경계조건이 다음과 같으므로,

$$|\nabla\phi| \to U(t)\,\hat{i}, \quad r\to\infty \text{ 일 때.} \tag{6.29}$$

속도포텐셜을 다음과 같은 형태로 가정한다.

$$\phi(r,\theta,t) = U(t)x + \psi(r,\theta,t) = U(t)r\cos\theta + \psi(r,\theta,t). \tag{6.30}$$

따라서 ψ에 대한 경계치 문제는 다음과 같다.

$$\nabla^2\psi = \frac{\partial^2\psi}{\partial r^2} + \frac{1}{r}\frac{\partial\psi}{\partial r} + \frac{1}{r^2}\frac{\partial^2\psi}{\partial\theta^2} = 0. \tag{6.31}$$

$$\frac{\partial\phi}{\partial r} = U(t)\frac{\partial x}{\partial r} + \frac{\partial\psi}{\partial r} = 0\,,\ \ r = a\,\text{에서}, \tag{6.32}$$

$$|\nabla\psi| \to \underline{0}\,,\ \ r \to \infty\ \text{일 때}. \tag{6.33}$$

식 (6.31)은 ψ도 연속 방정식을 만족해야 한다는 뜻이며, 식 (6.32)는 앞에서와 같이 물체 표면에서 유체 입자가 가지는 속도의 법선 방향 성분은 원주가 정지하고 있으므로, 영이 되어야 한다는 비침투 조건이고, 식 (6.33)은 원주로부터 대단히 멀리 떨어진 무한 원방에서는 원주의 존재를 느끼지 못해야 한다는 조건이다.

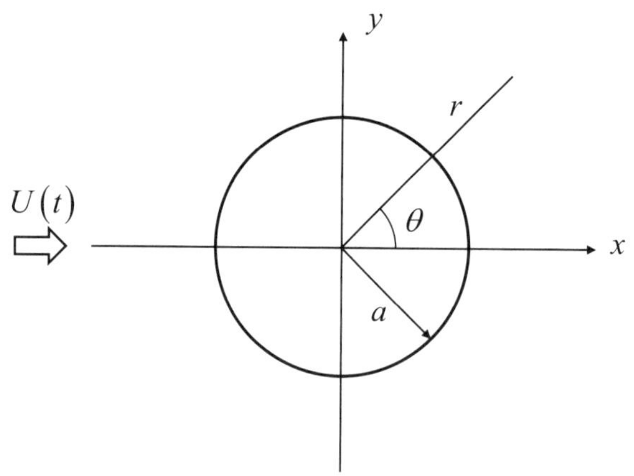

그림 6.3 가속 균일유동 중에 정지해 있는 원주

$x = r\cos\theta$ 이므로, $\dfrac{\partial x}{\partial r} = \cos\theta$ 를 얻으며, 이를 식 (6.32)에 대입하면 다음을 얻는다.

$$\frac{\partial \psi}{\partial r} = -U(t)\cos\theta, \quad r = a \text{ 에서.} \tag{6.34}$$

이 식은 식 (6.2)와 같고, 또 식 (6.33)은 식 (6.3)과 똑 같으므로, 식 (6.30)에서 도입된 ψ는 앞 절의 식 (6.14)로 주어지는 ϕ와 같을 수밖에 없으며, 따라서 다음을 얻는다.

$$\phi = U(t)\,x + U(t)\frac{a^2}{r}\cos\theta = U(t)\left(r + \frac{a^2}{r}\right)\cos\theta. \tag{6.35}$$

앞 절에서 고려한 그림 6.1에 보인 문제, 즉 원주가 가속 운동을 하는 문제에 대해 좌표계를 원주와 같이 운동하는 것으로 잡았으나, 결과적으로는 균일유동 중에 놓인 정지해 있는 원주가 균일유동에 얼마나 큰 교란을 가하는 지를 구하는 문제와 같은 것임을 위의 논의로부터 알 수 있다. 앞 절에서 고려한 문제에 대해 유체와 원주 모두에 대해 양의 x 방향으로 속도 U를 더해 주면 이 절에서 고려하는 그림 6.3에 보인 문제를 얻는다. 식 (6.14)와 (6.35)를 비교하면 이 경우, 앞 절에서 고려한 문제의 해에 양의 x 방향으로 흐르는 균일유동을 더해 주면 이 절에서 고려하는 문제의 해를 얻음에 유의한다.

속도 벡터는 식 (6.35)를 사용하여 다음과 같이 얻으며,

$$\begin{aligned} \underline{u} &= U\hat{i} - \frac{Ua^2}{r^2}\left(\cos\theta\,\hat{e}_r + \sin\theta\,\hat{e}_\theta\right) \\ &= \left(U - \frac{Ua^2}{r^2}\right)\cos\theta\,\hat{e}_r - \left(U + \frac{Ua^2}{r^2}\right)\sin\theta\,\hat{e}_\theta, \end{aligned} \tag{6.36}$$

여기서 둘째 등호를 얻기 위해서는 $\hat{i} = \cos\theta\,\hat{e}_r - \sin\theta\,\hat{e}_\theta$ 를 사용하였다. 따라서 원주 표면 상에서의 속도 벡터는 이 식에 $r = a$ 를 대입하여 다음과 같이 얻는다.

$$\underline{u}\big|_{r=a} = -2U\sin\theta\,\hat{e}_\theta, \tag{6.37}$$

당연한 결과이지만, 원주 표면 상에서 유체 입자의 속도는 접선 방향의 성분만 가진다. 속도의 크기는 앞 절에서 고려한 식 (6.15)로부터 얻는 접선 방향 성분 크기의 두 배임에 유의하며, 이는 식 (6.36)으로부터 알 수 있는 바와 같이 균일유동에 의한 접선 방향 속도 성분이 더해 진 결과이다.

이제 물체 표면에 작용하는 압력을 구하기 위해 베르누이 방정식을 사용할 수 있는데, 단 이 경우 사용해야 하는 베르누이 방정식은 식 (3.17)로 앞 절에서와 같지만, 우변의 상수는 앞 절에서와는 다르게 무한 원방에서의 균일유동을 고려하여 $\dfrac{p_a}{\rho}+\dfrac{U^2}{2}$로 잡아야 하며, 따라서 수동압에 대해 다음을 얻는다.

$$\frac{p_d}{\rho}=-\frac{\partial\phi}{\partial t}+\frac{1}{2}\left(U^2-|\underline{u}|^2\right). \tag{6.38}$$

이 식에 식 (6.35), (6.37)을 대입하여 원주 표면에 작용하는 수동압을 구하면 다음을 얻는데,

$$\left.\frac{p_d}{\rho}\right|_{r=a}=-2a\frac{dU}{dt}\cos\theta+\frac{U^2}{2}\left(1-4\sin^2\theta\right), \tag{6.39}$$

이 식 우변의 첫째 항은 가속 유동에 기인하며, 둘째 항은 속도가 시간에 따라 변화하지 않는 등속 균일유동의 경우에 원주 표면에 작용하는 수동압이다. 물론 둘째 항은 원주 표면에 걸쳐 x 방향 성분을 적분해 주어도 합력에 영향을 끼치지 않으며, 따라서 고려 중인 문제에 대해 원주에 작용하는 저항 F를 다음과 같이 얻는다.

$$F=-\int_0^{2\pi}p_d|_{r=a}\cos\theta\,a\,d\theta=2\rho a^2\frac{dU}{dt}\int_0^{2\pi}\cos^2\theta\,d\theta=2\rho\pi a^2\frac{dU}{dt}=2m_a\frac{dU}{dt}. \tag{6.40}$$

이 식에 따르면, $U(t)\hat{i}$의 속도를 가진 가속 균일유동 중에 정지해 있는 원주는, 정지해 있는 유체 중에서 $-U(t)\hat{i}$의 속도로 가속 운동하는 원주에 비해 두 배의 저항을 받는다[식 (6.28) 참조]. 이는 가속도 장에 놓인 물체가 '부력

(buoyancy)'[14]을 받는 것과 같은 이유에 기인하는 것으로 볼 수 있으며, 식 (6.36)에서 식 (6.37)을 얻을 때, 균일유동에 기인하여 원주 상에서의 접선 방향 속도 성분이 두 배가 된 것에 기인한다. 물론 시간에 따라 변화가 없는 등속 균일유동인 경우에는 식 (6.40)에 의한 힘은 영이 되며, 이 식에 의해 주어지는 저항은 전적으로 유동의 비정상성(unsteadiness)에 기인하는 것임을 강조한다.

앞 절에서 원주에 작용하는 힘을 원주의 질량이 증가한 것처럼 간주하여 부가질량의 개념을 도입하였는데, 가속 유동 내의 원주에 대해서는 통상 다음과 같이 겉보기질량 계수(apparent mass coefficient) C_M을 정의하여 힘의 크기를 나타낸다.

$$C_M \equiv \frac{F}{m_0 \dfrac{dU}{dt}} = \frac{2m_a}{m_0} = 2. \tag{6.41}$$

여기서 마지막 등호를 얻는 데는 원주에 대해서는 식 (6.25)가 성립함을 이용하였다.

일반적인 형태를 가진 물체에 대해서 위의 과정을 되풀이 한다고 하면, 속도포텐셜에 대해서는 식 (6.30)을 그대로 쓸 수 있는데,

$$\phi = U(t)\,x + \psi = U(t)\left(x + \psi_0\right). \tag{6.42}$$

여기서 $\psi = U(t)\,\psi_0$이며, ψ_0는 따라서 x 방향의 단위 속도에 대한 속도포텐셜로 시간의 함수가 아니며, ψ_0의 차원은 x의 차원과 같아야 하므로 L임에 유의한다. 한편, ψ에 대한 물체 표면에서의 경계조건은 식 (6.32) 대신 다음과 같은 식으로 주어진다.

$$\frac{\partial \phi}{\partial n} = U(t)\left(\frac{\partial x}{\partial n} + \frac{\partial \psi_0}{\partial n}\right) = 0\,,\ S_B \text{ 상에서,} \tag{6.43}$$

여기서 n은 물체 표면에 대해 법선 방향을 뜻하고, S_B는 물체 표면을 뜻한다.

14) 수정압에 기인하는 부력은 중력 가속도에 기인하는 가속도 장에 위치한 물체가 받는 힘으로 볼 수 있다.

따라서 만약 ψ 또는 ψ_0에 대한 경계치 문제를 풀어서 그 해를 얻었다고 하면, 물체 표면에서 그 속도 벡터는 식 (6.37) 대신 다음과 같이 주어진다.

$$\underline{u}\Big|_{S_B} = U\left(\hat{i}\cdot\hat{s}+\frac{\partial\psi_0}{\partial s}\right)\hat{s} \equiv Uq_0\,\hat{s}. \tag{6.44}$$

여기서 $\hat{s}$는 물체 표면에 접선 방향인 단위 벡터이고, s는 접선 방향을 뜻하며, Uq_0는 물체 표면 상에서의 속도 벡터의 크기를 나타낸다.

이제 베르누이 방정식, 식 (6.38)을 사용하여 물체 표면에 작용하는 압력을 구하면 다음을 얻는데,

$$\frac{p_d}{\rho}\Bigg|_{S_B} = -\frac{dU}{dt}(x+\psi_0)+\frac{U^2}{2}\left(1-q_0^2\right), \tag{6.45}$$

여기서 x는 물론 물체 표면 상의 점의 x 좌표이다.

위 식 우변의 마지막 항은 정상 유동(steady flow)에 대한 압력 항이므로 물체 표면에 대해 x 방향 성분을 적분할 경우 영이 되어 적분값에 아무런 영향을 끼치지 못하며, 첫째 항만 영이 아닌 적분값을 주는 것은 원주에 대한 경우와 같으므로, 결국 물체에 작용하는 저항을 다음과 같이 얻는다.

$$F=-\int_{S_B} p_d\big|_{S_B}\hat{i}\cdot\hat{n}\,ds = \rho\frac{dU}{dt}\int_{S_B}(x+\psi_0)\hat{i}\cdot\hat{n}\,ds. \tag{6.46}$$

이 식 마지막 우변의 적분에 대해서는 가우스 정리(Gauss theorem 또는 divergence theorem)를 적용할 수 있으므로 다음을 얻는다.[15)]

$$F=\rho\frac{dU}{dt}\int_{V_B}\nabla\cdot\left\{(x+\psi_0)\hat{i}\right\}dS = \rho\frac{dU}{dt}\int_{V_B}\left(1+\frac{\partial\psi_0}{\partial x}\right)dS, \tag{6.47}$$

15) 이에 대해서는 이승준(2010)[4]를 참고하기 바란다.

물체의 체적을 V라고 하면 m_0는 물체에 의해 배제된 유체의 질량이므로 $m_0 = \rho V$임을 얻으며, 또 위 식의 마지막 우변과 관련하여 다음과 같이 정의하기로 한다.

$$m_1 = \rho \int_{V_B} \frac{\partial \psi_0}{\partial x} dS = \rho \int_{S_B} \psi_0 \hat{i} \cdot \hat{n} ds, \tag{6.48}$$

여기서 ψ_0의 차원이 L이므로, 위 식 우변의 적분은 면적을 나타내는데, 2차원 문제를 생각하고 있으므로, 면적은 단위 길이의 체적에 해당하므로, 결국 우변은 단위 길이 당 질량의 차원을 가짐을 알 수 있다. 따라서 식 (6.46)으로부터 저항을 다음과 같이 쓸 수 있다.

$$F = \frac{dU}{dt}(\rho V + m_1) = (m_0 + m_1)\frac{dU}{dt}. \tag{6.49}$$

m_1의 성질에 대해 보다 자세히 이해하기 위해 위의 원주에 대해 다시 생각해 보면, 식 (6.35)로부터 ψ_0에 대해 다음을 얻으므로,

$$\psi_0 = \frac{a^2}{r}\cos\theta, \tag{6.50}$$

이를 식 (6.47)의 마지막 우변에 대입하면 다음을 얻는다.

$$m_1 = \rho \int_{S_B} (a\cos\theta)(\cos\theta)\, ds = \rho a^2 \int_0^{2\pi} \cos^2\theta d\theta = \rho\pi a^2 = m_a. \tag{6.51}$$

다시 말하면 원주에 대해서는 $m_1 = m_a$임을 알 수 있는데, 일반적인 형태를 가진 물체에 대해 식 (6.48)의 좌변의 m_1을 m_a로 놓고, 이 식을 부가질량을 정의하는 식으로 간주하기로 하면, 일반적인 형태의 물체가 가속 유동 중에 있을 때 받는 저항을 다음과 같이 다시 쓸 수 있다.

$$F = (m_0 + m_a)\frac{dU}{dt}. \tag{6.52}$$

이 식에 따르면 가속 유동 중에 놓인 일반적인 형태의 물체가 받는 저항은 물체가 배제한 유체의 질량과 부가질량을 더한 만큼의 질량을 가진 물체를 가속시키는데 필요한 힘과 같다. 위 식의 저항을 식 (6.41)의 겉보기질량 계수의 정의에 대입하여 일반적인 형태의 물체에 대한 C_M을 구하면 다음을 얻는데,

$$C_M = \frac{m_0 + m_a}{m_0} \equiv 1 + C_a . \tag{6.53}$$

여기서 $C_a = \dfrac{m_a}{m_0}$로 부가질량 계수라고 부른다. 식 (6.25)로부터 원주에 대해서는 $C_a = 1$을 얻는다.

상당히 많은 형태의 물체에 대해 부가질량이 알려져 있으며, Newman(1977)[14]에 의한 자료를 표 6.1에 정리하였다.

표 6.1 여러 형태의 2차원 물체에 대한 부가질량

물체의 형태	부가질량, m_a	부가질량 계수, C_a
반경 a인 원	$\rho\pi a^2$	1
x 방향 반경이 b, y 방향 반경이 a인 타원	$\rho\pi a^2$	a/b
x 방향 두께가 $\epsilon \ll 1$, y 방향 길이가 $2a$인 평판	$\rho\pi a^2$	∞
x, y 방향 길이가 $2a$인 십자형 물체	$\rho\pi a^2$	∞
x, y 방향 길이가 $2a$인 정사각형	$4.754\rho a^2$	1.1885

표 6.1에 따르면 매우 다양한 물체의 부가질량이 $\rho\pi a^2$으로 같은데, 이는 부가질량이 주로 가속 유동의 속도에 수직한 방향으로 잰 물체의 크기에 따라 결정된다는 것을 뜻한다. 특히 타원의 경우에는 y 방향 반경이 a이면 x 방향 반경의 크기에 상관없이 부가질량은 일정한 값 $\rho\pi a^2$이며, 이 경우는 원과 평판을 포함함에 유의한다[연습문제 4].

이상으로 무한 유체 중에 있는 물체가 가속 운동을 하거나 또는 가속 유동 중에 있는 물체가 받는 힘에 대해 살펴보았다. 수면파 중에 놓인 고정된 물체의 경

우에는 유동 자체를 생각하면 위에서 고려한 가속 유동 중에 놓인 물체가 받는 힘과 본질적으로 유사한 힘을 받는다. 하지만 수면파와 물체의 상대적 크기에 따라 다르기는 하지만 물체가 수면파를 변형시키게 되므로, 위에서 고려한 힘에 더하여 이와 같은 변형, 즉 회절 때문에 발생되는 산란파에 기인하여 추가적인 힘을 받게 된다. 또한 수면파 중에 놓인 부유체의 경우에는 물체가 동요, 즉 가속 운동을 하게 되는데, 본질적으로는 무한 유체 중에 놓인 물체가 가속 운동을 하는 경우 유체로부터 받는 힘, 즉 부가질량에 상응하는 힘을 받지만, 물체의 운동에 의해 발생하는 파도, 즉 방사파에 기인하는 힘, 즉 조파감쇠(wavemaking damping)도 고려해야 한다.

연습문제

1. 식 (6.5)에서 $n=0$인 경우에 대해 고려하여, $\phi(r) = A\ln r$, $\phi(\theta) = B\theta$의 해를 구하시오. 여기서 A, B는 상수이며, $\phi(r) = A\ln r$은 용출점, $\phi(\theta) = B\theta$는 점 보텍스라고 부른다.

2. 위의 문제 1에서 용출점의 속도장을 구하고, $A = \dfrac{Q}{2\pi}$로 취할 때, 용출점의 세기(strength)라고 불리는 Q의 물리적 의미에 대해 논의하시오.

3. 위의 문제 1에서 점 보텍스의 속도장을 구하고, $B = \dfrac{\Gamma}{2\pi}$로 취할 때, 순환(circulation)이라고 불리는 Γ의 물리적 의미에 대해 논의하시오.

4. x축 방향의 속도 $U(t)$인 균일유동 중에 y축 상의 $y=-a$부터 $y=a$까지 평판이 놓여 있을 때, 속도포텐셜이 다음과 같다고 한다.

$$\phi(x,y,t) = U(t)\sqrt{r_1 r_2},\ r_1 = \sqrt{x^2+(y-a)^2},\ r_2 = \sqrt{x^2+(y+a)^2}. \quad \text{(연6.1)}$$

이 평판에 대한 부가질량 $m_a = \rho\pi a^2$임을 보이시오.

7장 해양파의 기술; 확률 과정과 푸리에 방법

7.1 확률 과정의 해석

7.2 푸리에 방법의 응용

바다를 항해하는 선박이나, 또는 바다에 투입되는 해양구조물의 설계를 위해서는 해면파(ocean surface waves)를 정량적으로 기술할 수 있어야 한다. 그런데 앞의 4장, 5장에서 수면파를 기술함에 있어서는, 경계치 문제(또는 초기치 문제)를 풀어서 어느 지점에 어떤 시각에 얼마나 큰 파도가 생기는지를 예측하는 방법을 취했지만, 실제로 바람에 의해 해면에 생성되는 파도를 이와 같은 결정적인(deterministic) 방법으로 예측한다는 것은 거의 불가능하다. 바람에 의해 파도가 발생하는 과정은 3장에서 살펴보았는데, 바람이 가지고 있는 난류에너지와 와동에너지 자체가 결정적인 방법으로 예측하기 힘들며, 또한 쇄파, 비선형성에 의한 영향도 아직 정량적으로 다룰 수 있을 만큼 충분히 알려져 있지 않기 때문이다.

한편 유체역학에 있어서 난류(turbulence)의 특성에 대한 연구와 통신기술(communication technology)의 발전에 따른 통계적인 해석 및 확률 과정(random process)[16]에 대한 이해는 1950년대 초반, 해면파의 해석에 결정적인 영향을 끼쳤다. 해면파의 계측은 20세기 초반 이래 꾸준히 이루어져 왔으며, 이들 자료와 부합하는 통계적, 수학적 모형을 만들고자 하는 노력이 결실을 맺기 시작하였고, Pierson(1952){11}과 Neumann(1952){12}[17]은 이와 같은 결실의 대표적인 예였다.

파도가 가장 큰 에너지를 가지는 때는 바람에 의해 파도가 생성되어 완전히 발달된 바다(fully developed sea)가 형성되었을 때이며, 대체적으로 공학적으로 이루어지는 설계는 이와 같은 상태를 상정하여 수행된다. 따라서 여기서는 주로 이와 같은 상태에 대해 고려할 것이며, 파도가 전파되어 갈 때의 상황이나 수심이 감소할 때의 변화에 대해서는 Kinsman(1984)[7], Massel(1996)[16] 등의 참고도서로 미루기로 한다.

해면파에 대한 수학적 모형을 이해하기 위해서는 세 분야의 지식이 필요하다. 즉, 수면파에 대한 유체역학, 확률 과정에 대한 통계적 지식, 그리고 푸리에 방법

16) random은 무작위 또는 임의 등으로 번역되기도 하는데, 여기서는 확률을 사용하여 그 현상을 이해하는 데 초점을 맞추어 이렇게 번역하기로 한다. 이하에 주어진 확률 과정에 대한 보다 자세한 논의는 Crandall & Mark(1963)[15]를 참고하기 바란다.

17) 이 문헌들은 New York University의 교수들이었던 그들이 Beach Erosion Board(BEB)와 Office of Naval Research(ONR)의 의뢰를 받아 작성한 보고서이다. BEB는 미 육군 소속의 연구 기관으로 1930년부터 33 년 간 활동한 기구인데, 1948년부터 기초 연구를 지원하고 있었으며, 실제로 해안공학(coastal engineering) 자체의 성립을 가능하게 하였고, ONR은 미 해군 소속의 연구 기관으로 1946년 발족, 현재도 왕성하게 기초 연구를 지원하고 있으며, 관련된 연구로 50 명 이상이 노벨상을 받았다.

이다. 유체역학과 관련된 부분은 1장에서 다룬 바 있으므로, 이 장에서는 7.1절에서 먼저 확률 과정에 대한 통계적 방법에 대해 고찰하고, 또 7.2절에서는 2장에서 소개했던 푸리에 급수 및 적분의 응용에 대해 생각하기로 한다.

7.1 확률 과정의 해석

결정적인 방법으로 예측하기는 힘든 현상이지만, 통계적(statistical), 즉 그와 같은 일을 수없이 반복했을 때 어떤 일이 생길지를 확률적으로 예측하는 것이 가능한 현상은 우리 주변에 의외로 많이 있다. 쉬운 예로 주사위를 던졌을 때 어떤 숫자가 나올지를 예측하는 일을 들 수 있다. 매번 던질 때 어떤 숫자가 나올지를 예측할 수는 없지만, 수없이 많이 던지면 모든 숫자가 나올 가능성은 다 같으므로, 각 숫자가 나올 확률(probability)은 $\frac{1}{6}$이라고 말할 수 있다. 또 주사위를 두 번 던졌을 때 얻어질 두 숫자의 합은 따라서 2부터 12까지 가능하지만, 표 7.1에 보인 바와 같이, 2 또는 12가 될 확률은 $\frac{1}{36}$, 3 또는 11이 될 확률은 $\frac{2}{36}=\frac{1}{18}$, 4 또는 10이 될 확률은 $\frac{3}{36}=\frac{1}{12}$, 5 또는 9가 될 확률은 $\frac{4}{36}=\frac{1}{9}$, 6 또는 8이 될 확률은 $\frac{5}{36}$, 7(七)이 될 확률은 $\frac{6}{36}=\frac{1}{6}$이 되는 것은 쉽게 알 수 있다. 따라서 확률은 7에 대해 최대값이 되고 이를 중심으로 대칭이며, 물론 확률의 총합은 1임을 확인할 수 있다. 이와 같이 어떤 일이 발생할 확률을 얻음으로써, 즉 통계적 관점에서 생각함으로써 그 현상에 대한 이해를 넓히고, 또 결정적인 것은 아니지만 정량적 예측이 가능해 지기도 한다.

확률 과정(random process)은 결정적인 방법으로 예측하기 힘든, 그러나 확률적인 방법으로 이해가 가능한, 시간에 따라 변화하는 현상을 뜻한다. 바람에 의해 생성되는 파도는 위에서 언급한 바와 같이, 결정적인 방법으로 예측하기 힘들지만, 확률적, 또는 통계적 방법을 사용하여 이해할 수 있는 시간에 따라 변화하는 현상이므로, 이하에서는 확률 과정으로 보기로 한다.

표 7.1 주사위를 두 번 던졌을 때 얻어질 두 숫자의 합

처음/나중	하나	둘	셋	넷	다섯	여섯
일	2	3	4	5	6	七
이	3	4	5	6	七	8
삼	4	5	6	七	8	9
사	5	6	七	8	9	10
오	6	七	8	9	10	11
육	七	8	9	10	11	12

확률 과정인 수표면의 변위에 대한 확률적 정보를 얻기 위해 이를 계측한다고 하면, 일정한 곳에서 어느 정도의 시간 동안 계측 자료를 얻는 것을 뜻하는데, 이와 같은 자료를 이용하여 해면파에 대한 정량적 예측을 할 수 있기 위해서는 먼저 몇 가지 가정이 필요하다. 이 가정들은 계측 자료를 얻는 것과 관련된 현실적 제한 때문에 어쩔 수 없이 필요한 가정이기는 하지만, 다행스러운 것은 크게 어긋나는 가정은 아니라는 점이다.

완전히 발달된 바다에 대해 파도 계측을 그 해역의 여러 곳에서 여러 번 수행하여 예를 들어 N 개의 자료, $\eta_1(t)$, $\eta_2(t)$, $\cdots$, $\eta_N(t)$를 얻었다고 하자. 이때 각각의 자료는 **샘플**(sample)이라고 부르며, 이들 N 개의 샘플을 집합적으로 **앙상블**(ensemble)이라고 부른다[그림 7.1 참조].

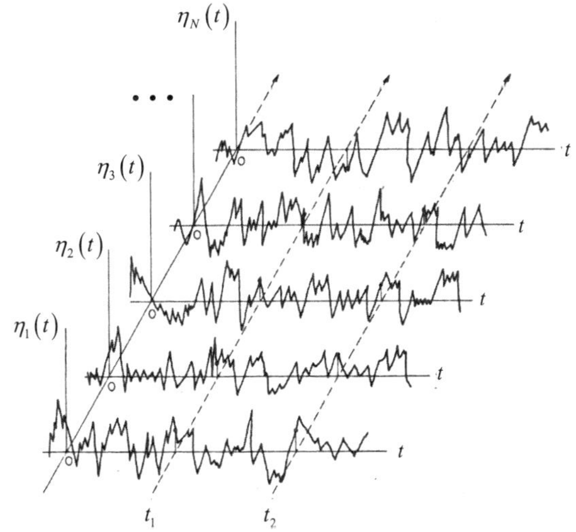

그림 7.1 N 개의 샘플로 구성된 앙상블

각 샘플에 대해 계측을 시작한 순간으로부터 t_1의 시간이 지난 다음의 값들을 취하여 그들로부터 통계적 특성을 얻어낼 수 있는데, 예를 들어 그 **평균**(average 또는 mean)은 다음과 같이 나타낼 수 있으며,

$$E[\eta(t_1)] = \frac{1}{N}\sum_{k=1}^{N}\eta_k(t_1), \tag{7.1}$$

여기서 이 식의 좌변은 **앙상블 평균**(ensemble mean)이라고 부른다.

한편, N 개의 샘플에 대해 각 샘플을 얻기 시작한 시점이 중요한 뜻을 가지지 않는 경우, 또한 그 시점으로부터 얼마나 시간이 지나갔느냐 하는 것도 특별한 의미를 가지지 않는 경우를 상정할 수 있다. 이와 같은 경우에는 N 개의 샘플에 대해 자료 취득이 시작된 순간부터 t_1의 시간이 지난 다음의 값들로부터 얻어낸 통계적 특성과, t_2의 시간이 지난 다음의 값들로부터 얻어낸 통계적 특성이 같아야 할 것이다. 따라서 예를 들어 임의의 시간 t_1, t_2에 대해 다음이 성립할 것이며,

$$E[\eta(t_1)] = E[\eta(t_2)], \tag{7.2}$$

이와 같은 성질이 관련된 모든 통계적 특성에 대해 성립하면 그와 같은 확률 과정을 **정상**(stationary, 定常) **확률 과정**이라고 부르고, 앙상블 평균은 $E[\eta]$로 쓸 수 있다.

따라서 정상 확률 과정에 대해서는 N 개의 샘플에 대해 어느 시점에 대한 자료를 취하든지 항상 같은 통계적 특성을 얻을 것이며, 이하에서는 완전히 발달된 바다의 파도에 대해 정상 확률 과정(stationary random process)을 가정하기로 한다.

나아가서, 하나의 샘플을 얻을 때, 충분히 긴 시간에 대해 얻었다고 하면, 한 샘플로부터 여러 가지 통계적 특성을 구할 수 있다. 예를 들어 그 평균은 다음과 같이 얻을 수 있는데,

$$\overline{\eta_k(t)} = \frac{1}{T_s}\int_0^{T_s}\eta_k(t)dt, \tag{7.3}$$

여기서 T_s 는 샘플을 얻기 위해 계측한 시간을 뜻하며, 이 식의 좌변은 **시간 평균**(temporal mean)이라고 부른다.

정상 과정이라고 볼 수 있는 해면파의 변위에 대해 N 개의 샘플을 얻었다고 할 때, 각 샘플을 얻은 지점과 샘플을 얻기 시작한 시점이 중요한 뜻을 가지지 않는 경우, N 개의 샘플 중 어느 샘플에 대해 통계적 특성을 구한다고 하더라도 같은 결과가 얻어질 것이다. 예를 들어 임의의 i, j에 대해 다음이 성립할 것이며,

$$\overline{\eta_i(t)} = \overline{\eta_j(t)}, \tag{7.4}$$

이와 같은 성질이 관련된 모든 통계적 특성에 대해 성립하고, 또 그 특성이 앙상블로부터 얻은 통계적 특성과 같다면, 이와 같은 성질을 만족하는 확률 과정을 **시단**(ergodic, 時單)[18] **확률 과정**이라고 부르며, 시간 평균을 $\overline{\eta(t)}$ 로 쓸 수 있고, 또 시단 과정에 대해서는 $E[\eta] = \overline{\eta(t)}$ 가 성립한다.

따라서 시단 확률 과정에 대해서는 N 개의 샘플에 대해 어느 샘플을 취하든지 항상 같은 통계적 특성을 얻을 것이며 그 특성값은 앙상블에 대한 특성값과 같아야 한다. 시단 과정은 위에서 정의한 바대로 정상 과정의 부분 집합임에 유의하며, 이하에서는 완전히 발달된 바다의 파도에 대해 **정상 시단 확률 과정**(stationary ergodic random process), 또는 간단히 줄여서 시단 과정을 가정하기로 한다. 이와 같은 가정에 의해 한 샘플을 얻은 시간이 충분히 길면, 하나의 샘플만을 사용하여 한 해역에 대한 통계적 특성을 모두 얻어낼 수 있게 된다.

위에서 논의한 주사위와 관련하여서는 발생할 수 있는 경우의 수가 유한하였지만, 해면파와 같은 확률 과정의 경우에는 변위가 가질 수 있는 값의 경우의 수는 제한된 크기를 가진다고 하더라고 그 구간에 속한 실수의 개수만큼이나 많으므로 무한히 많으며, 이와 같은 경우에는 확률 또한 **확률 밀도 함수**(probability density function)를 사용하여 나타내야 한다.

확률 과정인 해면파의 변위 $\eta(t)$에 대해 무한히 많은 수의 샘플을 취하여 앙상블을 얻었을 경우, 각 샘플에 대해 계측을 시작한 순간으로부터 t_1 의 시간이 지

18) ergodic이란 단어에 대한 번역은 찾기 어려운데, 이 단어는 Boltzman(1885)에 의해 도입된 단어로 '하나의 운동 상수를 가지는 통계역학적 계'를 기술하기 위해 사용되었으며, 여기서는 **시간**에 따른 통계적 특성이 **단일**하다는 관점에서 이와 같은 용어를 사용하기로 한다.

난 다음의 값들을 취하여 그들로부터 확률 밀도 함수 $p_1(\eta)$를 얻었다고 하면, 이는 $\eta(t_1)$의 값이 η와 $\eta+d\eta$ 사이의 값을 가질 확률이 $p_1(\eta)d\eta$임을 뜻한다. 이와 같은 경우에는 앙상블 평균을 다음과 같이 나타낼 수 있으며,

$$E[\eta(t_1)] = \int_{-\infty}^{\infty} \eta p_1(\eta) d\eta, \tag{7.5}$$

이 식은 $N \to \infty$일 때, 식 (7.1)로부터 얻는 것과 같은 결과를 줄 것이다.

정상 확률 과정에 대해서는 t_1의 값에 상관없이 확률 밀도 함수가 같으므로, 확률 밀도 함수를 $p(\eta)$로 쓸 수 있고, 또 시단 확률 과정에 대해서는 각각의 샘플로부터도 같은 확률 밀도 함수를 얻게 되며, 이하에서는 시단 과정에 대해서만 생각하기로 한다. 시단 과정에 대해 식 (7.5)를 다시 쓰면 다음을 얻는다.

$$\overline{\eta(t)} = E[\eta] = \int_{-\infty}^{\infty} \eta p(\eta) d\eta \equiv m. \tag{7.6}$$

여기서 m은 **평균**이라고 부른다.

우리가 다루는 확률 과정에 대한 확률 밀도 함수 중에서 가장 많이 쓰이는 것이 다음과 같이 주어지는 **정규**(normal 또는 Gaussian) **분포**이며,

$$p(\eta) = \frac{1}{\sqrt{2\pi}\,\sigma} e^{-\frac{(\eta-m)^2}{2\sigma^2}}, \tag{7.7}$$

여기서 σ는 **표준편차**(standard deviation)이다. 해면파의 변위는 $m=0$, 즉 평균이 영인 정규 분포임이 많은 계측 자료에 의해 입증되고 있으며 (Kinsman(1984)[7] 참조), 이하에서는 해면파의 변위에 대해 그 확률 밀도 함수가 **영-평균 정규 분포**(zero-mean normal distribution)에 의해 주어진다고 가정한다.

따라서 식 (7.7)은 다음과 같이 다시 쓸 수 있으며,

$$p(\eta) = \frac{1}{\sqrt{2\pi}\,\sigma} e^{-\frac{\eta^2}{2\sigma^2}}, \tag{7.8}$$

물론 위 식의 우변을 $-\infty$ 부터 ∞ 까지 적분하면 다음 관계를 이용하여 1을 얻는 것을 확인할 수 있다[연습문제 1].

$$\int_{-\infty}^{\infty} e^{-\xi^2} d\xi = \sqrt{\pi}\ . \tag{7.9}$$

영-평균 정규 분포는 단 하나의 매개변수, 즉 표준편차 σ 밖에 가지지 않는 것과, σ 의 차원은 η 의 차원과 같으므로 L 이고, 확률 밀도 함수 p 의 차원은 L^{-1} 임에 유의한다.

무차원 변수인 $\frac{\eta}{\sigma} = \zeta$를 사용하고 $p(\eta)\,d\eta = p(\zeta)\,d\zeta$를 고려하면 식 (7.8)은 다음과 다시 같이 쓸 수 있으며,

$$p(\zeta) = \frac{1}{\sqrt{2\pi}} e^{-\zeta^2/2}, \tag{7.10}$$

이 함수를 그림 7.2에 보였다.

정규 분포의 적분은 다음과 같이 정의되는 오차 함수(error function) $erf(x)$ 를 사용하여 수행할 수 있다.

$$erf(x) = \frac{2}{\sqrt{\pi}} \int_0^x e^{-\xi^2} d\xi. \tag{7.11}$$

이 식 우변의 적분은 $x = \infty$ 인 경우, 식 (7.9)의 좌변의 반이므로, 따라서 $erf(\infty) = 1$임을 알 수 있다.

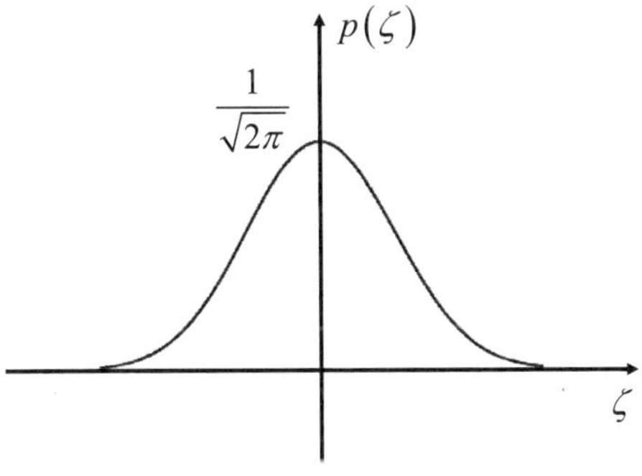

그림 7.2 무차원화된 정규 분포

따라서 $\eta \in [0, \eta_1]$일 확률 $P(\eta \in [0, \eta_1])$은 다음과 같이 얻을 수 있다.

$$P(\eta \in [0, \eta_1]) = \int_0^{\eta_1} p(\eta) d\eta = \int_0^{\zeta_1} p(\zeta) d\zeta$$

$$= \frac{1}{\sqrt{2\pi}} \int_0^{\zeta_1} e^{-\zeta^2/2} d\zeta = \frac{1}{\sqrt{\pi}} \int_0^{\frac{\zeta_1}{\sqrt{2}}} e^{-\xi^2} d\xi = \frac{1}{2} erf\left(\frac{\eta_1}{\sqrt{2}\,\sigma}\right). \tag{7.12}$$

오차 함수의 값에 대해서는 다음과 같은 급수를 사용하거나,

$$erf(x) = \frac{2e^{-x^2}}{\sqrt{\pi}} \sum_{n=0}^{\infty} \frac{2^n}{1 \cdot 3 \cdots (2n+1)} x^{2n+1}, \tag{7.13}$$

Abramowitz & Stegun(1970)[10]에 주어진 표를 사용할 수 있다.

영-평균 정규 분포는 $\eta = 0$에 대해 대칭이며 그 평균은 식 (7.6)의 우변과 같이 확률 밀도 함수의 $\eta = 0$에 대한 1차 모멘트로 주어지므로 영임을 확인할 수 있으며, 한편 $\eta = 0$에 대한 k차 모멘트를 얻기 위해서는 다음과 같은 관계를 이용하기로 한다[연습문제 3].

$$\int_0^{\infty} \xi^k e^{-\xi^2/2} d\xi = 2^{\frac{k-1}{2}} \Gamma\left(\frac{k+1}{2}\right), \; k = 0, 1, 2, \cdots . \tag{7.14}$$

여기서 $\Gamma(x)$는 다음과 같이 정의되는 감마 함수이고,

$$\Gamma(x) = \int_0^{\infty} t^{x-1} e^{-t} dt, \tag{7.15}$$

다음 관계를 만족하는데,

$$\Gamma(x+1) = x\,\Gamma(x), \tag{7.16}$$

$$\Gamma\left(\frac{1}{2}\right) = \sqrt{\pi}, \tag{7.17}$$

보다 자세한 사항에 대해서는 이승준(2014)[3]을 참고하기 바란다.

식 (7.14)에 $k=2$를 대입한 뒤 $\eta=\sigma\xi$를 사용하고, 확률 밀도 함수의 형태와 적분 구간을 고려하면 영-평균 정규 분포의 $\eta=0$에 대한 2차 모멘트를 다음과 같이 얻는다.

$$\int_{-\infty}^{\infty}\eta^2 p(\eta)d\eta=\sigma^2\int_{-\infty}^{\infty}\xi^2 p(\xi)d\xi$$
$$=\frac{\sigma^2}{\sqrt{2\pi}}\int_{-\infty}^{\infty}\xi^2 e^{-\xi^2/2}d\xi=\frac{\sigma^2}{\sqrt{2\pi}}2\sqrt{2}\,\Gamma\left(\frac{3}{2}\right)=\sigma^2. \tag{7.18}$$

여기서 마지막 등호는 식 (7.16), (7.17)을 사용하여 얻었다.

이 식에 따르면 영-평균 정규 분포의 유일한 매개변수인 σ^2은 확률 밀도 함수의 $\eta=0$에 대한 2차 모멘트임을 알 수 있다.

지금까지는 주로 해면파의 변위에 대해서만 생각하였는데, 식 (1.38)에서 본 바와 같이 미소요소에 대해 η^2은 위치에너지에 비례하는 양이며, 또 선형 수면파의 경우에는 파도의 에너지가 운동에너지와 위치에너지에 등분되어 있으므로, 결국 η^2은 생각하는 파도의 에너지와 밀접한 관련이 있는 양임을 알 수 있다.

이와 관련하여 다음을 생각하자. 확률 과정의 통계적 특성 중에 **자기 상관관계**(autocorrelation)는 앙상블 평균을 사용하면 다음과 같이 정의되는데,

$$E[\eta(t_1)\eta(t_1+\tau)]=\frac{1}{N}\sum_{k=1}^{N}\eta_k(t_1)\eta_k(t_1+\tau), \tag{7.19}$$

정상 과정에 대해서는 다음과 같이 쓸 수 있으며,

$$E[\eta(t)\eta(t+\tau)]=\frac{1}{N}\sum_{k=1}^{N}\eta_k(t)\eta_k(t+\tau)\equiv R(\tau), \tag{7.20}$$

여기서 $R(\tau)$는 정상 과정에 대해 앙상블 평균을 이용하여 얻는 자기 상관관계이다.

또 $N\to\infty$인 경우에 대해, $\tau=0$를 취하면 확률 밀도 함수를 이용하여 다음과 같이 쓸 수 있는데,

$$E\left[\eta^2\right] = \int_{-\infty}^{\infty} \eta^2 p(\eta) d\eta \equiv R(0). \tag{7.21}$$

$R(0)$는 해면파의 변위의 제곱, 즉 η^2의 앙상블 평균으로 통상 **평균 제곱값**(mean square value)이라고 부르는데, 이 식과 식 (7.18)로부터 다음 관계를 얻는다.

$$E\left[\eta^2\right] = R(0) = \sigma^2. \tag{7.22}$$

즉 정상 과정인 해면파의 변위에 대한 확률 밀도 함수가 영-평균 정규 분포인 경우, 정규 분포의 유일한 매개변수인 표준편차의 제곱은 평균 제곱값과 같다는 중요한 결과를 얻는다.

한편, 시간 평균을 사용하면 자기 상관관계는 다음과 같이 정의할 수 있는데,

$$\overline{\eta_k(t)\eta_k(t+\tau)} = \frac{1}{T_s}\int_0^{T_s} \eta_k(t)\eta_k(t+\tau)dt, \tag{7.23}$$

시단 과정에 대해서는 다음과 같이 쓸 수 있으므로,

$$\overline{\eta(t)\eta(t+\tau)} = \frac{1}{T_s}\int_0^{T_s} \eta(t)\eta(t+\tau)dt \equiv R(\tau), \tag{7.24}$$

$R(0)$에 대해 다음을 얻는다.

$$R(0) = \overline{\eta^2(t)} = \frac{1}{T_s}\int_0^{T_s} \eta^2(t)dt. \tag{7.25}$$

여기서 $\overline{\eta^2(t)}$는 **시간 평균 제곱값**(temporal mean square value)이라고 부른다.

(7.22)에서 보인 바와 같이 시단 과정의 경우 $R(0)$는 시간 평균 제곱값, 또는 표준편차의 제곱과 같으므로, 식 (7.25)를 사용하여 하나의 샘플로부터 σ^2을 구할 수 있다. 또 자기 상관관계 $R(\tau)$로부터 얻는 $R(0)$는 해면파의 에너지와 밀접한 관련을 가질 것으로 기대할 수 있으며, 이에 대해서는 다음 절에서 보다 자세히 알아보기로 한다.

마지막으로 해면파의 국부 최대값과 관련하여 중요한 결과에 대해 생각하기로 한다. 먼저 해면파를 구성하는 **성분파**(component waves)의 진동수의 범위는 그림 1.2에 보인 바와 같이 심해에서 파장의 범위가 $[1\,m, 100\,m]$ 일 경우, $[0.7\,rad/s, 7\,rad/s]$ 로 그렇게 크다고 보기는 힘든데, 이와 같이 진동수의 범위가 크지 않은 파계를 **협대역**(narrow-band) 파계라고 부른다. 협대역 파계에 대해, 파도의 변위에 대한 확률 밀도 함수가 영-평균 정규 분포일 경우, 국부 최대값 a에 대한 확률 밀도 함수는 다음과 같은 **레일리 분포**(Rayleigh distribution)에 의해 주어진다.[19]

$$p(a) = \frac{a}{\sigma^2} e^{-\frac{a^2}{2\sigma^2}}, \tag{7.26}$$

이 분포는 $\alpha = \dfrac{a}{\sigma}$ 의 무차원 변수를 사용하면 $p(a)\,da = p(\alpha)\,d\alpha$를 고려하여 다음과 같이 쓸 수 있고,

$$p(\alpha) = \alpha e^{-\alpha^2/2}, \tag{7.27}$$

이를 그림 7.3에 보였다. 레일리 분포는 $\alpha = 1$, 즉 $a = \sigma$ 에서 최대값 0.607 을 가지고, $\alpha = 4$, 즉 $a = 4\sigma$ 에서 1.34×10^{-3} 의 값을 가지며 $\alpha > 4$ 일 확률은 매우 작으므로, 즉 a가 4σ 보다 클 확률은 거의 없다고 할 수 있다.

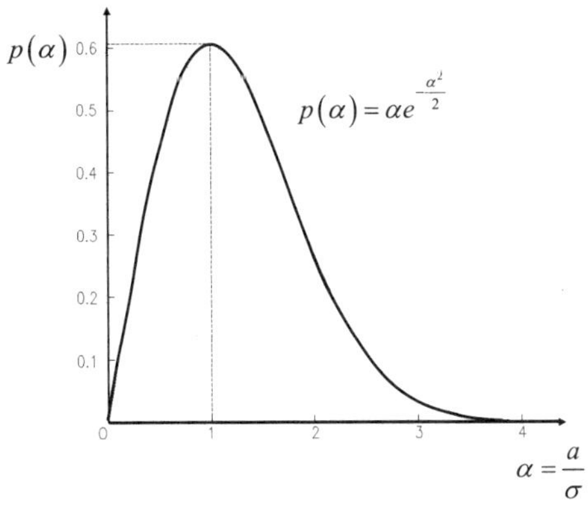

그림 7.3 레일리 분포

19) 이 분포는 Rayleigh(1880)에 의해 처음 주어졌으며, 이에 대한 보다 자세한 사항은 Crandall & Mark(1963)[15]를 참고하기 바란다.

레일리 분포의 $\alpha=0$에 대한 모멘트를 구하는 데는 식 (7.14)를 사용할 수 있고, 또 적분 상한이 ∞가 아닌 경우에는 식 (7.11)에 보인 오차 함수를 이용할 수 있다. 한편, 오차 함수와 관련하여 다음과 같이 정의되는 **상보오차 함수**(complementary error function) $erfc(x)$를 사용하기도 한다.

$$erfc(x)=\frac{2}{\sqrt{\pi}}\int_x^{\infty}e^{-\xi^2}d\xi=1-erf(x). \tag{7.28}$$

7.2 푸리에 방법의 응용

어떤 물리 현상을 시간에 따라 변화하는 양으로 간주하여 시간의 함수로 나타내는 방법에 대해서는 모든 학생들이 익숙할 것이다. 예를 들어 동역학에서 다룬 물체의 운동 변위는 시간의 함수로 나타내며, 속도는 변위를 시간에 대해 미분하여 얻을 수 있었다.

한편, 외력이 작용하는 질량-스프링 계의 진동 문제에 대해, 가장 기본적인 외력으로 싸인 또는 코싸인 함수로 주어지는 외력을 생각하고, 일반적인 형태의 외력은 푸리에 급수 또는 푸리에 적분을 사용하여 처리하는 방법도 배운 적이 있을 것이다. 특히 1960년대 이후에는 일반적인 형태의 시간의 함수에 대한 푸리에 적분을 FFT(Fast Fourier Transform)를 원용한 컴퓨터 소프트웨어의 도움을 받아 매우 쉽게 계산할 수 있게 됨으로써 이와 같은 해석 방법은 진동 문제 해석의 기본을 이루게 되었다.

보다 일반적인 선형계(linear system)의 시간에 따른 변화를 예측함에 있어서도 입력(input)과 출력(output)에 대해 위에서 언급한 바와 같이 푸리에 적분을 사용할 수 있으며, 이와 같은 방식으로 문제를 해석하는 것을 2장에서 언급한 바와 같이 진동수 영역(frequency domain)에서 문제를 고려한다고 말한다. 한편 미지 함수를 시간의 함수로 구하고자 하는 해석 방식은 시간 영역(time domain)에서 문제를 고려한다고 말한다.

해면파의 변위와 같이 확률 과정으로 다루어야 하는 물리 현상을 진동수 영역에서 고려하는 경우, 해면파의 변위 자체 보다는 변위의 제곱에 상당하는 양을 다루게 되는데 그 이유는 **Parseval의 등식**(Parseval's equality)로부터 이해할 수 있다. 먼저 $\eta(t)$를 임의의 샘플이라고 하면, 그 복소 푸리에 급수는 식 (2.21), (2.22)로부터 다음과 같이 얻는다.

$$\eta(t) = \sum_{n=-\infty}^{\infty} c_n e^{-in\omega_0 t}, \ \omega_0 = \frac{2\pi}{T_s}, \tag{7.29}$$

$$c_n = \frac{1}{T_s} \int_0^{T_s} \eta(t) e^{in\omega_0 t} dt. \tag{7.30}$$

Parseval의 등식은 다음과 같이 쓸 수 있고[연습문제 4],

$$\sum_{n=-\infty}^{\infty} |c_n|^2 = \frac{1}{T_s} \int_0^{T_s} [\eta(t)]^2 dt, \tag{7.31}$$

이 식의 우변과 식 (7.25)의 우변은 같은 양이므로 결국 다음을 얻는다.

$$\overline{\eta^2(t)} = R(0) = \sum_{n=1}^{\infty} |c_n|^2. \tag{7.32}$$

즉 $R(0)$는 모든 성분파의 진폭의 제곱의 합이므로, 식 (1.40)으로부터 $R(0)$는 모든 성분파가 가지고 있는 에너지에 비례하는 양임을 알 수 있다.

위에서 보인 바와 같이, $R(0)$는 해양파의 정량적 기술과 관련하여 매우 중요한 양인데 만약 $R(\tau)$를 다음과 같이 표현한다면,

$$R(\tau) = \int_{-\infty}^{\infty} S_0(\omega) e^{i\omega\tau} d\omega, \tag{7.33}$$

식 (2.31)의 푸리에 적분에 대한 식으로부터 다음을 얻는다.

$$S_0(\omega) = \frac{1}{2\pi} \int_{-\infty}^{\infty} R(\tau) e^{-i\omega\tau} d\tau, \tag{7.34}$$

여기서 $S_0(\omega)$는 $R(\tau)$의 푸리에 변환에 $\frac{1}{2\pi}$를 곱한 양으로, 상수가 곱해진 것을 제외하면 각 진동수 별로 $R(\tau)$가 얼마나 큰 크기를 가지는지를 나타내며, **평균 제곱 스펙트럼 밀도**(mean square spectral density) 또는 간단히 스펙트럼이라고 부르고, 위의 식 (7.33), (7.34)는 통상 **Wiener-Khintchine 관계**(Wiener-Khintchine relation)[20]라고 부른다.

식 (7.33)에서 $\tau=0$을 취하면 다음을 얻고,

$$\overline{\eta^2(t)} = R(0) = \int_{-\infty}^{\infty} S_0(\omega)d\omega\,, \qquad (7.35)$$

이 식을 식 (7.32)와 비교하면 ω와 $\omega+d\omega$ 사이의 진동수를 가지는 성분파들이 가지는 에너지는 $S_0(\omega)d\omega$에 비례함을 알 수 있다.

식 (7.20) 또는 (7.24)에 주어진 $R(\tau)$의 정의에 따르면, $R(\tau)$는 실수 함수이고 또 우함수임을 얻으며, 따라서 이를 이용하면 식 (7.34)로부터 $S_0(\omega)=S_0(-\omega)$를 얻으므로, 즉 $S_0(\omega)$ 역시 실수 함수이며 우함수임을 얻는다. 해양파의 스펙트럼은 $\omega \geq 0$인 구간에 대해서만 고려하는 것이 상례이며, 위에서 얻은 사실을 이용하여 식 (7.33)과 (7.34)를 다시 쓰면 다음을 얻는다.

$$R(\tau) = 2\int_0^{\infty} S_0(\omega)\cos\omega\tau d\omega = \int_0^{\infty} S(\omega)\cos\omega\tau d\omega, \qquad (7.36)$$

$$S(\omega) = 2S_0(\omega) = \frac{2}{\pi}\int_0^{\infty} R(\tau)\cos\omega\tau d\tau. \qquad (7.37)$$

통상 해양파의 스펙트럼은 $S(\omega)$를 뜻한다.

$S(\omega)$를 사용하여 식 (7.22), (7.35)를 다시 쓰면 다음을 얻는다.

$$\overline{\eta^2(t)} = R(0) = \sigma^2 = \int_0^{\infty} S(\omega)d\omega\,. \qquad (7.38)$$

---

20) 정상 과정에 대한 자기 상관관계와 스펙트럼이 푸리에 변환쌍을 이룬다는 이 관계는 Wiener(1894-1964, USA, 1930)와 Khintchine(1894-1959, Russia, 1934)에 의해 독립적으로 알려졌다.

따라서 해양파의 스펙트럼이 정해지면 σ^2 이 결정되므로, 영-평균 정규 분포의 형태도 하나로 결정되고, 또 모든 통계적 특성이 결정되므로, 해양파를 정량적으로 기술하기 위해서는 우선적으로 스펙트럼을 결정해야 하며, 다음 장에서는 $S(\omega)$ 에 대해 중점적으로 논의하기로 한다.

연습문제

1. 식 (7.9)를 이용하여 식 (7.8)로 주어진 영-평균 정규 분포를 $-\infty$ 부터 ∞ 까지 적분하면 1을 얻음을 보이시오,

2. 식 (7.13)을 이용하여 $x=\sqrt{\ln 3}\simeq 1.05$에 대한 오차 함수의 값을 유효숫자 3자리까지 구하여 $erf(x)\simeq 0.862$임을 보이시오.

$$erf(x)=\frac{2e^{-x^2}}{\sqrt{\pi}}\sum_{n=0}^{\infty}\frac{2^n}{1\cdot 3\cdots(2n+1)}x^{2n+1}. \quad (7.13)$$

3. 식 (7.15)에 주어진 감마 함수의 정의를 이용하여 식 (7.14)를 유도하시오.

4. 아래에 다시 보인 식 (7.31), Parseval의 등식을 증명하시오.

$$\sum_{n=-\infty}^{\infty}|c_n|^2=\frac{1}{T_s}\int_0^{T_s}[\eta(t)]^2dt. \quad (7.31)$$

단 이 식의 우변에 식 (7.29)를 대입하는데, 다음을 이용하고,

$$\eta(t)=\sum_{n=-\infty}^{\infty}c_n e^{-in\omega_0 t}=\sum_{n=-\infty}^{\infty}c_{-n}e^{in\omega_0 t}, \quad (\text{연}7.1)$$

얻어진 식에서 적분과 무한합의 순서를 바꾼 후, 식 (2.22)로부터 얻는 $|c_n|^2=c_n c_{-n}$를 이용하시오.

8장
해면파의 스펙트럼

8.1 초기 및 Neumann 스펙트럼
8.2 Bretschneider 스펙트럼
8.3 Pierson-Moskowitz 스펙트럼

7장에서 해면파의 정량적 기술을 위해서는 우선적으로 그 스펙트럼을 알아야 한다는 결론을 얻었는데, 이 문제는 1950년대 초반, 관련 학계의 초미의 관심사였으며 Pierson(1952){11}과 Neumann(1952){12}은 이에 대해 결정적인 해결책을 제시하였다. 2차 대전 중 해안의 파고 예측이 군사, 경제적으로 매우 중요하다는 것을 경험하게 되었으며, 종전 후에도 파도 예측과 관련된 연구는 지속되었는데, Pierson과 Neumann은 그와 관련된 연구를 수행하고 있었다.

물리량과 물리량 사이의 관계를 결정할 때 사용하는 차원해석(dimensional analysis)[21]에 의해 중요한 무차원 변수들을 얻을 수 있었고, 또 실제 해양파의 관측으로부터 얻은 자료들의 해석을 통해 결국 물리적으로 타당하다고 볼 수 있는 스펙트럼을 구할 수 있게 되었으며, 이와 관련한 부분을 1절에서 생각하기로 한다.

2절에서는 오늘날 사용되는 거의 모든 스펙트럼의 모체가 된 Bretschneider (1952){13} 스펙트럼에 대해 생각하며, 3절에서는 가장 많이 사용되고 있는 Pierson-Moskowitz(1964){14} 스펙트럼에 대해 고찰하기로 한다.

8.1 초기 및 Neumann 스펙트럼

바람에 의해 파도가 만들어지는 과정에 대해서는 3장에서 설명한 바 있는데, 그러한 기술들을 종합하면 결국 안전히 발달된 바다의 스펙트럼은 중력 가속도 g, 바람의 속도 즉 풍속 U와 파도의 진동수 ω의 함수로 주어질 것이므로 다음을 얻는다.

$$S(\omega) = f_0(g, U, \omega). \tag{8.1}$$

여기서 풍속은 해면으로부터 연직 상방으로 $19.5\,m$ 떨어진 곳에서의 풍속을 뜻하며, 이는 대다수의 계측 자료가 이 지점에서 얻어졌음에 기인한다.

---

21) 차원해석에 대한 간단한 설명에 대해서는 9.1절을, 보다 자세한 사항에 대해서는 이승준(2014)[1]을 참고하기 바란다.

[ ]로 관련된 물리량의 차원을 나타내기로 하고, 기본 차원인 질량, 길이, 시간을 각각 M, L, T로 나타내기로 하면, 식 (8.1)의 양변에 포함되어 있는 양들의 차원은 각각 다음과 같은데,

$$[S]=L^2T,\ [g]=LT^{-2},\ [U]=LT^{-1},\ [\omega]=T^{-1}, \qquad (8.2)$$

여기서 S의 차원은 식 (7.37)로부터 얻을 수 있다.

식 (8.1) 우변에 속해 있는 양들로부터 L과 T를 나타내는 양을 얻기 위해 다음과 같은 g와 ω의 조합으로 주어지는 양을 고려하기로 하고,

$$\left[\frac{g}{\omega^2}\right]=L,\ \left[\frac{1}{\omega}\right]=T, \qquad (8.3)$$

이들을 사용하여 식 (8.1)의 양변을 무차원화하면 다음을 얻는다.

$$\frac{S}{\left(\frac{g}{\omega^2}\right)^2\left(\frac{1}{\omega}\right)}=f\left(\frac{U\omega}{g}\right). \qquad (8.4)$$

이 식 우변의 무차원 매개변수인 $\frac{U\omega}{g}$는 풍속 U를 무차원화한 양이다.

식 (8.4)를 $S(\omega)$에 대해 다시 쓰면 다음을 얻으며,

$$S(\omega)=\frac{g^2}{\omega^5}f\left(\frac{U\omega}{g}\right), \qquad (8.5)$$

g는 중력 가속도로 주어진 상수이고, ω는 스펙트럼 S의 독립 변수이므로, 이 식 우변은 단 하나의 매개변수 U, 즉 풍속만을 포함하고 있음에 유의한다. 이제 차원해석에 의해서는 함수 f의 형태를 더 자세히 결정할 수는 없으므로, 이보다 나은 결과를 얻기 위해서는 계측 자료를 활용해야 한다.

한편 Neumann(1952){12}은 그림 8.1에 보인 바와 같은 계측 자료로부터 상한값을 취하여 다음과 같은 Neumann 스펙트럼을 제안하였다.

$$S(\omega) = \frac{\alpha}{\omega^6} e^{-2\left(\frac{g}{U\omega}\right)^2}. \tag{8.6}$$

여기서 α는 계측 자료에 따라 결정될 상수이다.

그림 8.1에서 H, τ, U는 계측된 파도의 파고, 주기, 풍속이고, 그림의 수직축 H/τ^2은 log값으로 주어져 있으므로, 식 (8.6)은 상한 값을 나타내는 직선의 기울기를 -2.438로 본 것에 따른 결과이다. $2.438 \simeq \left(\frac{g}{2\pi}\right)^2$임을 감안하고, $S(\omega) \propto H^2$임을 이용하면 식 (8.6)을 얻는다[연습문제 1]. 또 식 (8.5) 우변의 분모는 ω^5인데 반해, 이 식 우변의 분모는 ω^6임에 유의한다.

식 (8.6) 우변은 ω^{-6}과 지수 함수의 곱으로 주어져 있는데, ω가 커지면 지수 함수는 1에 가까운 값을 가지므로, ω^{-6}은 ω가 클 때, 즉 파장이 짧은 파도들의 에너지가 어떻게 감소하는지 결정하는 인자이다. 하지만 식 (8.5)에 따르면 이와 같은 짧은 파장의 에너지가 ω^{-5}에 따라 감소하여, 차원해석과 계측 결과에 의해 얻어진 스펙트럼의 함수 경향이 다르게 주어지고 있다.

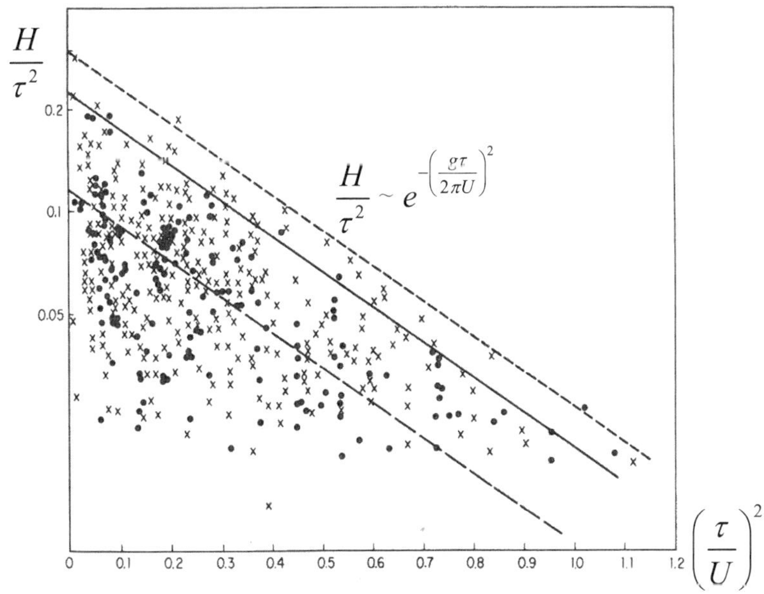

그림 8.1 상한 값으로서의 Neumann 스펙트럼을 입증하는 계측 자료

8.2 Bretschneider 스펙트럼

한편 Bretschneider(1952){13}는 다음과 같이 식 (8.5)와 (8.6)을 절충한 형태의 스펙트럼, 즉 Bretschneider **스펙트럼**(B 스펙트럼)을 제안하였다.

$$S(\omega) = \frac{A}{\omega^5} e^{-B\omega^{-4}}. \tag{8.7}$$

여기서 A, B는 사용자에 의해 정해져야 하는 상수이므로, 다시 말하면 이 식은 매개변수가 두 개인 스펙트럼으로 볼 수 있다.

식 (8.7) 우변으로 주어지는 곡선 아래의 면적은 고려 중인 해상 상태의 전체 에너지에 상응하는 양이므로 E를 다음과 같이 정의하기로 하면,

$$E = \int_0^\infty S(\omega) d\omega\,, \tag{8.8}$$

식 (7.38)로부터 다음을 얻는다.

$$\overline{\eta^2(t)} = R(0) = \sigma^2 = E. \tag{8.9}$$

식 (8.7)을 식 (8.8)에 대입하여 E를 구하면 다음을 얻는다.

$$E = A\int_0^\infty \frac{e^{-B\omega^{-4}}}{\omega^5} d\omega = -\frac{A}{4}\int_0^\infty e^{-B\omega^{-4}} d(\omega^{-4}) = \frac{A}{4B}. \tag{8.10}$$

한편, 식 (8.7) 우변으로 주어지는 함수는 하나의 국부 최대값을 가지며 그 값에 상응하는 ω 즉 ω_M은 다음 조건으로부터 얻을 수 있으므로,

$$\frac{dS}{d\omega} = S(\omega)\left(-\frac{5}{\omega} + \frac{4B}{\omega^5}\right) = 0\,. \tag{8.11}$$

이 식으로부터 다음을 얻는다.

$$\omega_M = \left(\frac{4B}{5}\right)^{1/4}, \text{ 또는 } B = \frac{5\omega_M^4}{4}. \tag{8.12}$$

이 결과를 식 (8.10)에 대입하고 A에 대해 정리하여 다음을 얻는다.

$$A = 5\,\omega_M^4 E. \tag{8.13}$$

위의 식 (8.12)와 (8.13)은 B 스펙트럼의 두 매개변수를 보다 알기 쉬운 양인 E, ω_M으로 대체할 수 있음을 보여주는 식이며, 이들을 식 (8.7)에 대입하고, 무차원 변수인 $\Omega = \dfrac{\omega}{\omega_M}$을 사용하면 **정규화된** Bretschneider **스펙트럼**(normalized Bretschneider spectrum) $\Sigma(\Omega)$를 다음과 같이 얻는다.

$$\Sigma(\Omega) = \frac{S(\omega)}{E/\omega_M} = \frac{5}{\Omega^5} e^{-\frac{5}{4\Omega^4}}. \tag{8.14}$$

그림 8.2에 이 스펙트럼을 보였는데, $\Omega < 1$일 때 Ω가 0.5보다 조금 큰 값에서부터 급격하게 증가하기 시작하는 것과, $\Omega = 1$에서 $5e^{-4/5} = 1.43$의 최대값을 가지며, $\Omega > 1$일 때, Ω가 2.0보다 조금 큰 값에서부터 Ω^{-5}에 따라 감소하여 매우 작은 값을 가지는 것을 볼 수 있다.

B 스펙트럼으로 주어지는 해상 상태는 다음과 같이 정의되는 **평균 진동수**(mean frequency) ω_1을 가진다.

$$\omega_1 = \frac{1}{E}\int_0^\infty \omega S(\omega)d\omega = \frac{M_1}{E}. \tag{8.15}$$

여기서 M_1은 스펙트럼의 $\omega = 0$ 축에 대한 1차 모멘트이다.

먼저 $\xi = B\omega^{-4}$의 치환을 이용하여 1차 모멘트 M_1을 구하면 다음을 얻으며,

$$\begin{aligned} M_1 &= A\int_0^\infty \omega^{-4} e^{-B\omega^{-4}} d\omega = \frac{A}{4B}\int_0^\infty \omega\, e^{-\xi} d\xi \\ &= EB^{1/4}\int_0^\infty \xi^{-1/4} e^{-\xi} d\xi = EB^{1/4}\Gamma\left(\frac{3}{4}\right), \end{aligned} \tag{8.16}$$

여기서 $\Gamma\left(\frac{3}{4}\right) = 1.225$이고[연습문제 2], 셋째 등호를 얻기 위해 식 (8.10)을 사용하였고, 마지막 등호를 얻기 위해서는 식 (7.15)에 주어진 감마 함수의 정의를 사용하였다. 이 결과를 식 (8.15)에 대입하여 평균 진동수 ω_1에 대해 다음을 얻는다.

$$\omega_1 = B^{1/4}\Gamma\left(\frac{3}{4}\right) = 1.225B^{1/4}. \tag{8.17}$$

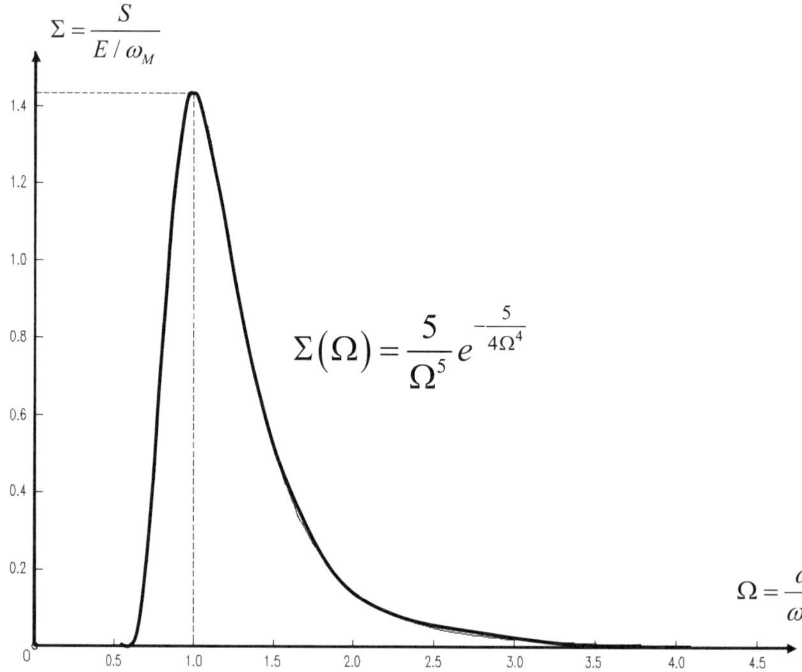

그림 8.2 정규화된 Bretschneider 스펙트럼

파도의 국부 최대값 또는 진폭과 관련하여 7.2절에서 그 확률 밀도 함수가 다음에 보인 식 (7.27)의 레일리 분포에 의해 주어짐을 설명한 바 있는데,

$$p(\alpha) = \alpha e^{-\alpha^2/2}, \ \alpha = \frac{a}{\sigma} = \frac{a}{\sqrt{E}}, \tag{7.27}$$

여기서 a는 성분파의 진폭이다. 이와 같은 해상 상태에 대해 **평균 파고**(mean waveheight), 또 스펙트럼과 관련하여 많이 쓰이는 변수 중의 하나인 **유의 파고**(significant waveheight) $\overline{H_{1/3}}$를 구해보자.

먼저 평균 파고 $\overline{H}$는 다음과 같이 정의되며,

$$\overline{H} = 2\int_0^\infty a\,p(a)da = 2\sqrt{E}\int_0^\infty \alpha\,p(\alpha)d\alpha = 2\sqrt{E}\int_0^\infty \alpha^2 e^{-\alpha^2/2}d\alpha\,, \quad (8.18)$$

여기서 첫째 등호 우변의 2는 파고가 진폭의 두 배에 상응하는 것과, 둘째 등호 우변의 $\sqrt{E}$는 $a=\sqrt{E}\alpha$ 임을 고려한 결과이다.

식 (8.18)의 마지막 적분을 I라고 하면 I에 대해 다음을 얻으며,

$$I = -\int_0^\infty \alpha \frac{de^{-\alpha^2/2}}{d\alpha}d\alpha = -\alpha e^{-\alpha^2/2}\Big|_0^\infty + \int_0^\infty e^{-\alpha^2/2}d\alpha = \sqrt{\frac{\pi}{2}}\,, \quad (8.19)$$

여기서 마지막 등호는 식 (7.9)를 사용하여 얻었다. 이 결과를 식 (8.18)에 대입하여 평균 파고에 대해 다음을 얻는다.

$$\overline{H} = \sqrt{2\pi E} = 2.51\sqrt{E}\,. \quad (8.20)$$

유의 파고를 구하기 위해서는 먼저 다음을 생각한다. 가장 높은 파도부터 시작하여 발생할 확률이 $\frac{1}{3}$보다 작은 진폭에 상응하는 $\alpha_s = \frac{a_s}{\sigma} = \frac{a_s}{\sqrt{E}}$는 다음 식으로 주어지므로,

$$P_s = \frac{1}{3} = \int_{\alpha_s}^\infty \alpha e^{-\alpha^2/2}d\alpha = e^{-\alpha_s^2/2}\,, \quad (8.21)$$

α_s에 대해 다음을 얻는다.

$$\alpha_s = \sqrt{2\ln 3} = 1.48\,. \quad (8.22)$$

이와 같이 얻은 α_s보다 큰 α 값을 가지는 파도들의 진폭의 평균치의 두 배를 $\overline{H_{1/3}}$로 정의하면, 유의 파고 $\overline{H_{1/3}}$는 다음 식으로 정의된다.

$$\overline{H_{1/3}} \equiv \frac{2\sqrt{E}}{P_s}\int_{\alpha_s}^{\infty}\alpha\, p(\alpha)d\alpha = 6\sqrt{E}\int_{\alpha_s}^{\infty}\alpha^2 e^{-\alpha^2/2}d\alpha\,. \tag{8.23}$$

식 (8.23)에 포함된 적분을 I라고 하면 I에 대해 다음을 얻으며[연습문제 3],

$$\begin{aligned} I &= -\int_{\alpha_s}^{\infty}\alpha\frac{de^{-\alpha^2/2}}{d\alpha}d\alpha = -\alpha e^{-\alpha^2/2}\Big|_{\alpha_s}^{\infty} + \int_{\alpha_s}^{\infty}e^{-\alpha^2/2}d\alpha \\ &= \frac{\alpha_s}{3} + \sqrt{\frac{\pi}{2}}\,erfc\left(\frac{\alpha_s}{\sqrt{2}}\right) = \frac{\alpha_s}{3} + \sqrt{\frac{\pi}{2}}\{1 - erf(\ln\sqrt{3})\} = 0.666\,, \end{aligned} \tag{8.24}$$

여기서 마지막 등호를 위해 식 (8.22)와 [연습문제 7.2]의 결과를 사용하였다. 이 결과를 식 (8.23)에 대입하여 유의 파고에 대해 다음을 얻는다.

$$\overline{H_{1/3}} = 4.00\sqrt{E}\,. \tag{8.25}$$

따라서 스펙트럼의 특성을 나타내는데 E 대신 식 (8.20)으로 주어지는 평균 파고 $\overline{H}$, 또는 위 식으로 주어지는 유의 파고 $\overline{H_{1/3}}$을 대신 사용할 수도 있는데, 대체적으로 유의 파고를 사용하고 있다.

ISSC(1964), ITTC(1972)와 같은 국제기구[22]들은 완전히 발달된 바다에 대해 다음과 같이 주어지는 A, B를 사용하여 식 (8.7)로 주어진 B 스펙트럼을 쓸 것을 권장하고 있다.

$$A = 173\frac{\overline{H_{1/3}}^2}{T_1^4}\,,\ B = \frac{691}{T_1^4}\,. \tag{8.26}$$

22) ISSC는 International Ship and Ocean Structures Congress(국제선박및해양구조물회의), ITTC는 International Towing Tank Conference(국제수조협회)의 약자로, 각각 선박 및 해양구조물의 구조, 모형시험 관련 분야의 대표적인 국제기구들이다.

여기서 **평균 주기**(mean period) $T_1 = \dfrac{2\pi}{\omega_1}$ 이며, 식 (8.17)로부터 다음을 얻는다.

$$T_1 = \frac{2\pi}{\Gamma(3/4)} B^{-1/4} = 5.127 B^{-1/4}. \tag{8.27}$$

이를 식 (8.26)에 대입하고 식 (8.25), (8.10)을 사용하면 다음을 얻으므로,

$$A = 173\frac{16EB}{5.127^4} = 4.00EB = 1.00A,\ B = \frac{691B}{5.127^4} = 1.00B, \tag{8.28}$$

결국 식 (8.26)을 사용하는 B 스펙트럼(이하에서는 BI 스펙트럼이라고 부르기로 한다)은 국부 최대값 또는 진폭의 분포가 레일리 분포로 주어지는 것을 가정하고, 매개변수 A, B를 $\overline{H_{1/3}}$와 T_1으로 바꾸어 표현한 것임을 알 수 있다. BI 스펙트럼은 고려 중인 해역에 대해 $\overline{H_{1/3}}$와 T_1을 계측 자료로부터 구하여 사용할 수 있는 이점이 있음에 유의한다.

8.3 Pierson-Moskowitz 스펙트럼

식 (8.14)로 주어지는 정규화된 B 스펙트럼은 E와 ω_M이 주어지면 일의적으로 정의되므로, 2-매개변수 스펙트럼이라고 부를 수 있다. 이에 반하여 Pierson-Moskowitz (1964)[14]는 차원해석에 근거하여 식 (8.5)에서와 같이 단 하나의 매개변수, 즉 풍속 U를 가지는 다음과 같은 형태의 스펙트럼을 제안하였다.

$$S(\omega) = \frac{\alpha g^2}{\omega^5} e^{-\beta\left(\frac{g}{U\omega}\right)^4},\ \alpha = 8.1\times 10^{-3},\ \beta = 0.74. \tag{8.29}$$

이 식 우변으로 주어지는 스펙트럼은 Pierson-Moskowitz **스펙트럼**(PM 스펙트럼)으로 부르며, 오늘날 가장 많이 사용되고 있다.

이 식 우변의 형태를 보면, 기본적으로 식 (8.5)를 따르고 있으며, 단 함수 f로 지수 함수를 택한 것은 Neumann(1952){12}의 식 (8.6)을 따르되, 지수 함수의 지수에서 무차원 변수인 $\dfrac{U\omega}{g}$의 승수를 4로 택한 것은 식 (8.7)의 B 스펙트럼을 따른 것을 알 수 있다.

식 (8.29) 우변으로 주어지는 PM 스펙트럼은 풍속 U를 매개변수로 하며, 이를 그림 8.3에 보였다. 풍속이 증가함에 따라 스펙트럼 아래의 면적, 즉 E가 크게 증가하는 것과, 국부 최대값이 발생하는 진동수 ω_M이 감소하여 파장이 긴 파도에 에너지가 더 많이 분포되는 것을 알 수 있다. 이와 같은 경향은 3장에서 생각하였던 바람에 의해 생성되는 완전히 발달된 바다에 상응하는 파도를 잘 구현하고 있다고 볼 수 있다.

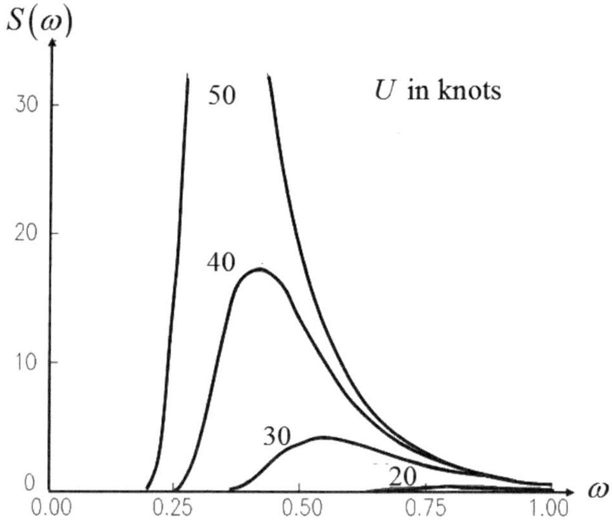

그림 8.3 Pierson-Moskowitz 스펙트럼

식 (8.29)와 (8.7)을 비교하여 보면 알 수 있는 바와 같이, PM 스펙트럼은 그 형태 상, B 스펙트럼의 특별한 경우로 볼 수 있으며, 식 (8.7)의 A, B를 각각 다음과 같이 취하면 PM 스펙트럼을 얻는다.

$$A = \alpha g^2, \ B = \beta \left(\frac{g}{U} \right)^4. \tag{8.30}$$

따라서 PM 스펙트럼에 대한 E는 식 (8.30)를 식 (8.10)에 대입하여 다음을 얻으며,

$$E = \frac{A}{4B} = \frac{\alpha}{4\beta} \frac{U^4}{g^2} = 2.85 \times 10^{-5} \times U^4, \tag{8.31}$$

이 식에 따르면 E는 풍속 U의 4승에 비례하여 증가한다.

또한 PM 스펙트럼에 대한 ω_M은 식 (8.30)를 식 (8.12)에 대입하여 다음을 얻으며,

$$\omega_M = \left(\frac{4B}{5} \right)^{1/4} = \left(\frac{4\beta}{5} \right)^{1/4} \frac{g}{U} = \frac{8.60}{U}, \tag{8.32}$$

이 식에 따르면 ω_M은 풍속 U에 반비례하여 감소한다.

식 (8.14)에서 $\omega = \omega_M$에 상응하는 $\Omega = 1$에서의 값이 1.43이었으므로, 식 (8.14)로부터 $\omega = \omega_M$에 상응하는 PM 스펙트럼의 값 $S(\omega_M)$에 대해 다음을 얻는다.

$$S(\omega_M) = \frac{1.43E}{\omega_M} = 4.75 \times 10^{-6} \times U^5. \tag{8.33}$$

이 식에 따르면 ω_M에 상응하는 스펙트럼의 값 $S(\omega_M)$는 U^5에 비례하며, 이는 식 (8.31)으로 주어지는 전체 에너지가 U^4에 비례하여 증가하는 것과 비교할 때, 풍속이 증가함에 따라 ω_M 부근에 에너지가 더욱 더 많이 분포하는 현상을 잘 나타내고 있다. 그림 8.3에서 $U = 50\ kts$일 때, 위의 식 (8.32), (8.33)에 따르면, $\omega_M = 0.334\ rad/s$이고, $S(\omega_M) = 53.5\ m^2 s$의 값을 가짐을 알 수 있다.

파도의 파고 $H(\omega)$에 대해, 식 (8.8), (8.9)에 따르면 다음을 가정할 수 있으며,

$$H(\omega) \propto \sqrt{S(\omega)}, \tag{8.34}$$

선형 수면파의 분산관계식 식 (1.20), $\omega^2 = gk$, 또는 식 (1.32)로부터 파도의 파장 λ에 대해 다음을 얻으므로,

$$\lambda = \frac{2\pi g}{\omega^2}, \tag{8.35}$$

ω_M을 가지는 성분파의 기울기에 대해 다음을 얻는다.

$$\frac{H(\omega_M)}{\lambda(\omega_M)} \propto \frac{U^{5/2}}{U^2} = \sqrt{U}\,. \tag{8.36}$$

여기서 $H(\omega_M)$에 대해서는 식 (8.34)와 (8.33)을 사용하였고, $\lambda(\omega_M)$에 대해서는 식 (8.35)과 (8.32)을 사용하였다.

따라서 PM 스펙트럼이 완전히 발달된 바다를 잘 표현하고 있다면, $\lambda(\omega_M)$은 U^2에 비례하여 증가하고, 또 식 (8.41)에 따르면 ω_M에 상응하는 성분파의 기울기는 $\sqrt{U}$에 따라 증가하므로, 풍속이 증가할수록 파장도 길고 기울기도 큰 파도들이 생성됨을 알 수 있다.

한편 파도의 평균 파고 $\overline{H}$는 식 (8.20)에서 보인 바와 같이 $\sqrt{E}$에 비례하고 따라서 식 (8.31)에 의해 U^2에 비례하며, 또 평균 진동수를 가지는 파도의 파장은 식 (8.35), (8.17), (8.30)로부터 다음을 얻으므로,

$$\lambda(\omega_1) \propto \omega_1^{-2} \propto B^{-1/2} \propto U^2, \tag{8.37}$$

결국 평균적인 파도의 기울기에 대해서는 다음을 얻는다.

$$\frac{\overline{H}}{\lambda(\omega_1)} \propto \frac{U^2}{U^2} = const.\,. \tag{8.38}$$

다시 말하면 평균적인 파도의 기울기는 풍속의 크기에 상관이 없으며, 이는 식 (8.36)에서 얻었던 ω_M에 상응하는 파도의 기울기가 $\sqrt{U}$에 비례하여 커지는 것과는 대조되는 결과임에 유의한다.

PM 스펙트럼은 위에서 본 바와 같이 풍속에 따른 해면파의 생성 현상을 잘 재현하고 있고, 또 차원해석에 의해 주어지는 변수를 사용하고 있어 상당히 합리적인 결과로 간주되고 있으나, 8.2절에서 설명한 BI 스펙트럼에 비해 풍속에 대한 의존도가 너무 심한 것이 단점으로 지적되고 있다.

PM 스펙트럼과 BI 스펙트럼을 비교하기 위해 다음을 생각하자. 먼저 식 (8.17)과 (8.30)의 B에 대한 식으로부터 평균 진동수 ω_1에 대해 다음을 얻으며,

$$\omega_1 = \frac{\beta^{1/4} g \Gamma(3/4)}{U} = \frac{11.1}{U}, \tag{8.39}$$

또 식 (8.25)와 (8.36)으로부터 유의 파고 $\overline{H_{1/3}}$에 대해 다음을 얻는다.

$$\overline{H_{1/3}} = \frac{4.00}{g}\sqrt{\frac{\alpha}{4\beta}}\,U^2 = 2.135\times 10^{-2}\times U^2. \tag{8.40}$$

다시 말하면 PM 스펙트럼은, BI 스펙트럼에 식 (8.39)와 (8.40)를 대입하여 얻어지므로, 예를 들어 $U = 20\,m/s$일 때, 완전히 발달된 바다로서 $\omega_1 = 0.555\,rad/s$, $\overline{H_{1/3}} = 8.54\,m$인 상태가 얻어질 것을 예측하고 있다.

연습문제

1. 그림 8.1에서 $\frac{H}{\tau^2}$를 $\left(\frac{\tau}{U}\right)^2$의 함수로 나타냈을 때, 상한 값을 나타내는 직선의 기울기를 -2.438로 얻었다면 이로부터 다음 관계를 얻음을 보이시오.

$$\frac{H}{\tau^2} = K_1 e^{-2.438\left(\frac{\tau}{U}\right)^2}, \qquad (\text{연}8.1)$$

여기서 K_1은 상수이다. 이 식을 제곱하고 $2.438 \simeq \left(\frac{g}{2\pi}\right)^2$임을 감안하여 H^2에 대해 정리하면 다음을 얻는데,

$$H^2 = K_1^2 \tau^4 e^{-2\left(\frac{g\tau}{2\pi U}\right)^2}, \qquad (\text{연}8.2)$$

이 식 우변의 $K_1^2 = K_2 d\tau$로 놓은 후, $d\tau = -\frac{2\pi}{\omega^2} d\omega$를 이용하고, 위 식 우변과 $S(\omega)d\omega$를 등치하여 다음과 같은 식 (8.6)을 얻음을 보이시오.

$$S(\omega) = \frac{\alpha}{\omega^6} e^{-2\left(\frac{g}{U\omega}\right)^2}. \qquad (8.6)$$

여기서 α는 계측 자료에 따라 결정될 상수이다.

2. 감마 함수에 대한 식 (7.16)과, $x \in [0,1]$ 에 유효한 다음 다항식 근사를 이용하여 $\Gamma\left(\frac{3}{4}\right) = 1.225$를 구하시오(Abramowitz & Stegun(1970)[10] 참조).

$$\Gamma(x+1) = 1 + \sum_{k=1}^{5} a_k x^k, \ a_1 = -0.57486, \ a_2 = 0.95124,$$
$$a_3 = -0.69986, \ a_4 = 0.42455, \ a_5 = -0.10107. \qquad \text{(연8.3)}$$

3. 식 (8.24)의 유도 과정을 자세히 보이시오.

4. $\overline{H_{1/3}} = 9\,m$, $T_1 = 11.5\,s$인 BI 스펙트럼을 구하여 도시하고, 주어진 유의 파고에 상응하는 풍속에 대한 PM 스펙트럼을 구한 후, 비교하여 논의하시오.

5. PM 스펙트럼을 사용하는 경우, 풍속 $U = 20\,m/s$, $25\,m/s$, $30\,m/s$에 대한 유의 파고와 평균 주기를 구하시오.

9장
해양구조물의 특성과 차원해석

9.1 차원해석의 적용
9.2 고정식 구조물에 작용하는 힘에 대한 차원해석
9.3 부유체의 운동에 대한 차원해석

대양을 항해하는 선박은 대부분 정해진 항로를 따라 움직이며, 정해진 시간 내에 화물과 승객을 날라야 하므로, 어쩔 수 없이 악천후에 대한 대비를 어느 정도는 해야 하며, 이와 관련된 선박의 성능은 **내항 성능**(seakeeping characteristics)이라고 부른다.

한편, 지금까지 해양에 투입된 **해양구조물**(offshore structures)은 대부분 석유를 시추, 생산하기 위한 시설인데, 시간이 지남에 따라 점차 해안에서 멀리 떨어진, 즉 보다 깊은 바다 밑에 저장되어 있는 유전을 개발해야 하는 상황에 직면하고 있다.

해안에서 가까운 해역에 설치된 해양구조물은 대부분 **고정식**(fixed type)이며, 이들의 설계와 관련된 파도에 의한 **파랑하중**(wave loading)의 산정은 구조물 전체의 구조 해석을 위해 매우 중요한 작업이다. 고정식 구조물에 작용하는 힘은 크게 나누어 점성력과 파랑하중으로 구성되어 있는데, 파랑하중을 구할 때는 선형중첩(linear superposition)의 원리를 사용하여 해면파를 입사파(incident wave)와 **회절문제**(diffraction problem)의 해로 주어지는 **산란파**(scattering wave)의 합으로 이루어져 있다고 본다.

또한 대양을 항해하는 선박과, 심해에 투입되는 해양구조물은 **부유체**(floating bodies)로 총괄하여 다룰 수 있는데, 해면파에 기인하여 이들 물체에 작용하는 힘은 물체의 운동(motion)을 야기하며, 물체의 운동 특성은 스프링-질량 계에 대한 경험으로부터 알고 있는 바와 같이 **공진**(resonance)이라는 특징을 가지고 있으므로, 물체에 작용하는 외력의 진동수와 크기에 따라 현저하게 다른 특성을 가지기 때문에 해면파의 스펙트럼을 고려하지 않으면 안 된다.

부유체의 운동은 운동 방정식의 해로 얻어지는데, 운동 방정식을 구성하기 위해서는 부유체에 작용하는 힘을 알아야 한다. 부유체에 작용하는 힘은, 바람, 해류(current), 계류(mooring) 등에 기인하는 힘이 있지만, 통상 가장 중요한 힘은 해면파에 기인하는 힘으로 볼 수 있으며, 이 경우에 대해서도 선형 중첩의 원리를 사용한다. 다시 말하면, 해면파에 의해 부유체가 운동을 할 때 고려해야 할 파계를 세 가지 파도의 합, 즉 입사파와 산란파, 그리고 **방사문제**(radiation problem)의 해로 주어지는 **방사파**(radiating wave)의 합으로 본다.

회절문제에서는 물체가 고정되어 있는 것으로 간주하므로, 고정식 구조물에 작용하는 힘과 같은 힘이 부유체에도 작용하지만, 부유체의 경우에는 물체가 움직일 수 있으므로, 그 운동에 의해 상대 운동의 크기가 매우 작아져서 고정식 구조물에 대해서는 중요하게 생각되던 힘이 그 중요성을 잃게 되는 경우도 있다. 4장 3절에서 다룬 반무한 방파제에 대한 Penny & Price(1952){9}, 4장 4절에서 다룬 수직 원주에 대한 McCamy & Fuchs(1954){10}와 같은 회절문제에 대한 해가 알려진 후 많은 다양한 문제들에 대한 해가 알려졌다.

방사문제에서는 입사파가 없는 잔잔한 수면 상에 부유체의 운동에 의해 생성되는 파도만을 고려하며, Ursell(1949){16}이 수면 상에서 상하동요하는 2차원 원주에 대한 해를 얻은 후, Lewis 단면을 포함한 다양한 형상의 2차원 주상체, 그리고 3차원 물체에 대한 해들이 알려졌다. 회절문제와 방사문제 공히 기하학적으로 복잡한 형상의 물체에 대해서는 컴퓨터를 이용한 수치적 방법을 사용하여 해를 얻고 있다.

이하에서는 먼저 1절에서는 차원해석의 적용에 대해 개략적으로 알아보고, 2절에서는 해면파에 기인하여 고정식 구조물에 작용하는 힘에 대해 차원해석을 수행하여 그 특성에 대해 살펴보며, 3절에서는 부유체의 운동에 대한 차원해석을 통해 그 물리적 특성에 대해 생각하기로 한다.

9.1 차원해석의 적용

차원해석은 물리량들 사이의 관계식이 등식으로 주어질 때, 양변의 양이 수량적으로(numerically) 같으면서 동시에 양변의 물리적 차원(physical dimension)도 같아야 한다는 원리에 근거한다.

차원해석의 보다 간단한 예를 보이기 위해 먼저 해면파의 주기를 알고자 하는 경우, 차원해석에 의해 무엇을 알 수 있는가를 생각해 보기로 한다. 그림 1.1에 보인 바와 같은 진행파의 진동수 ω는 유체의 밀도 ρ, 중력 가속도 g, 파도의 진폭 A, 파장 λ와 수심 h 등 5 개 변수의 함수로 주어질 것이다. 이를 등식으로 쓰면 다음과 같은데,

$$\omega = f_0(\rho, g, A, \lambda, h), \tag{9.1}$$

양변에 포함된 각 물리량의 차원은 다음과 같다.

$$[\omega] = T^{-1},\ [\rho] = ML^{-3},\ [g] = LT^{-2},\ [A] = [\lambda] = [h] = L. \quad (9.2)$$

ρ를 제외하면 M의 차원을 가지는 양은 없으므로, ω는 ρ의 함수가 아닐 것으로 예상할 수 있으며, L과 T를 대표하는 양을 각각 다음과 같이 취하기로 하고,

$$[\lambda] = L,\ [\sqrt{\lambda/g}\,] = T, \quad (9.3)$$

이들을 사용하여 식 (9.1)의 양변을 무차원화하면 다음을 얻는다.

$$\omega\sqrt{\lambda/g} = f\left(\frac{A}{\lambda}, \frac{h}{\lambda}\right). \quad (9.4)$$

식 (9.3)에서 기본 차원을 나타내기 위해 사용된 변수, λ, g는 더 이상 우변 무차원 함수의 변수로 고려되지 않음에 유의한다. 식 (9.1) 우변에 포함되어 있는 5개의 변수로부터 3 개의 변수를 기본 차원을 나타내는데 사용함으로써 식 (9.4) 우변에 포함된 무차원 변수는 2 개로 줄었다.

심해에서의 선형 수면파에 대해서는 다음을 가정할 수 있으므로,

$$\frac{A}{\lambda} \ll 1,\ \frac{h}{\lambda} \gg 1, \quad (9.5)$$

식 (9.4)의 우변을 이를 고려하여 다음과 같이 바꾸어 쓰면,

$$\omega\sqrt{\lambda/g} = f(0, \infty) = const., \quad (9.6)$$

결국 ω는 $\sqrt{g/\lambda}$에 비례한다는 결과를 얻는다.

식 (1.20)의 분산관계식으로부터 다음을 얻으므로,

$$\omega = \sqrt{2\pi g/\lambda}, \quad (9.7)$$

식 (9.6)은 식 (9.7)과 일관된 결과를 주는 것을 확인할 수 있으며, 더구나 만약 실험을 통해 식 (9.6)의 상수를 결정짓는 경우를 생각하면, 단 한 번의 실험으로 결정된 상수 $\sqrt{2\pi}$ 는 심해에서의 모든 선형 수면파에 대해 적용할 수 있다는 점에 주목하기 바란다. 차원해석은 모형시험을 수행하는 경우, 실험의 횟수를 극적으로 줄여주는 것을 알 수 있다.

9.2 고정식 구조물에 작용하는 힘에 대한 차원해석

그림 9.1에 보인 바와 같은 고정식 구조물에 해면파에 의해 작용하는 파 진행 방향의 힘, 즉 x 방향의 파랑하중 X를 생각하기로 하자. X는, 유체의 밀도 ρ, 운동학적 점성계수(kinematic viscosity) ν, 중력 가속도 g, 파도의 파고 H, 파장 λ와 수심 h, 물체의 **특성 길이**(characteristic length) l 및 시간 t 등, 8 개 변수의 함수로 주어질 것이다. 이를 등식으로 쓰면 다음과 같은데,

$$X = f_0(\rho, g, l, t, \nu, h, H, \lambda), \tag{9.8}$$

양변에 포함된 각 물리량의 차원은 다음과 같다.

$$[X] = MLT^{-2},\ [\rho] = ML^{-3},\ [g] = LT^{-2},\ [t] = T,$$
$$[\nu] = L^2T^{-1},\ [l] = [h] = [H] = [\lambda] = L, \tag{9.9}$$

기본 차원인 M, L과 T를 대표하는 양을 각각 다음과 같이 취하기로 하는데,

$$[\rho l^3] = [\rho V] = M,\ [l] = L,\ [\sqrt{l/g}] = T, \tag{9.10}$$

여기서 V는 배수량(displacement)이다.

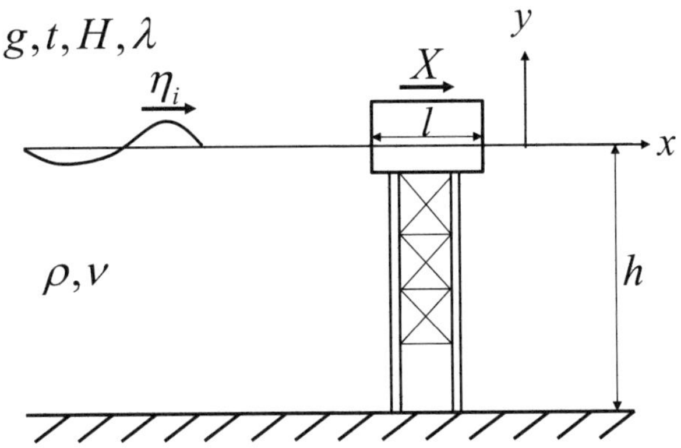

그림 9.1 고정식 구조물에 작용하는 파랑하중

이들을 사용하여 식 (9.8)의 양변을 무차원화하면 다음을 얻는다.

$$\frac{X}{\rho V g} = f_1\left(\frac{t}{\sqrt{l/g}}, \frac{\nu}{l\sqrt{lg}}, \frac{h}{l}, \frac{H}{l}, \frac{\lambda}{l}\right). \tag{9.11}$$

우변 무차원 함수의 변수에서 기본 차원을 나타내는데 사용된 ρ, g, l은 누락되었고, 따라서 무차원 변수는 5 개임에 유의한다.

여기서 $\rho V = m_0$라고 하고, 또 $\frac{h}{l}$는 $\frac{h}{\lambda}$로 대체할 수 있으며, 식 (9.6)으로부터 다음을 얻으므로,

$$\omega \propto \sqrt{g/\lambda}\ , \tag{9.12}$$

$\frac{t}{\sqrt{l/g}}$는 ωt로 대체할 수 있고, 또 $\frac{\nu}{l\sqrt{lg}}$는 $\frac{\nu}{l^2\omega}$ 또는 $\frac{\omega H l}{\nu}$로 대체할 수 있어, 식 (9.11)을 결국 다음과 같이 다시 쓸 수 있다.

$$C_X \equiv \frac{X}{m_0 g} = f\left(\omega t, \frac{h}{\lambda}, \frac{\omega H l}{\nu}, \frac{H}{l}, \frac{\lambda}{l}\right). \tag{9.13}$$

이 식 우변 괄호 안의 첫째 무차원 변수 ωt는 힘이 시간에 따라 변화하는 주기성을 대표하며, 둘째 무차원 변수 $\frac{h}{\lambda}$는 고려 중인 해면파에 대해 수심의 영향을 어떻게 고려해야 할지를 결정지으며, 4장 2절 식 (4.27)에서 고려한 $\kappa = kh = 2\pi\frac{h}{\lambda}$와 본질적으로 동일한 양이다.

식 (9.13) 우변 괄호 안의 셋째 무차원 변수는 운동학적 점성계수를 무차원화한 양이므로, 레이놀즈 수(Reynolds number $= Rn = \frac{Ul}{\nu}$)에 해당하는 양이다. 식 (1.33)으로부터 파도에 기인하는 유동의 속도 U는 ωH에 비례한다고 볼 수 있으므로 레이놀즈 수에 대해 $\frac{\omega H l}{\nu}$을 얻으며, 유체역학에서 배운 바와 같이 레이놀즈 수는 관성력(inertia force)과 점성력(viscous force)의 비를 나타낸다. 유체의 가속도는 국부 가속도(local acceleration), $\frac{\partial \underline{u}}{\partial t}$와 대류 가속도(convective acceleration), $\underline{u} \cdot \nabla \underline{u}$로 구성되는데, 여기서 관성력은 대류 가속도에 기인하는 힘, 아래에서 고려하는 비정상력은 국부 가속도에 기인하는 힘으로 볼 수 있다.[23]

해면파에 기인하는 속도의 크기 U에 대해서는 식 (1.33)로부터 주어지는 다음 식을 이용할 수 있으므로,

$$U = u(x, y=0, t) = \omega A \cos(kx - \omega t), \tag{9.14}$$

관성력과 비정상력의 비, 다시 말하면 대류 가속도와 국부 가속도의 비는 다음과 같이 나타낼 수 있어,

$$\left| \frac{U(\partial U/\partial x)}{\partial U/\partial t} \right| = \frac{kU^2}{\omega U} \sim \frac{k\omega H}{\omega} = 2\pi\frac{H}{\lambda} \ll 1, \tag{9.15}$$

관성력은 비정상력에 비해 매우 작음을 알 수 있다. 따라서 관성력과 점성력의 비로 볼 수 있는 레이놀즈 수의 영향은 다음에서 고려하는 $\frac{H}{l}$의 영향에 비해 상대적으로 미미하다.

---

23) 보다 자세한 사항은 이승준(2014)[1]을 참조하기 바란다.

넷째 무차원 변수인 $\frac{H}{l}$는 6.3절에서 고려한 가속 유동장 내에 위치한 물체가 받는 힘, 즉 비정상력(unsteady force)과 관련이 있다. 식 (6.51)과 (6.52)로부터 파도에 기인하는 가속 유동장 내에 위치한 물체가 받는 비정상력은 $C_M m_0 \frac{\partial U}{\partial t}$로 대표될 수 있는데, m_0는 ρl^3, 국부 가속도 $\frac{\partial U}{\partial t}$는 식 (1.33)으로부터 $\omega^2 H$로 각각 대체할 수 있으므로, 점성력 $C_D \frac{\rho}{2} U^2 l^2$과 비정상력 $C_M m_0 \frac{\partial U}{\partial t}$의 비에 대해 다음을 얻는다.

$$\frac{C_D \rho U^2 l^2 / 2}{C_M m_0 \frac{\partial U}{\partial t}} = \frac{C_D}{2 C_M} \frac{H}{l} \propto \frac{H}{l}. \tag{9.16}$$

다시 말하면 $\frac{H}{l}$는 점성력과 비정상력의 비를 나타내는 무차원 변수이다.

마지막 무차원 변수 $\frac{\lambda}{l}$는 회절의 영향을 고려해야할지를 결정하는 매개변수로, $\frac{H}{l} \ll 1$일 때만 중요성을 가지는 것으로 볼 수 있다. 왜냐하면 $\frac{H}{l} = O(1)$ 또는 $\frac{H}{l} \gg 1$일 경우에는, 대부분의 해면파에 대해 $\frac{H}{\lambda} \ll 1$이므로, $\frac{\lambda}{l} \gg 1$로 볼 수 있으며, 이와 같은 경우에는 회절의 영향을 무시해도 좋기 때문이다.

$\frac{H}{l}$의 크기와 관련하여서는 다음과 같은 세 가지 경우를 생각할 수 있다.

1) $\frac{H}{l} \gg 1$;

즉 해면파의 파고가 구조물의 크기에 비해 매우 클 경우에는, 비정상력에 비하여 점성력이 지배적이므로, 비정상력은 무시할 수 있으며, 이때 점성력은 마찰항력보다는 물체 앞뒤의 압력분포의 차이에 기인하는 점성압력항력, 또는 **형상항력**(form drag)이 대부분을 차지한다. 식 (9.13)을 유체역학에서 배운 바를 활용하여 다음과 같이 쓸 수 있다.

$$X = \frac{1}{2}\rho l^2 U|U| C_D(Rn). \tag{9.17}$$

여기서 U는 식 (9.14)에 $x=0$를 대입하여 얻을 수 있으며, $U|U|$는 그 크기는 U^2과 같지만 힘의 방향이 속도의 방향과 같다는 것을 나타내기 위해 사용되었고, C_D는 Rn의 함수로 물체에 대한 형상항력 계수이다.

수면파 중에 놓인 고정식 구조물에 대해 $Rn = \frac{U(t)l}{\nu}$로 시간에 따라 변화하지만, C_D의 Rn에 따른 변화가 거의 없으므로 식 (9.17)은 유용하게 사용되고 있다. 그림 9.2에 다양한 형태의 물체에 대한 C_D의 값을 보였으며, C_D에 대해 보다 자세한 사항은 이승준(2009)[5]을 참조하기 바란다.

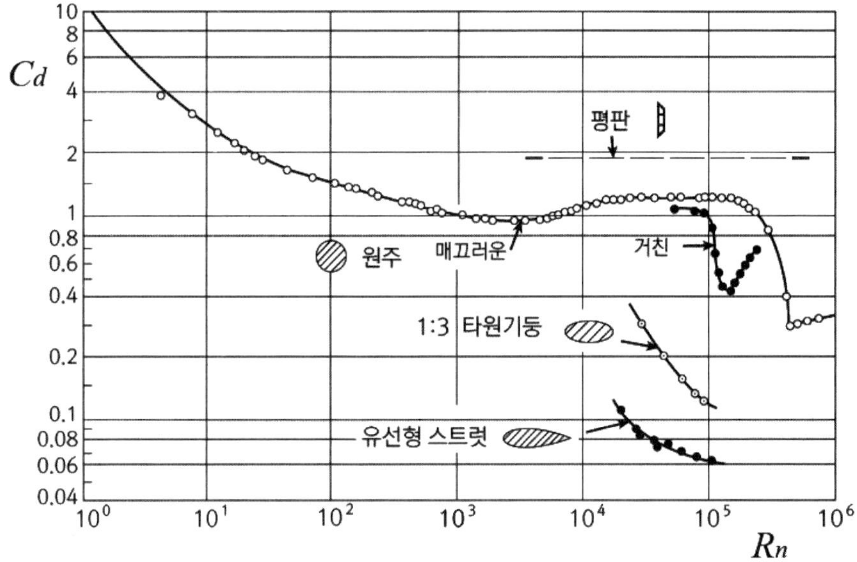

그림 9.2 다양한 형상의 물체에 대한 점성압력항력 계수 $C_D(Rn)$

그림 9.3에 수평축을 $\frac{\lambda}{l}$, 수직축을 $\frac{H}{l}$로 택한 평면을 몇 개의 영역으로 나누어 각각의 영역에서 주요하게 고려해야 하는 힘을 보였다. 먼저 $\frac{H}{\lambda}$의 최대값은

$\frac{1}{7}$로 볼 수 있으므로, 그림에 보인 평면에서 $\frac{H}{\lambda}=\frac{1}{7}$인 직선의 아래 부분만 고려하면 된다. 지금 생각하고 있는 경우는 영역 (1)에 속한다.

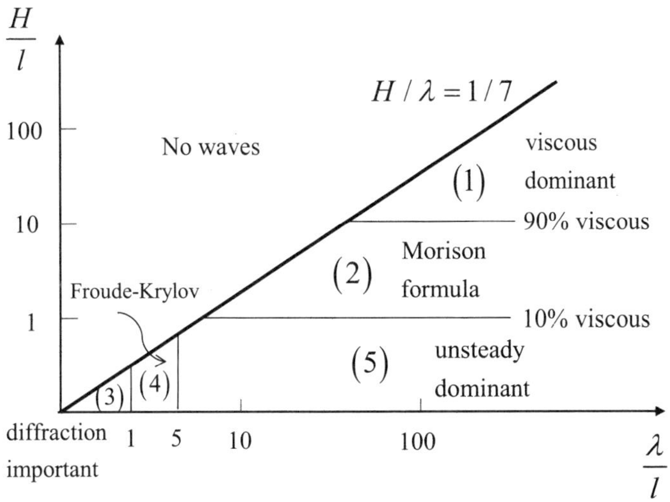

그림 9.3 고정식 구조물에 작용하는 힘

2) $\frac{H}{l} \ll 1$;

즉 해면파의 파고가 구조물의 크기에 비해 매우 작을 경우에는, 비정상력에 비해 점성력은 무시할 수 있을 만큼 작으므로 유체의 점성을 무시하고 이상유체로 간주할 수 있으며, 구조물이 받는 힘의 대부분은 해면파에 기인하는 비정상력이고, 이 경우에 대해서는 식 (9.13)을 다음과 같이 쓸 수 있다.

$$C_X = f\left(\omega t, \frac{h}{\lambda}, \infty, 0, \frac{\lambda}{l}\right). \quad (9.18)$$

위에서 언급한 바와 같이 이 경우에 대해서는 $\frac{\lambda}{l}$의 크기에 따라 세 가지 경우로 나누어 생각할 수 있다.

2i) $\frac{\lambda}{l} \gg 1$;

파장이 물체의 길이보다 훨씬 길 때는, 입사파가 물체에 의해 교란되는 부분이 거의 없으므로, 다시 말하면 회절이 거의 발생하지 않을 뿐만 아니라, 물체 전체 길이에 걸쳐 파도에 기인하는 수평 방향 속도가 거의 균일하다고 볼 수 있으므로, 6장 3절에서 고려한 문제와 같은 방법으로 비정상력을 얻을 수 있으며, 식 (6.51), (6.52)로부터 식 (9.13)을 다음과 같이 다시 쓸 수 있다.

$$X = C_M m_0 \frac{dU}{dt} = (1 + C_a) m_0 \frac{dU}{dt} = -\, C_M m_0 \frac{\omega^2 H}{2} \sin\omega t = C_M m_0 \,\omega \frac{d\eta_0}{dt}. \tag{9.19}$$

여기서 셋째 등호는 식 (9.14)에 $x=0$를 대입하고 t에 대해 미분하여 얻고, 넷째 등호는 식 (1.27)에 $x=0$를 대입하고 t에 대해 미분하여 얻었으며, $\eta_0 = \eta(x=0)$이다. 이 경우는 그림 9.3의 영역 (5)에 해당한다.

2ii) $\frac{\lambda}{l} = O(1)$;

파장과 물체의 길이가 비슷할 때는, 물체의 길이에 걸쳐 균일한 속도장이 형성된다고 볼 수는 없으며, 또한 회절에 의한 산란파의 영향이 크다고 보기도 힘들므로, 이때는 입사파에 기인하는 힘, 즉 Froude-Krylov(FK) 힘만 고려하면 된다.[24] 주상체에 대해 수면 하의 형상이 직사각형인 경우, 단위 길이 당 FK 힘은 다음과 같이 주어진다[연습문제 1].

$$C_X = \frac{X}{m_0 g} = -\frac{H}{l} \frac{1 - e^{-kd}}{kd} \sin\frac{kl}{2} \sin\omega t. \tag{9.20}$$

여기서 l, d는 각각 직사각형의 폭과 흘수이다. 직사각형 주상체의 경우에는 위의 식에서처럼 힘이 원점에 위치한 유체 입자의 x 방향 가속도와 같은 위상, 즉

24) 다양한 형상의 물체에 대한 Froude-Krylov 힘 및 관련된 사항에 대해서는 Chakrabarti(1987)[18]을 참조하기 바란다.

$-\sin\omega t$와 같은 위상을 가지지만, 일반적인 형상을 가진 물체의 경우에도 항상 그런 것은 아니다. 이 경우는 그림 9.3의 영역 (4)에 해당한다.

2iii) $\frac{\lambda}{l} \ll 1$;

파장이 물체의 길이에 비해 매우 짧을 경우에는, 회절의 영향에 의해 산란파가 발생하며, 물체가 수직 원주인 경우, 4.4절에서 고려한 McCamy & Fuchs(1954){17}의 결과를 사용할 수 있다. 식 (연4.7), (4.80)에 따르면, $ka = \xi \gg 1$, 즉 $\frac{\lambda}{l} \ll 1$이 성립하는 경우에 대해 다음을 얻는다[연습문제 2].

$$X \sim \frac{\rho g a^2 h}{\sqrt{2}\pi} \frac{A}{h} \frac{\lambda^2}{a^2} \sqrt{\frac{l}{\lambda}} (\tanh\kappa) \cos(\omega t + \alpha),$$
$$\alpha \sim \xi - \frac{\pi}{4} = \pi\left(\frac{l}{\lambda} - \frac{1}{4}\right). \tag{9.21}$$

이 식의 양변을 $m_0 g = \rho g \pi a^2 h$로 나누어 무차원화하고, $\frac{A}{h} = \frac{1}{2} \frac{H}{l} \frac{l}{\lambda} \frac{\lambda}{h}$, $\frac{\lambda}{h} = \frac{2\pi}{\kappa}$, $2a = l$, $\frac{l}{\lambda} \gg 1$임을 고려하여 다시 쓰면 다음을 얻는데,

$$C_X \equiv \frac{X}{m_0 g} \sim \frac{2\sqrt{2}}{\pi} \frac{H}{l} \sqrt{\frac{\lambda}{l}} \frac{\tanh\kappa}{\kappa} \cos\left(\omega t + \frac{\pi l}{\lambda}\right), \tag{9.22}$$

이 식의 우변은 식 (9.13) 우변에서 볼 수 있는 다섯 개의 무차원 변수 중 레이놀즈 수를 제외한 네 개의 무차원 변수의 함수로 주어지는 것을 확인할 수 있다.

여기서 우변의 $\frac{H}{l}\sqrt{\frac{\lambda}{l}}$은 대단히 작은 양이지만, 무차원화에 사용한 $m_0 g$가 매우 큰 양이므로, 힘 자체는 무시할 수 없는 크기를 가짐을 알 수 있다. 한편 코싸인 함수의 위상차와 관련하여서는 $\frac{l}{\lambda} \gg 1$이므로, 식 (9.22) 우변으로 주어지는 양에 대해 $\cos\omega t$에 비례하는 속도 성분과 $-\sin\omega t$에 비례하는 가속도 성분 중

어느 것이 크다고 일률적으로 말하기 곤란하다. 이 경우는 그림 9.3의 영역 (3)에 해당한다.

3) $\frac{H}{l} = O(1)$;

즉 해면파의 파고가 물체의 길이와 비슷한 크기를 가질 때, 비정상력과 점성력은 비슷한 크기를 가지므로, 두 힘을 모두 고려해야 한다. 이 경우에 대해서는 Morison et al.(1950){13}이 수직 원주의 연직 방향 단위 길이 당 파 진행 방향으로 작용하는 힘 f에 대해 제안한 다음 식, 즉 **모리슨 공식**(Morison formula)을 사용하고 있다.

$$f = C_M m_0 \frac{dU}{dt} + \frac{1}{2}\rho l U|U| C_D(Rn), \tag{9.23}$$

여기서 l은 원주의 직경이며, 또 m_0는 단위 길이 당 질량이므로 $m_0 = \frac{\rho\pi l^2}{4}$이다.

식 (9.23)을 보면 식 (9.19)와 (9.17)을 단위 길이 당 원주에 대해 적용하여 그대로 더한 식임을 알 수 있는데, 식 (9.19)는 $H \ll l \ll \lambda$가 성립할 때 사용할 수 있는 식이며, 또 식 (9.17)은 $H \gg l$일 때 사용할 수 있는 식이므로, $H \sim l$인 경우에 대해 이들을 그대로 더하여 얻은 결과가 물리적으로 타당하다고 말하기는 힘들다. 단 공학적 설계 목적을 위해 식 (9.23)에 의해 주어지는 값을 일종의 상한으로 사용할 수는 있을 것이다. 이 경우는 그림 9.3의 영역 (2)에 해당한다.

이상으로 고정식 구조물에 작용하는 힘에 대한 차원해석을 통해 파도와 물체의 크기의 비에 따라 어떠한 힘들을 주요하게 고려해야 하는지를 살펴보았다. 실제 설계 시 많이 다루어야 하는 경우는 $\frac{H}{l} \in [1, 10]$에 속하는 경우로, 모리슨 공식이 많이 사용되고 있으나, 보다 합리적인 방법을 찾으려는 노력은 꾸준히 계속되고 있다.

9.3 부유체의 운동에 대한 차원해석

대양을 항해하는 선박 및 심해에 설치되는 부유식 해양구조물을 총괄하여 부유체로 부르기로 하면, 부유체는 해면파에 의한 운동(motion) 또는 동요(oscillation)를 하게 된다. 일반적으로 6 자유도 운동을 하게 되지만 파도의 입사 방향에 따라 주요하게 고려해야 하는 운동 모드(mode)가 달라진다.

파도가 부유체의 앞, 뒤로부터 그 길이 방향에 평행하게 입사하는 경우를 각각 앞파도(head sea), 뒤파도(following sea)라고 하는데, 이와 같은 파도를 통 털어 종파(longitudinal waves)라고 부르고, 이와 같은 경우에는 상하동요(heave), 종동요(pitch), 전후동요(surge)가 주로 발생하며,[25] 반면에 파도가 부유체의 좌우로부터 부유체의 폭 방향에 평행하게 입사하는 경우를 옆파도(beam sea)라고 하고, 이와 같은 경우에는 횡동요(roll), 좌우동요(sway), 선수동요(yaw)가 주로 발생한다. 한편, 파도가 비스듬한 각도로 배의 앞쪽, 뒤쪽에서 입사하는 경우를 각각 선수사파(bow sea), 선미사파(quartering sea)라고 부르는데, 이와 같은 경우에는 위에서 논의한 운동 모드가 모두 발생한다. 따라서 해면파에 의한 부유체의 운동은 몇 가지 모드가 연성(coupled)되어 나타나는 것이 보통이지만, 이하에서는 운동에 대한 기본적인 사항을 이해하기 위해 그림 9.4에 보인 바와 같은 부유체의 상하동요에 대해 고찰하기로 한다.

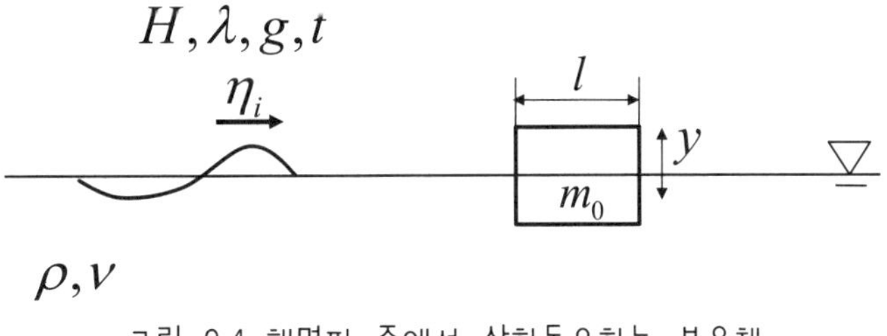

그림 9.4 해면파 중에서 상하동요하는 부유체

25) 동요 모드 및 입사파는 선박에 대한 용어를 그대로 사용하기로 하며, 자세한 사항에 대해서는 대한조선학회(2011)[17]를 참조하기 바란다.

상하동요의 변위 $y(t)$를 결정하는 인자는 9.1절에서 고려하였던 고정식 구조물에 작용하는 힘을 결정하는 변수들에 물체의 관성의 크기를 나타내는 부유체의 질량을 추가하여 생각할 수 있다. 하지만 부유체의 질량 $m_0 = \rho V$이므로, l^3에 의해 충분히 대표되고 있다고 볼 수 있고, 또 대부분 심해로 볼 수 있는 경우이므로 수심의 영향은 없다고 보아, 다음과 같이 쓸 수 있다.

$$y = f_0(\rho, g, l, t, \nu, H, \lambda)\,. \tag{9.24}$$

이 식에 대해 기본 차원인 M, L과 T를 대표하는 양을 각각 다음과 같이 취하기로 하는데,

$$[\rho l^3] = M,\ [\lambda] = [H] = L\,,\ [\sqrt{\lambda/g}\,] = T, \tag{9.25}$$

이들을 사용하고 또 식 (9.13)을 참조하여 식 (9.24)의 양변을 무차원화하면 다음을 얻는다.

$$\frac{y}{A} = f_1\!\left(\omega t, \frac{\omega H l}{\nu}, \frac{H}{\lambda}, \frac{l}{\lambda}\right). \tag{9.26}$$

여기서 A는 입사파의 진폭이다.

이 식 우변 괄호 안의 첫째 무차원 변수 ωt는 운동이 시간에 따라 변화하는 주기성을 대표하며, 둘째 무차원 변수는 관성력과 점성력의 비를 나타내는 레이놀즈 수로, 식 (9.15)에 보인 바와 같이 그 영향은 무시할 만큼 작다. 셋째 무차원 변수인 $\frac{H}{\lambda}$는 파도의 기울기를 나타내며 선형 이론을 사용한다고 전제하면 일반적으로 $\frac{H}{\lambda} \ll 1$을 가정할 수 있다.

따라서 식 (9.26)을 다음과 같이 다시 쓸 수 있다.

$$\frac{y}{A} = f_1\!\left(\omega t, \infty, 0, \frac{l}{\lambda}\right) = C_{y0}\cos(\omega t + \epsilon). \tag{9.27}$$

여기서 C_{y0}와 ϵ은 $\frac{l}{\lambda}$ 또는 kl의 함수로 무차원화된 상하동요의 진폭과 입사파와의 위상차를 나타낸다.

9.1절에서 다루었던 경우와 비교하면, 식 (9.26) 우변의 무차원 변수 중에 점성력과 비정상력의 비를 대표하는 $\frac{H}{l}$이 포함되어 있지 않은데, 이는 고정식 구조물과 달리, 물체가 운동하는 경우에는 $\frac{H}{l}=O(1)$, 또는 $\frac{H}{l}\gg 1$일 때, 부유체가 파면의 상승에 따라 파면과 거의 같이 움직이게 되므로 상하 방향으로 유체와 부유체 사이의 상대 운동이 없으며, 따라서 점성력을 고려하지 않아도 되기 때문이다. 다시 말하면 그림 9.3에서 $\frac{H}{l}\ll l$인 경우, 즉 비정상력이 주요한 경우에 대해서만 고려하면 되므로, $\frac{\lambda}{l}$ 또는 그 역수인 $\frac{l}{\lambda}$의 영향에 대해서만 고려해 주면 된다.

따라서 상하동요의 변위에 대해서는 $\frac{l}{\lambda}$을 가장 주요한 매개변수로 볼 수 있는데, 이 양의 크기에 따라 다음과 같은 세 가지 경우를 생각할 수 있다.

1) $\frac{l}{\lambda}\gg 1$;

즉 구조물의 크기가 해면파의 파장에 비해 매우 클 경우, 파고는 파장에 비해 더 작으므로, 물체에 가하는 해면파에 기인하는 힘은 무시할 수 있을 만큼 작다고 볼 수 있다. 따라서 이 경우에는 상하동요 자체가 미미하여 고려 대상에서 제외시킬 수 있다.

2) $\frac{l}{\lambda}\ll 1$;

즉 구조물의 크기가 해면파의 파장에 비해 매우 작을 경우에는, 부유체가 파면과 거의 같이 상하로 움직일 것이므로, 상대 운동은 무시할 수 있을 것이며, 이 경우 또한 고려 대상에서 제외될 수 있다.

3) $\frac{l}{\lambda} = O(1)$;

부유체에 대해서는 $\frac{l}{\lambda} = O(1)$인 경우가 실제적으로 대부분이며, 이 경우에는 회절의 영향이 주요한 문제가 된다. 또한 물체의 운동에 의해 만들어지는 파도도 동시에 고려되어야 하는데, 이와 같은 파도는 방사파라고 부른다.

그림 9.5에 원주-원추형 부유체(spar buoy)의 상하동요에 대해 수치 계산 결과와 실험 결과의 비교를 보였다. 수평축에 대해 $\frac{l}{\lambda} \in [0, 0.4]$임을 알 수 있는데, 여기서 l은 부유체의 흘수를 택하였다.

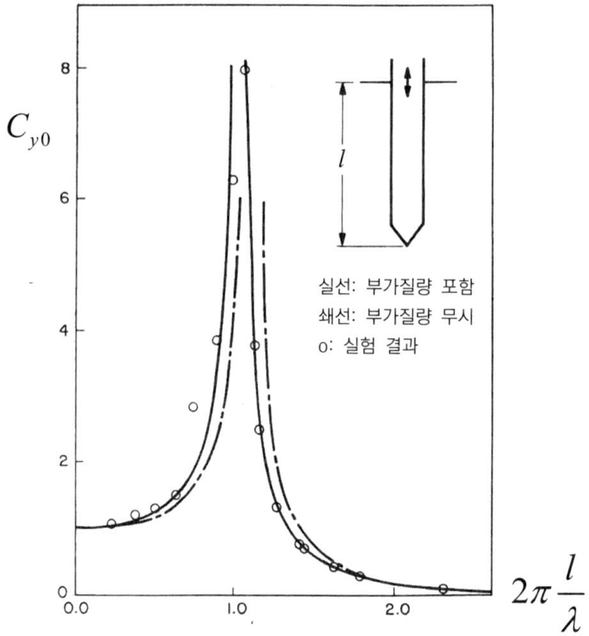

그림 9.5 원주-원추형 부유체의 상하동요

실선과 일점쇄선으로 나타낸 계산 결과는 수평축의 값, kl이 2.0보다 커지면 운동의 진폭이 급격하게 0으로 감소하며, 0에 가까워짐에 따라 진폭이 1로 수렴하는 것을 확인할 수 있어, 위에서 논의한 바와 일관된 결과를 보여 주고 있다. 한편 수평축의 값이 1과 가까운 영역에서 운동 진폭이 스프링-질량 계의 응답처럼 매우 크게 증가하는, 공진 현상을 볼 수 있는데, 이것은 원주-원추형 부유체의 운동에 의해 생성되는 방사파가 매우 작아, 조파감쇠가 작기 때문에 생기는 현상이다. 그림 9.5에서 실선은 부가질량의 영향을 고려한 결과이고, 일점쇄선은 고려하지 않은 결과인데, 부가질량의 영향을 고려하였을 때 조그만 원으로 표시된 실험 결과와 잘 일치하는 결과를 얻음을 볼 수 있다. 다시 말하면, 공진이 발생하는 진동수 부근에서의 부가질량을 정확하게 고려해야만 운동의 진폭을 정확하게 예측할 수 있음을 알 수 있다.

상하동요 진동수 ω의 함수로 주어지는 부가질량 m_a를 고려하면, 공진 진동수 또는 고유진동수(natural frequency) ω_n은 다음 식으로 정의된다.

$$\omega_n = \sqrt{\frac{\rho g A_w}{m_0 + m_a(\omega_n)}}\,, \tag{9.28}$$

여기서 A_w는 부유체의 수선면적(waterplane area)이다. 단 ω_n을 구하기 위해서는 m_a가 ω의 함수이므로, 반복법 등에 의해 식 (9.28)을 만족하는 해를 구해야 한다. 고유진동수에 대해 보다 자세한 사항은 11장, 또는 이승준(2014)[1]을 참조하기 바란다.

연습문제

1. 주상체의 수면 하 형상이 폭과 흘수가 각각 $l=2b$, d인 직사각형인 경우, x 방향으로 작용하는 단위 길이 당 FK 힘은 다음과 같이 주어진다.

$$X=\int_{-d}^{0}\{p_d|_{x=-b}-p_d|_{x=b}\}dy. \tag{연9.1}$$

이 식 우변의 피적분 함수에 $p_d=\rho g\eta e^{ky}$를 대입하고 적분을 수행하여 아래에 주어진 식 (9.20)의 결과를 얻음을 보이시오.

$$C_X=\frac{X}{m_0 g}=-\frac{H}{l}\frac{1-e^{-kd}}{kd}\sin\frac{kl}{2}\sin\omega t. \tag{9.20}$$

2. 식 (연4.7), (4.80)을 이용하여, $ka=\xi\gg 1$, 즉 $\frac{\lambda}{l}\ll 1$이 성립하는 경우에 대해 아래에 주어진 식 (9.21)을 유도하시오.

$$X\sim\frac{\rho g a^2 h}{\sqrt{2}\pi}\frac{A}{h}\frac{\lambda^2}{a^2}\sqrt{\frac{l}{\lambda}}(\tanh\kappa)\cos(\omega t+\alpha),$$
$$\alpha\sim\xi-\frac{\pi}{4}=\pi\left(\frac{l}{\lambda}-\frac{1}{4}\right), \tag{9.21}$$

10장
고정식 구조물에 작용하는 힘과 설계파

고정식 구조물에 작용하는 해면파에 기인하는 힘의 특성에 대해서는 9장에서 기술한 바 있다. 이 장에서는 1절에서 모리슨 공식의 적용에 대해 살펴보고, 2절에서는 **극단파**(extreme wave)의 개념과 **설계 극단파**(design extreme wave) 또는 줄여서 설계파의 선정에 대해 고려하기로 한다.

10.1 모리슨 공식의 적용

9.2절에서 $\frac{H}{l} \in [1, 10]$에 속하는 경우에는 모리슨 공식이 많이 사용되고 있음을 밝혔다. 이하에서는 식 (9.23)으로 주어지는 모리슨 공식을 그림 10.1에 보인 바와 같이 수심이 h인 곳에 위치한 반경 a인 수직 원주에 적용하는 예를 보이기로 한다.

원주의 반경을 a라고 하고, $C_1 = C_M \rho \pi a^2$, $C_2 = C_D \rho a$라고 하면 식 (9.23)은 다음과 같이 다시 쓸 수 있다.

$$f = C_1 \frac{dU}{dt} + C_2 \, U|U|. \tag{10.1}$$

여기서 U는 연직 방향으로 변화하므로 y의 함수이며, 4.2절에서 다룬 유한 수심일 때의 선형 수면파에 대한 결과, 식 (4.23)으로부터 다음을 얻는다.

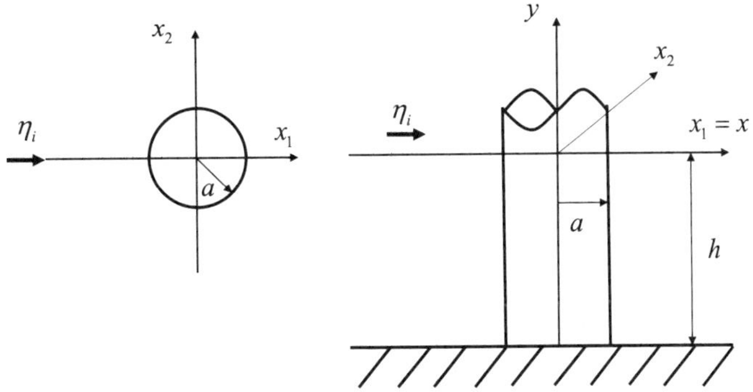

그림 10.1 해면파 중의 수직 원주

$$U = \left.\frac{\partial\phi}{\partial x}\right|_{x=0} = U_0(y)\cos\omega t\,,\ \ U_0(y) = \omega A\frac{\cosh k(y+h)}{\sinh kh}. \tag{10.2}$$

위 식을 얻기 위해서는 식 (4.19)로 주어지는 분산관계식을 사용하였다.

따라서 $\frac{dU}{dt}$에 대해 다음을 얻으며,

$$\frac{dU}{dt} = -\omega U_0(y)\sin\omega t\,, \tag{10.3}$$

이들을 식 (10.1)에 대입하여 연직 방향으로 단위 길이 당 작용하는 파 진행 방향의 힘에 대해 다음을 얻는다.

$$f(y,t) = -C_1\omega U_0\sin\omega t + C_2\ U_0^2\cos\omega t|\cos\omega t|\,. \tag{10.4}$$

수직 원주 전체에 작용하는 힘 X는 f를 적분하여 [연습문제 1]에 보인 적분 결과를 이용하여 다음과 같이 얻을 수 있으며,

$$\begin{aligned} X(t) &= -C_1\omega\sin\omega t\int_{-h}^{0}U_0\,dy + C_2\cos\omega t|\cos\omega t|\int_{-h}^{0}U_0^2\,dy \\ &= -C_1\frac{\omega^2 A}{k}\sin\omega t + C_2\left(\frac{\omega A}{\sinh\kappa}\right)^2\frac{h}{2}\left(1+\frac{\sinh 2\kappa}{2\kappa}\right)\cos\omega t|\cos\omega t| \\ &= -\alpha\sin\omega t + \beta\cos\omega t|\cos\omega t|\,, \end{aligned} \tag{10.5}$$

여기서 $\kappa = kh$ 이다.

따라서 점성력과 비정상력, 각각의 최대치의 비 $\frac{\beta}{\alpha}$에 대해 $H = 2A$, $l = 2a$를 고려하여 다음을 얻는다.

$$\frac{\beta}{\alpha} = \frac{C_D\rho a\left(\frac{\omega A}{\sinh\kappa}\right)^2\frac{h}{2}\left(1+\frac{\sinh 2\kappa}{2\kappa}\right)}{C_M\rho\pi a^2\frac{\omega^2 A}{k}} = \frac{1}{2\pi}\frac{C_D}{C_M}\frac{H}{l}D(\kappa)\,, \tag{10.6}$$

$$D(\kappa) = \frac{\sinh 2\kappa + 2\kappa}{\cosh 2\kappa - 1}\ . \tag{10.7}$$

여기서 $D(\kappa)$는 κ, 즉 $\dfrac{h}{\lambda}$만의 함수임에 유의하며, $D(\kappa)$의 값은 그림 10.2에 보인 바와 같이 $[1,\infty]$에 속하고, $\kappa\to\infty$일 때 1, $\kappa\to 0$일 때 ∞의 값을 가진다. 따라서 천수에 가까운 상황이 될수록 점성력의 영향이 커지는 것을 알 수 있다. 원주에 대해서는 $C_D = 1$, $C_M = 2$를 택할 수 있으므로, 결국 식 (10.6)으로 주어지는 점성력과 비정상력의 비 $\dfrac{\beta}{\alpha}$는 $\dfrac{H}{l}$에 비례함을 확인할 수 있다.

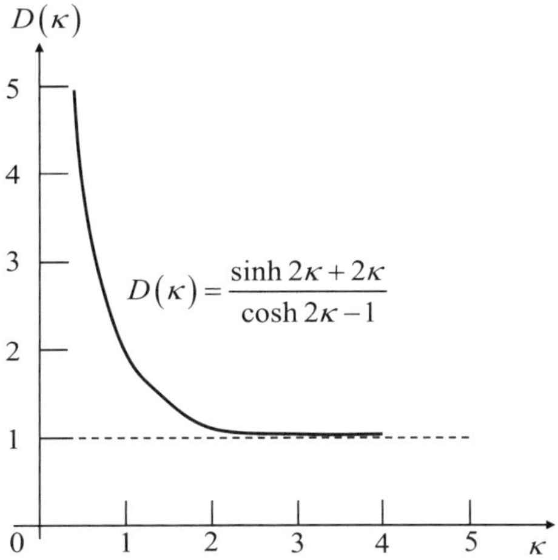

그림 10.2 식 (10.7)로 주어지는, 수직 원주에 작용하는 점성력과 비정상력의 비를 결정하는 $\kappa = kh$의 함수, $D(\kappa)$

10.2 반복 주기와 설계 극단파

해면파에 기인하여 구조물에 작용하는 힘을 구하는 경우, 식 (10.2)에서 보는 바와 같이 결국은 어떤 파도, 즉 어떤 진동수와 진폭을 가지는 파도를 대상으로 생각할 것이냐 하는 문제로 귀결된다. 생산을 위해 설치되는 고정식 구조물은 대개 몇 십 년 동안 대단히 많은 수의 해면파를 경험하게 되며, 아래에서는 이와 같이 구조물이 경험하게 될 파도 중 어떤 파도를 대상으로 구조물의 강도를 설계할 것인지에 대해 고려하기로 하자.

구조물에 탑재되는 일반적인 의장품의 경우에는 대상 구조물의 사용 기간(service period)을 얼마로 가정할 것인가 하는 것이 중요한 문제이지만, 강도 부재의 설계는 최악의 상태를 가정하여 수행되므로, 그 설계를 위해서는 대상 구조물이 해당 해역에서 사용되는 동안 그 해역에서 만나게 될 가장 큰 크기의 파도가 얼마나 자주 온다고 볼 것인가 하는 것이 보다 중요한 문제가 된다. 설계 대상이 될 파도가 얼마나 자주 올 것인가 하는 것은 **반복 주기**(return period)를 가정함으로써 결정할 수 있다. 대체적으로 50 년 또는 100 년을 반복 주기 T_{RP}로 삼는데, 일단 반복 주기를 결정하면, 그 해역에 대한 자료로부터 얻는 파도의 평균적인 주기 T_1을 사용하여 다음 식에 따라 반복 주기 동안 구조물이 경험하게 될 파도의 평균적인 수 N을 얻는다.

$$N = \frac{T_{RP}}{T_1}. \tag{10.8}$$

구조물이 사용 기간 동안 만나게 될 파도는 그 해역에 바람이 불어 생성된 파도 또는 다른 해역에서 발생된 파도가 구조물이 위치한 해역까지 전파되어 온 파도로 볼 수 있는데, 후자보다는 전자의 경우에 속하는 파도가 더욱 클 것이며, 이와 같은 파도의 진폭에 대해서는 7.1절에서 고려한 협대역 파계의 진폭에 대한 다음과 같이 주어지는 레일리 분포, 식 (7.27)을 가정할 수 있다.

$$p(\alpha) = \alpha e^{-\alpha^2/2}, \tag{7.27}$$

여기서 $\alpha = a/\sigma$ 인데, a는 파도의 국부 최대값 또는 진폭으로 볼 수 있으며, σ는 식 (7.8)로 주어지는 영-평균 정규 분포의 표준편차로, 식 (8.8), (8.9)를 이용하여 다음 식으로부터 얻을 수 있다.

$$\sigma^2 = E = \int_0^\infty S(\omega)d\omega. \tag{10.9}$$

여기서 E는 고려 중인 해상 상태의 전체 에너지에 상응하는 양임에 유의한다. 이하에서는 α를 정규화된 진폭으로 부르기로 한다.

식 (10.8)로 주어지는 N 개의 파도 중 가장 큰 파도를 설계 대상으로 잡기로 했을 때, 이 파도의 결정에 대해 생각하자. 위에서 언급한 바와 같이 고려 중인 파계의 진폭에 대한 확률 밀도 함수는 레일리 분포로 주어지므로, $\alpha < \beta$일 확률 $P(\alpha < \beta)$는 식 (7.27)로부터 다음과 같이 얻는다.

$$\begin{aligned} P(\alpha < \beta) &= \int_0^\beta p(\alpha)d\alpha = \int_0^\beta \alpha e^{-\alpha^2/2}d\alpha \\ &= \int_0^\beta e^{-\alpha^2/2}d(\alpha^2/2) = 1 - e^{-\beta^2/2} \ . \end{aligned} \tag{10.10}$$

반복 기간 동안 구조물이 맞게 되는 N 개의 파도 중 한 번만 발생하는 가장 큰 파도, 즉 극단파(extreme wave)의 정규화된 진폭 α의 값을 β라고 하고, 이에 대한 확률 밀도 함수를 구하기로 하자. β가 N 개의 파도에 대해 가장 큰 값이므로, $N-1$ 개의 파도의 α는 β 보다 작아야 하며, 이와 같은 일이 발생할 확률은 P^{N-1}이다. 여기서 P는 식 (10.10)으로 주어진다. 또 정규화된 진폭이 β인 파도는 딱 한 번 발생하는데, 이 파도가 N 개의 파도 중 어떤 파도도 될 수 있으며, 이에 상응하는 확률은 $Np(\beta)$이므로, 결국 우리가 구하고자 하는 확률 밀도 함수 $p_e(\beta)$는 위 두 확률의 곱으로 다음과 같이 주어진다.

$$p_e(\beta) = NP^{N-1}p(\beta). \tag{10.11}$$

위 식은 극단파의 정규화된 진폭이 β일 확률이며, 따라서 확률이 최대인, 즉 발생 **가능성이 가장 큰**(most probable) β의 값, β_m은 $\dfrac{dp_e}{d\beta} = 0$을 만족하며 다음과 같이 얻는다.

$$\begin{aligned} \frac{d}{d\beta}(P^{N-1}p) &= (N-1)P^{N-2}p^2 + P^{N-1}\frac{dp}{d\beta} \\ &= P^{N-2}\left\{(N-1)p^2 + P\frac{dp}{d\beta}\right\} = 0. \end{aligned} \tag{10.12}$$

계산의 편의를 위해 $B \equiv e^{-\beta^2/2}$ 라고 하면, 위 식에 식 (7.27)과 다음 결과를 대입하여,

$$\frac{dp}{d\beta} = B - \beta^2 B, \tag{10.13}$$

다음을 얻는다.

$$\begin{aligned}(N-1)p^2 + P\frac{dp}{d\beta} &= (N-1)\beta^2 B^2 + (1-B)(B-\beta^2 B) \\ &= B\{(N\beta^2 - 1)B + 1 - \beta^2\} = 0.\end{aligned} \tag{10.14}$$

따라서 발생 가능성이 가장 큰 β의 값 β_m을 결정하는 식은 다음과 같고,

$$B = e^{-\beta^2/2} = \frac{\beta^2 - 1}{N\beta^2 - 1} \simeq \frac{1}{N}. \tag{10.15}$$

여기서 $\beta^2 \gg 1$ 임을 사용하였다. 결국 이 식으로부터 β_m에 대해 다음 결과를 얻는다.

$$\beta_m = \sqrt{2\ln N}. \tag{10.16}$$

극단파의 정규화된 진폭이 β_m 보다 클 확률이 충분히 작다면, 식 (10.16)으로 주어지는 값을 사용해도 큰 문제가 없을 것이므로, 일단 $\beta > \beta_m$ 일 확률, 즉 $P_e(\beta > \beta_m)$을 구하기로 하면 식 (10.11)을 적분하여 다음과 같은 결과를 얻으며,

$$\begin{aligned}P_e(\beta > \beta_m) &= \int_{\beta_m}^{\infty} p_e(\beta)d\beta = N\int_{\beta_m}^{\infty} P^{N-1} p\, d\beta \\ &= N\int_{P_m}^{1} P^{N-1} dP = 1 - P_m^N,\end{aligned} \tag{10.17}$$

여기서 $P_m = P(\beta < \beta_m)$ 이므로, 위 식에 식 (10.10)을 대입하여 결국 다음을 얻는다.

$$P_e(\beta > \beta_m) = 1 - \left(1 - e^{-\beta_m^2/2}\right)^N. \tag{10.18}$$

여기서 β_m에 대한 결과, 식 (10.16)을 사용하고, 또 $N \gg 1$이므로 위 식으로부터 다음과 같은 근사식을 얻으며,

$$P_e(\beta > \beta_m) = 1 - \left(1 - \frac{1}{N}\right)^N \simeq 1 - e^{-1} = 0.632. \tag{10.19}$$

위 결과를 얻기 위해 e의 정의로부터 얻는 다음 식을 사용하였다.

$$e^{-1} = \lim_{\epsilon \to 0}(1+\epsilon)^{-1/\epsilon} = \lim_{\epsilon \to 0}(1-\epsilon)^{1/\epsilon}. \tag{10.20}$$

위의 식 (10.19)로 주어진 결과, 즉 극단파의 정규화된 진폭이 β_m보다 클 확률이 0.632라는 결과는 기대했던 것보다 너무 크다고 볼 수 있으므로, 통상 **설계 극단파**(design extreme wave)는 정규화된 진폭 β_d가 다음 식을 만족하도록 정한다.

$$P_e(\beta > \beta_d) = 0.01. \tag{10.21}$$

다시 말하면 반복 주기 동안 정규화된 진폭 β가 β_d보다 클 확률은 1%로 잡는다.

따라서 식 (10.18)을 위의 정의에 대입하여 β_d에 대해 다음 결과를 얻으며,

$$\left(1 - e^{-\beta_d^2/2}\right)^N \simeq 1 - Ne^{-\beta_d^2/2} = 1 - 10^{-2}, \tag{10.22}$$

여기서 위의 결과를 얻기 위해서는 $\epsilon \ll 1$에 대해 성립하는 다음과 같은 근사식을 사용하였다.

$$(1-\epsilon)^N \simeq 1 - N\epsilon. \tag{10.23}$$

식 (10.22)를 정리하여 다음 결과를 얻으며,

$$e^{-\beta_d^2/2} = \left(10^2 N\right)^{-1}, \quad \therefore \beta_d = \sqrt{2\ln 10^2 N}. \tag{10.24}$$

이 식과 식 (10.16) 및 (10.8)을 비교하면, 설계 극단파의 진폭은 반복 주기 T_{RP}의 100 배에 해당하는 기간 동안 발생 가능성이 가장 큰 파도의 진폭과 같음을 알 수 있다.

한편, 식 (10.9)에 따르면 정규화된 진폭은 파도의 진폭을 $\sqrt{E}$로 나누어 준 값이므로, 식 (10.24)로부터 설계 극단파 또는 설계파의 파고 H_d에 대해 다음 결과를 얻는다.

$$H_d = 2\beta_d \sqrt{E} = 2\sqrt{2E \ln 10^2 N}. \qquad (10.25)$$

또 식 (8.25)에 따르면, 유의 파고 $\overline{H_{1/3}} = 4.00\sqrt{E}$이므로, 설계파의 파고와 유의 파고 사이의 비 $r(N)$을 다음과 같이 얻는다.

$$\frac{H_d}{\overline{H_{1/3}}} = \frac{2\sqrt{2E \ln 10^2 N}}{4\sqrt{E}} = \sqrt{(\ln 10^2 N)/2} = \sqrt{\ln\left(10\sqrt{N}\right)} \equiv r(N). \qquad (10.26)$$

이 식을 이용하여 작성한 결과를 표 10.1에 보였다. 이 표의 결과에서 알 수 있는 바와 같이 N의 값이 10^2으로부터 10^{12}으로 증가한다고 하더라도, r의 값은 두 배보다도 작은 양만큼 증가하므로, 설계파의 크기에 미치는 영향은 반복 주기보다는 유의 파고 또는 고려 중인 해역에 발생하는 파도의 전체 에너지에 상응하는 E의 영향이 훨씬 크다고 할 수 있다. 또한 유의 파고를 결정함에 있어 PM(Pierson-Moskowitz) 스펙트럼을 사용하는 경우 식 (8.36)에 따르면 E는 풍속 U의 4승, 또 유의 파고는 U^2에 비례하므로, 풍속의 선정이 매우 중요함을 알 수 있다.

표 10.1 $H_d/\overline{H_{1/3}} \equiv r(N)$ 값의 변화

N	10^2	10^4	10^6	10^8	10^{10}	10^{12}
$r(N)$	2.146	2.628	3.035	3.393	3.717	4.015

연습문제

1. 식 (10.5)의 유도에 사용된 다음 적분 결과를 유도하시오.

1) $\int_{-h}^{0} U_0\, dy = \frac{\omega A}{k}$, (연10.1)

2) $\int_{-h}^{0} U_0^2\, dy = \left(\frac{\omega A}{\sinh\kappa}\right)^2 \frac{h}{2}\left(1 + \frac{\sinh 2\kappa}{2\kappa}\right)$, (연10.2)

단 $U_0(y)$는 아래에 보인 식 (10.2)로 주어진다.

$$U_0(y) = \omega A \frac{\cosh k(y+h)}{\sinh kh}. \qquad (10.2)$$

2. 수심 $h = 50\,m$, 수직 원주의 반경 $a = 5\,m$인 경우에 대해, PM 스펙트럼을 쓰기로 하고, 풍속 $U = 25\,m/s$로 가정하며, 반복 주기 $T_{RP} = 50$ 년으로 할 때, 설계 극단파의 파고, 식 (10.6)으로 주어지는 $\frac{\beta}{\alpha}$를 구하고, 이 경우에 대한 수심의 영향, 모리슨 공식 사용의 적절성에 대해 논의하시오.

3. 위의 문제 2에 대해 풍속만 $U = 28\,m/s$로 변경하는 경우와, 반복 주기만 $T_{RP} = 100$ 년으로 변경하는 경우에 대해 각각 설계 극단파의 파고를 구하여 풍속과 반복 주기의 상대적 중요성에 대해 논의하시오.

11장
계류 정역학과 부유체의 운동

넓은 의미의 **계류**(mooring)는 대상 물체의 위치를 고정시키기 위해 닻(anchor)을 사용하는 것까지 포함하여 항만의 부두(pier) 또는 정박지(anchorage)에 설치되어 있는 고정된 장비에 줄(lines, 또는 라인)을 연결하여 배 또는 해양구조물의 움직임을 방지하는 것을 뜻한다. 그림 11.1에는 계류시스템을 사용하여 배와 해양구조물의 위치를 고정시킨 모습을 보였으며, 또 그림 11.2에는 정박지에 마련된 고정탑(fixed tower)과 부두에 마련된 볼라드(bollard)를 사용하여 배의 위치를 고정시킨 모습을 보였다.

그림 11.1 배와 해양구조물의 계류

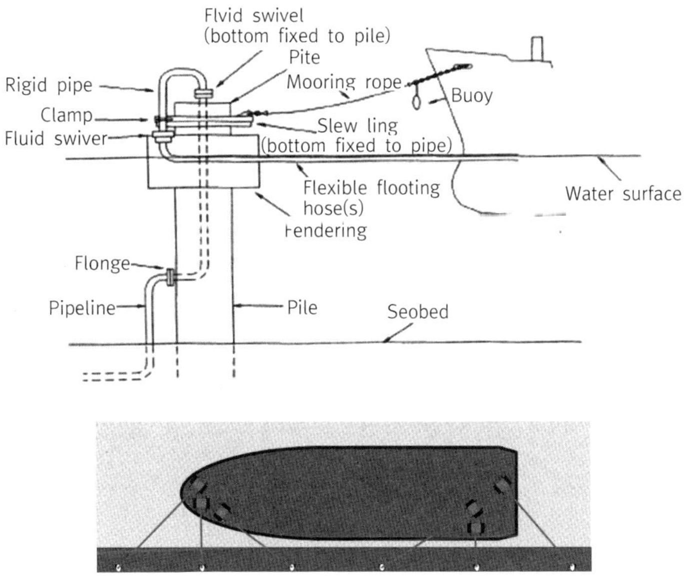

그림 11.2 고정탑(위)과 볼라드(아래)를 이용한 계류

그림에 보인 바와 같이 계류는 통상 복수의 라인을 사용하여 이루어지며, 특히 수심이 깊은 곳에서는 경우에 따라 복잡한 계류시스템이 요구된다. 아래에서는 먼저 모든 계류 해석의 기초가 되는 **현수선**(catenary)의 정역학적 특성에 대해 1절에서 살펴보고, 2절에서는 다음 장에서 고려할 부유식 구조물의 불규칙파 중에서의 운동 응답을 준비하기 위해 규칙파 중에서의 **부유체**(floating bodies)의 운동에 대해 고려하기로 한다.

11.1 현수선의 정역학

계류 문제와 관련하여 가장 기본적인 문제로 볼 수 있는 현수선 문제는 매우 오랜 동안 많은 학자들의 관심을 받아온 문제였다. 현수선이란 그림 11.3에 보인 바와 같이 고정된 양단에 케이블(또는 체인)을 걸었을(懸) 때, 중력에 의해 케이블이 드리워지는(垂) 곡선(線)을 뜻하는데, 갈릴레오는 그의 '두 새로운 과학(1638)[19]'에서 이 곡선이 포물선에 매우 가까운 곡선이라는 견해를 밝힌 바 있다.

그림 11.3 현수선

그림 11.4에 보인 바와 같이 케이블에 작용하는 단위 길이 당 연직 방향 힘을 w라고 하고, 케이블이 받는 장력(tension)을 T라고 할 때, 정역학적 평형 조건에 의해 길이 ds인 미소요소에 작용하는 접선 방향 힘에 대해 다음을 얻으며,

$$-T+(T+dT)\cos d\theta - wds\sin\theta = 0, \tag{11.1}$$

법선 방향 힘에 대해 다음을 얻는다.

$$(T+dT)\sin d\theta - wds\cos\theta = 0. \tag{11.2}$$

이하에서는 w는 상수이고, 현수선의 한쪽 끝은 원점을 지나는 것으로 간주하며, 원점에서의 $\theta = 0$로 가정하여 이 문제의 해를 구하기로 한다.

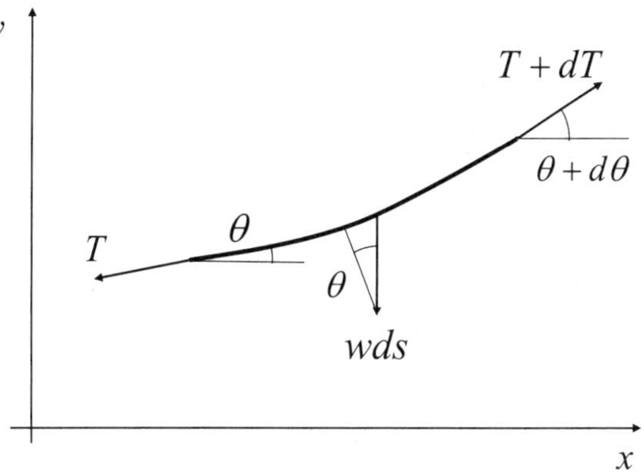

그림 11.4 현수선의 정역학적 평형에 대한 개략도

$d\theta \ll 1$이므로 식 (11.1), (11.2)로부터 다음 식들을 각각 얻으며,

$$dT = wds\sin\theta, \tag{11.3}$$

$$Td\theta = wds\cos\theta, \tag{11.4}$$

이 식들은 $T(s)$와 $\theta(s)$에 대한 1계 비선형 연립 미분 방정식으로 다음과 같이 쓸 수 있다.

$$\frac{dT}{ds} = w\sin\theta, \tag{11.5}$$

$$\frac{d\theta}{ds} = \frac{w}{T}\cos\theta. \tag{11.6}$$

먼저 식 (11.5)를 식 (11.6)으로 나누어 다음을 얻으며,

$$\frac{dT}{d\theta} = T\tan\theta, \tag{11.7}$$

이 식을 변수 분리형으로 바꾸어 쓰면 다음과 같이 쓸 수 있고,

$$\frac{dT}{T} = \tan\theta\, d\theta, \tag{11.8}$$

이 식을 적분하여 다음 결과를 얻는데,

$$\ln\frac{T}{T_0} = -\ln\cos\theta. \tag{11.9}$$

여기서 $T_0 = T(0)$이며, $\theta(0) = 0$임을 이용하였다.

따라서 장력 T에 대해 다음을 얻으며,

$$T\cos\theta = T_0, \tag{11.10}$$

이 식의 좌변은 장력의 x 성분이므로, 결국 장력의 x 성분은 T_0로 일정하다는 결과를 얻었다.

식 (11.10)을 식 (11.6)의 우변에 대입하여 다음을 얻으며,

$$\frac{d\theta}{ds} = \frac{w}{T_0}\cos^2\theta. \tag{11.11}$$

이 식을 변수 분리형으로 쓰면 다음을 얻고,

$$\sec^2\theta\,d\theta = \frac{w}{T_0}\,ds, \tag{11.12}$$

이 식을 적분하여 다음 결과를 얻는다.

$$\tan\theta = \frac{w}{T_0}\,s = \alpha s. \tag{11.13}$$

여기서 $\alpha = \dfrac{w}{T_0}$ 인 상수이며, $[\alpha] = L^{-1}$ 임에 유의한다.

이 식의 양변에 $\tan^{-1}$ 를 취하면 다음을 얻으며,

$$\theta(s) = \tan^{-1}\alpha s. \tag{11.14}$$

따라서 $\theta(s)$ 를 얻었다.

한편, 식 (11.13)으로부터 다음을 얻으므로,

$$\cos\theta = \frac{1}{\sqrt{1+\alpha^2 s^2}}, \tag{11.15}$$

이를 식 (11.10)의 좌변에 대입하고 정리하여 $T(s)$ 를 다음과 같이 얻는다.

$$T(s) = T_0\sqrt{1+\alpha^2 s^2}. \tag{11.16}$$

이제 원래의 미지함수였던 $T(s)$ 와 $\theta(s)$ 를 각각 식 (11.16)과 (11.14)로 얻었으므로, 이들을 이용하여 현수선의 형상 $y(x)$ 를 구하기로 한다. 이를 위해 $s(x)$ 를 먼저 구하기로 하는데, $\cos\theta\,ds = dx$ 이므로, 식 (11.15)로부터 다음을 얻으며,

$$\frac{ds}{dx} = \frac{1}{\cos\theta} = \sqrt{1+\alpha^2 s^2}, \tag{11.17}$$

이 식을 변수 분리형으로 바꾸어 쓰고 적분하여 다음을 얻는다[연습문제 1].

$$\alpha x = \sinh^{-1} \alpha s . \tag{11.18}$$

이 식의 양변에 sinh을 취하여 결국 $s(x)$를 다음과 같이 얻는다.

$$s(x) = \frac{1}{\alpha} \sinh \alpha x . \tag{11.19}$$

이 결과를 식 (11.13)에 대입하고 $\dfrac{dy}{dx} = \tan\theta$를 이용하여 다음을 얻으며,

$$\frac{dy}{dx} = \alpha s = \sinh \alpha x , \tag{11.20}$$

이를 적분하여 현수선의 형상 $y(x)$를 다음과 같이 얻는다.

$$y(x) = \frac{1}{\alpha} (\cosh \alpha x - 1). \tag{11.21}$$

이 식에 따르면 현수선은 원점을 지나는 쌍곡선 코싸인(hyperbolic cosine) 함수로 주어지며[그림 11.5 참조], 그림 11.6에는 CALM(Catenary Anchor Leg Mooring) 부표(buoy)를 고정시키기 위해 사용된 계류라인을 보였다.

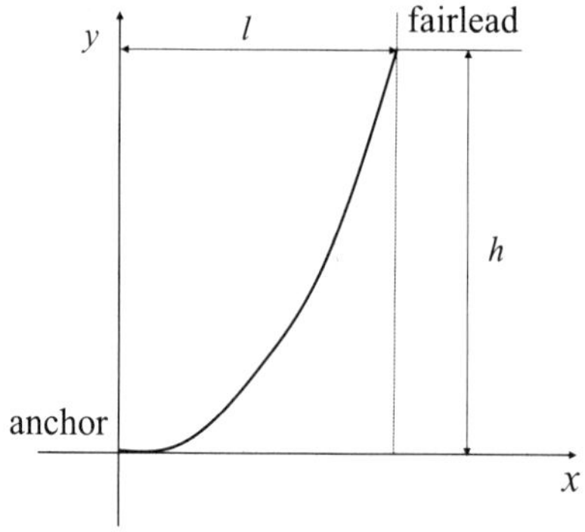

그림 11.5 닻에 연결된 계류라인의 개략도

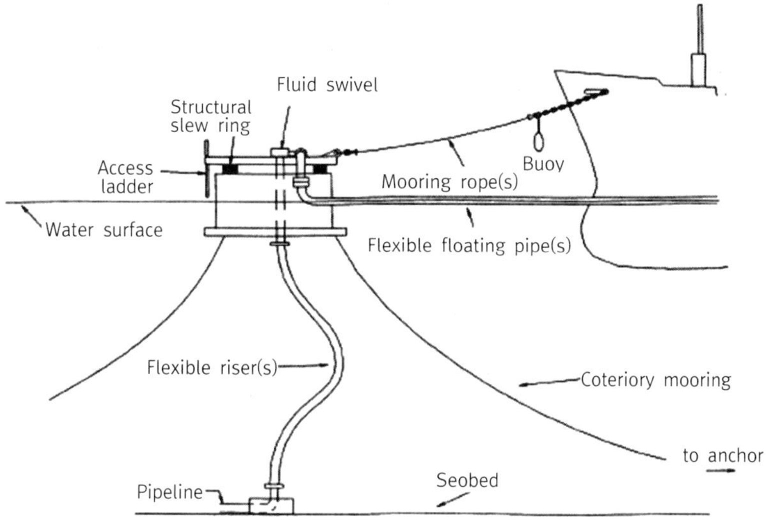

그림 11.6 CALM 부표

또 $\alpha \ll 1$ 인 경우, 즉 단위 길이 당 자중에 비해 장력이 매우 큰 경우에는 다음 근사가 성립하므로,

$$\cosh \alpha x \simeq 1 + \frac{\alpha^2 x^2}{2}, \tag{11.22}$$

이를 식 (11.21)의 우변에 대입하면 현수선에 대해 $y(x) = \dfrac{\alpha}{2} x^2$, 즉 포물선을 얻으므로, 이 절의 시작 부분에서 언급한 바 있는 갈릴레오의 예측이 어떤 경우에 정확한 결과를 주는지 알 수 있다.

수중에 설치된 계류라인에 작용하는 단위 길이 당 연직 방향 힘 w는 자중과 부력을 고려하여 다음과 같이 주어짐에 유의한다.

$$w = (\rho_m - \rho) g, \tag{11.23}$$

여기서 ρ_m 은 케이블의 단위 길이 당 밀도이고, ρ 는 케이블의 단위 길이 당 해수 밀도이다.

물론 공기 중의 케이블에 대해서는 $w = \rho_m g$를 사용하면 위에서 얻은 결과가 그대로 성립하며, 식 (11.21)로 대표되는 현수선에 대한 결과는 원래 공기 중의 케이블에 대해 얻어졌다. 또한 위의 결과는 케이블에 작용하는 장력과 중력에 기인하는 힘을 고려하여 정역학적 평형 조건을 적용하여 얻어졌으므로, 이와 같은 조건을 만족하는 유사한 많은 문제에 대해 응용할 수 있음을 덧붙인다.

그림 11.5에 보인 바와 같이 닻으로부터 페어리드(fairlead)까지의 x 방향 거리, 즉 **수평길이**(horizontal scope)를 l이라고 하면, 케이블의 최소 길이(minimum length) L에 대해 식 (11.19)로부터 다음과 같은 결과를 얻는다.

$$L = s(l) = \frac{1}{\alpha}\sinh \alpha l. \tag{11.24}$$

이 식에 따르면 $\frac{L}{l}$은 무차원량인 αl만의 함수로 주어지며, αl이 증가함에 따라 단조적으로 증가하고, 또 수평길이 l이 일정할 경우, 장력 T_0의 증가, 즉 α의 감소에 따라 L은 감소한다.

한편, 식 (11.16)에 식 (11.19)를 대입하여 장력을 x의 함수로 얻으면 다음과 같으며,

$$T(x) = T_0 \cosh \alpha x, \tag{11.25}$$

이 식에 $x = l$을 대입하여 페어리드 장력(fairlead tension) T_f를 다음과 같이 얻는다.

$$T_f = T(l) = T_0 \cosh \alpha l, \tag{11.26}$$

또 식 (11.21)에 페어리드의 좌표 $(x, y) = (l, h)$를 대입하여 다음을 얻으므로,

$$\alpha h = \cosh \alpha l - 1, \tag{11.27}$$

이를 식 (11.26)에 대입하여 다음 결과를 얻는다.

$$T_f = T_0(1+\alpha h) = T_0 + wh\,, \tag{11.28}$$

이 식에 따르면 페어리드 장력 T_f는, 일정한 값을 가지는 장력의 x 방향 성분, 또는 닻에서 걸리는 장력 T_0보다, 케이블의 수중에서의 단위 길이 당 무게 w에 수심 h를 곱해서 얻는 양만큼 크다.

최소 길이 L을 w, h와 T_f의 함수로 얻기 위해 $\cosh^2\xi - \sinh^2\xi = 1$에 식 (11.24)와 (11.26)을 대입하면 다음을 얻고,

$$\left(\frac{T_f}{T_0}\right)^2 - \left(\frac{wL}{T_0}\right)^2 = 1\,, \tag{11.29}$$

이 식의 양변에 T_0^2을 곱하고, 식 (11.28)을 사용하여 T_0를 소거하여 결국 다음을 얻는다.

$$L = h\sqrt{\frac{2T_f}{wh} - 1}\,. \tag{11.30}$$

이 식에 따르면 $\frac{L}{h}$은 무차원량인 $\frac{T_f}{wh}$만의 함수로 주어지며, 수심 h가 증가하면 $\frac{L}{h}$, 즉 단위 수심 당 케이블의 길이는 $\frac{1}{\sqrt{h}}$에 비례하여 감소함을 알 수 있다.

실제 해역에 설치된 계류라인은 위에서는 고려하지 않았지만, 해류, 파도, 또한 배나 해양구조물의 운동에 기인하는 힘을 받으며, 특히 TLP(Tension Leg Platform)의 계류라인처럼 팽팽한(taut) 상태에서 장력을 받게 되면 탄성 변형을 일으킬 것이므로 이에 상응하여 받는 힘도 고려해야 할 것이다.

계류라인의 탄성 변형을 무시할 수 없을 경우, 미소요소의 길이는 ds로부터 $\left(1+\frac{T}{AE}\right)ds$로 변화한 것을 고려해야 하며, 여기서 A는 케이블 횡단면의 단면적, E는 탄성계수(Young's modulus)이고, $\frac{T}{AE}$는 인장력 T에 기인하는 케이블의 축 방향 변형도(axial strain) ϵ임에 유의한다.

계류라인에 작용하는 힘이 시간에 따라 변화가 없는 경우에는 정역학적 평형을 고려하여 문제를 풀 수 있으므로, 위에서 기술한 방법을 사용할 수 있으나, 만약 해류에 의해 작용하는 하중과 같이 수면으로부터의 연직 거리에 따라 변화하는 경우에는 해석적인 방법보다는 수치적인 방법을 사용하여 해를 구하는 것이 보통이다.

한편, 파도나 부유체의 운동에 기인하는 힘과 같이 계류라인에 작용하는 힘이 시간에 따라 변화하는 경우에는 동역학적 문제로 풀어야 하며, 이때에는 대부분의 동역학적 계에서와 같이 소위 **공진**(resonance)의 위험성에 대해 고려해야 한다. 물론 계류라인은 연속체이므로 그 고유진동수가 무한히 많지만, 대체적으로는 최저차의 고유진동수, 또는 계류라인에 작용하는 하중의 진동수에 가까운 고유진동수가 일차적으로 중요한 고려 대상이 된다.

11.2 규칙파 중에서의 부유체의 운동

부유체의 파도 중 운동에 대해서는 증기기관과 프로펠러가 19세기 중엽 본격적으로 배에 사용되면서 그에 대한 관심이 고조되었다. 범선의 경우에는 앞파도를 맞으면서 항해하는 경우가 거의 없었고, 또 돛이 상대적으로 매우 커서 횡동요도 큰 문제가 될 수 없었기 때문이다. 기관과 프로펠러의 사용에 의해 앞파도나 옆파도를 맞으며 항해하는 일이 발생하기 시작하였으며, 이에 따른 배의 동요는 점차 관심의 대상이 되었다. Froude(1861){24}는 옆파도 중의 횡동요에 대해 운동 방정식을 사용하여 정량적인 예측을 시도하였는데, 그는 입사파가 배에 의해 변형되지 않는다는 가정 하에 입사파에 의한 기진력을 고려하였다. 앞파도 중의 종동요에 대해서도 Krylov(1896){25}는 비슷한 가정 하에 운동 방정식을 고려하였으며, 이에 따라 변형되지 않는 입사파에 의한 기진력은 지금도 그들의 이름에 따라 Froude-Krylov(FK) 힘으로 불리고 있다. 부유체의 운동 및 그와 관련된 파도의 크기가 작아 선형 중첩(linear superposition)을 쓸 수 있다는 가정 아래, 회절에 의해 발생하는 산란파와 배의 운동에 의해 생기는 방사파에 대한 속도포텐셜을 도입하는 방법은 Haskind(1946a, b){26}에 의해 최초로 수행되어, 횡동요와 종동요 문제를 다루는데 사용되었으며, 이와 같은 그의 방법론은 차후의 연구에 지대한 영향을 끼쳤다.

이 절에서는 규칙파인 종파 중에 놓인 부유체의 운동 또는 동요에 대해 생각하기로 한다. 이와 같은 경우에는 연직 평면 내에서의 운동, 즉 **연직 모드**(vertical mode)인 상하동요, 종동요 및 전후동요가 주요한 운동 성분이 되는데, 대부분의 부유체는 기하학적으로 전후 대칭에 가까운 형상을 가지므로 이 중에서 전후동요는 그 영향이 크지 않아 무시할 수 있다. 따라서 이하에서는 부유체가 종파 중에서 **상하동요와 종동요의 연성 운동**(coupled motion)을 하는 경우에 대해 고려하기로 한다. 여기서 연성이라 함은 상하동요와 종동요를 분리하여 따로 따로 고려할 수 없음을 뜻한다.

먼저 공간 고정 좌표계 (x,y,z)는 수표면에 파도가 없는 경우 부유체가 정지 상태에서 평형을 이루고 있다고 가정하여 파도가 없는 수면 상에 원점 O를 잡고, 또 부유체의 진행 방향 또는 앞 방향으로 x축을, 2차원 문제에서와 같이 연직 상방을 y축으로 각각 잡으며, 우수계를 취하기로 하면 z축은 우현 방향이 된다[그림 11.7 참조]. 또한 부유체의 질량 중심 O_B에 물체 고정 좌표계 $(\bar{x}, \bar{y}, \bar{z})$의 원점을 잡고 정지 상태에서 두 좌표계의 원점은 동일 연직선 상에 있다고 하면, 상하동요는 질량 중심의 연직 위치를 나타내는 $y = X_2(t)$, 종동요는 O_B를 지나는 x축에 평행한 축에 대한 $\bar{x}$축의 회전각 $\theta_3 = X_6(t)$로 각각 나타낼 수 있다. X_6는 우수 법칙에 따라 선수가 들리는 회전각을 양으로 잡으며, X_2는 길이의 차원을 가지지만, X_6는 무차원임에 유의한다.

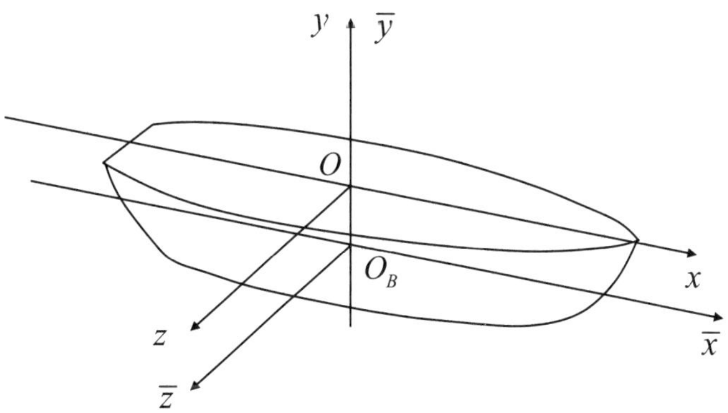

그림 11.7 공간 고정 좌표계 (x,y,z)와 정지 상태의 물체 고정 좌표계 $(\bar{x}, \bar{y}, \bar{z})$

9.3절의 논의에 따르면 부유체의 운동에 대해서는 $\dfrac{l}{\lambda} = O(1)$ 인 경우에 대해 고려하면 충분하므로, 부유체의 특성 길이인 l과 입사파의 파장 λ는 비슷한 크기를 가지는 것으로 가정하기로 한다. 이와 같은 경우에는 부유체에 의한 입사파의 변형 또는 회절의 영향과, 부유체의 운동에 의해 발생하는 방사파의 영향을 모두 고려해야 하며, 점성의 영향은 일반적으로 크게 중요하지 않다.

Newton의 운동 법칙을 적용하면 상하동요와 종동요에 대해 각각 다음과 같은 운동 방정식을 생각할 수 있는데,

$$m_0 \ddot{X}_2 = F_b + F_i + F_s + F_r\,, \tag{11.31}$$

$$I_0 \ddot{X}_6 = M_b + M_i + M_s + M_r\,, \tag{11.32}$$

여기서 m_0와 I_0는 각각 부유체의 질량과 $\bar{z}$축에 대한 질량 관성모멘트(mass moment of inertia)이며, 우변의 각 항은 힘(F) 또는 모멘트(M)를 나타내는데, 하첨자 b는 수정역학적인 부력, i는 입사파, s는 회절에 의한 산란파, r은 방사파에 의한 힘과 모멘트를 각각 뜻한다.

종파 중에서의 상하동요와 종동요에 대해 입사파가 부유체에 영향을 미칠 시간이 충분히 주어진 경우, 위의 식 우변의 모든 항은 입사파의 진동수와 같은 진동수를 가지는 조화 함수로 나타낼 수 있으며, 또 그들 중 부력과 방사파에 기인하는 힘은 운동의 진폭, 입사파과 산란파에 기인하는 힘은 입사파의 진폭에 각각 비례함을 가정할 수 있다.

먼저 부력에 기인하는 힘 F_b는 다음과 같이 주어질 수 있으며,

$$F_b = -\rho g A_w X_2 + \rho g D_w X_6\,, \tag{11.33}$$

여기서 A_w와 D_w는 정지 상태에서의 수선면의 면적과, 수선면의 yz 평면에 대한 모멘트로 다음과 같이 정의된다.

$$D_w = \int_L x\, B(x) dx\,. \tag{11.34}$$

여기서 적분은 수선면의 길이에 걸친 적분을 뜻하고, 부유체의 폭 $B(x)$는 수선면 부근에서 크게 변화하지 않는다고 가정하며, 또 부유체는 대부분 전후 대칭형에 가까우므로, D_w는 비교적 작은 값을 가진다. 식 (11.33)의 우변은 상하동요에 따른 부력의 감소와 종동요에 따른 부력의 증가를 나타낸다.

또한 부력에 기인하는 모멘트 M_b는 다음과 같이 주어질 수 있는데,

$$M_b = \rho g D_w X_2 - \rho g I_w X_6 , \tag{11.35}$$

여기서 I_w는 정지 상태에서의 수선면의 yz 평면에 대한 2차 모멘트로 다음과 같이 정의된다.

$$I_w = \int_L x^2 B(x) dx . \tag{11.36}$$

식 (11.35)의 우변은 상하동요에 따른 모멘트의 증가와 종동요에 따른 모멘트의 감소를 나타낸다.

입사파 η_i는 규칙파인 종파를 생각하고 있으므로, 식 (1.27)로부터 다음과 같이 주어지며,

$$\eta_i(x,t) = A\cos(kx \pm \omega t) = A\cos\theta = Re\{Ae^{\pm ikx}e^{i\omega t}\}, \tag{11.37}$$

여기서 cos의 자변수에 포함된 +는 앞파노, −는 뒤파도에 상응하며, Re는 뒤에 따르는 부분의 실수부를 뜻한다. 위 식으로 주어지는 입사파에 기인하는 수동압 p_i는 식 (1.35)에 의해 다음과 같이 쓸 수 있다.

$$p_i = \rho g\, e^{ky} \eta_i(x,t) , \tag{11.38}$$

이 압력의 연직 방향 성분을 적분하여 상하동요에 대한 입사파에 기인하는 힘, 즉 FK 힘을 구할 수 있으므로 F_i는 다음과 같으며,

$$F_i = -\rho g A \int_{S_W} n_2 e^{ky} \cos\theta\, dS, \tag{11.39}$$

여기서 우변의 적분은 정지 상태에 있는 부유체의 침수 표면적 S_W에 대한 적분을 뜻하고, n_2는 부유체의 표면에 수직인 외향 법선 단위 벡터 $\hat{n}$의 y 성분이다.

종동요에 대한 입사파에 기인하는 FK 모멘트 M_i는 다음과 같이 주어진다.

$$M_i = -\rho g A \int_{S_W} (xn_2 - yn_1) e^{ky} \cos\theta \, dS. \tag{11.40}$$

여기서 우변 적분에 포함된 $(xn_2 - yn_1)$는 $\underline{x} \times \hat{n}$의 z 성분임에 유의한다.

단위 진폭의 입사파에 대한 산란파에 상응하는 속도포텐셜을 $\overline{\phi}_s(x,z,t)$라고 하면, 고려 중인 산란파는 $A\overline{\phi}_s$로 쓸 수 있고, 또 이에 기인하는 수동압 p_s는 식 (1.10)에 의해 다음과 같이 쓸 수 있다.

$$p_s = -\rho A \frac{\partial \overline{\phi}_s(\underline{x},t)}{\partial t}, \tag{11.41}$$

이 압력의 연직 방향 성분을 적분하여 상하동요에 대한 산란력(scattering force) F_s를 구할 수 있으므로 다음을 얻는다.

$$F_s = \rho A \int_{S_W} n_2 \frac{\partial \overline{\phi}_s(\underline{x},t)}{\partial t} dS. \tag{11.42}$$

또한 산란파에 기인하는 종동요에 대한 산란 모멘트 M_s는 다음과 같이 주어진다.

$$M_s = \rho A \int_{S_W} (xn_2 - yn_1) \frac{\partial \overline{\phi}_s(\underline{x},t)}{\partial t} dS. \tag{11.43}$$

마지막으로 방사파는 상하동요에 의한 방사파와 종동요에 의한 방사파를 모두 고려해야 하는데, 먼저 전자를 고려하기로 하자. 부유체에 작용하는 힘이 모두 조화 함수로 나타낼 수 있는 경우, 부유체의 운동은 입사파의 진동수와 같은 진동수의 조화 운동을 할 것으로 가정할 수 있고, 단위 진폭의 상하동요에 의해 생성되는 방사파에 상응하는 속도포텐셜을 $\overline{\phi}_{r2}(\underline{x},t)$, 상하동요의 진폭을 A_2라고 하면, 상하동요에 의한 방사파는 $A_2\overline{\phi}_{r2}$로 쓸 수 있으므로 이에 기인하는 수동압 p_{r2}는 식 (1.10)에 의해 다음과 같이 쓸 수 있다.

$$p_{r2} = -\rho A_2 \frac{\partial \overline{\phi}_{r2}(\underline{x},t)}{\partial t}. \tag{11.44}$$

이 압력의 연직 방향 성분을 적분하여 상하동요에 기인하는 상하동요에 대한 방사력(radiation force) F_{r2}를 다음과 같이 구할 수 있다.

$$F_{r2} = \rho A_2 \int_{S_W} n_2 \frac{\partial \overline{\phi}_{r2}(\underline{x},t)}{\partial t}\, dS. \tag{11.45}$$

단 이 힘은 물체의 가속 운동에 의해 유체가 물체에 가하는 힘이므로 무한 유체 중에 놓인 물체의 경우에는 통상 식 (6.28)에 보인 바와 같이 운동의 가속도에 비례하는 힘으로 생각하여 부가질량(added mass)으로 나타내었던 힘이다. 지금 고려하는 문제와 같이 물체의 가속 운동에 의해 수면에 파도, 즉 방사파가 생성되는 경우에는 부가질량에 상응하는 힘 외에도, 물체의 운동에 의해 만들어진 파도가 물체로부터 멀어지는 방향으로 움직이므로, 이들 파도가 가지고 있는 에너지에 상응하는 일이 물체에 의해 지속적으로 유체에 행해져야 하며, 이와 같이 조파에 기인하여 물체가 유체에 에너지를 공급하는 현상은 조파감쇠(wavemaking damping)의 개념을 사용하여 정량화된다. 식 (11.45)로 주어지는 힘은 조화 함수로 나타낼 수 있으므로, 항상 cos 성분과 sin 성분으로 분해하여 쓸 수 있으며, 여기서 cos 성분은 가속도 성분, sin 성분은 속도 성분으로 볼 수 있으므로[연습문제 2 참조], 식 (11.45)로 주어지는 힘을 물체의 속도에 비례하는 성분, 즉 **조파감쇠 계수**(wavemaking damping coefficient) b_2와 가속도에 비례하는 성분, 즉 **부가질량 계수**(added mass coefficient) m_{a2}로 분해하여 나타낼 수 있고, 따라서 다음 결과를 얻는다.

$$F_{r2} = -m_{a2}\ddot{X}_2 - b_2\dot{X}_2. \tag{11.46}$$

진동공학에서 배우는 스프링-질량-감쇠기 계에서 감쇠기는 속도에 비례하는 힘을 제공하는 요소임을 고려하면, 위의 식에서 속도에 비례하는 항을 조파감쇠라고 부르는 점을 이해할 수 있을 것이다[연습문제 3].

단위 진폭의 종동요에 의해 생성되는 방사파에 상응하는 속도포텐셜을 $\overline{\phi}_{r6}(\underline{x},t)$라고 하고, 종동요의 진폭을 A_6라고 하면, 고려 중인 종동요에 의한 방사파는 $A_6\overline{\phi}_{r6}$로 쓸 수 있으므로 이에 기인하는 수동압 p_{r6}은 식 (1.10)에 의해 다음과 같이 쓸 수 있다.

$$p_{r6} = -\rho A_2 \frac{\partial \overline{\phi}_{r2}(\underline{x},t)}{\partial t}. \tag{11.47}$$

이 압력의 연직 방향 성분을 적분하여 종동요에 기인하는 상하동요에 대한 방사력(radiation force) F_{r6}를 다음과 같이 구할 수 있다.

$$F_{r6} = \rho A_6 \int_{S_W} n_2 \frac{\partial \overline{\phi}_{r6}(\underline{x},t)}{\partial t}\, dS. \tag{11.48}$$

식 (11.46)에서와 같이 이 힘은 물체의 속도에 비례하는 성분인 조파감쇠 계수 b_6와 가속도에 비례하는 성분인 부가질량 계수 m_{a6}로 분해하여 나타낼 수 있으므로, 따라서 다음을 얻는다.

$$F_{r6} = -m_{a6}\ddot{X}_6 - b_6\dot{X}_6. \tag{11.49}$$

그러므로 방사파에 기인하여 부유체에 작용하는 힘 F_r은 식 (11.46), (11.49)로부터 다음과 같이 나타낼 수 있다.

$$F_r = F_{r2} + F_{r6} = -m_{a2}\ddot{X}_2 - b_2\dot{X}_2 - m_{a6}\ddot{X}_6 - b_6\dot{X}_6. \tag{11.50}$$

식 (11.44)와 (11.47)에서 얻은 방사파에 기인하는 압력은 종동요에 대한 모멘트도 발생시킬 것이며, 이들에 의한 모멘트 M_{r2}와 M_{r6}는 각각 다음과 같이 주어지고,

$$M_{r2} = \rho A_2 \int_{S_W} (xn_2 - yn_1) \frac{\partial \overline{\phi}_{r6}(\underline{x},t)}{\partial t}\, dS, \tag{11.51}$$

$$M_{r6} = \rho A_6 \int_{S_W} (xn_2 - yn_1) \frac{\partial \overline{\phi}_{r6}(\underline{x},t)}{\partial t}\, dS, \tag{11.52}$$

이들 또한 식 (11.46), (11.49)와 같이 종동요의 속도 성분과 가속도 성분에 비례하는 양으로 분해하여 다음과 같이 쓸 수 있는데,

$$M_{r2} = - I_{a2}\ddot{X}_2 - d_2\dot{X}_2. \tag{11.53}$$

$$M_{r6} = - I_{a6}\ddot{X}_6 - d_6\dot{X}_6, \tag{11.54}$$

여기서 I_{a2}, I_{a6}는 부가질량 계수, d_2, d_6 조파감쇠 계수이다.

따라서 방사파에 기인하여 부유체에 작용하는 모멘트 M_r은 다음과 같이 주어진다.

$$M_r = M_{r2} + M_{r6} = - I_{a2}\ddot{X}_2 - d_2\dot{X}_2 - I_{a6}\ddot{X}_6 - d_6\dot{X}_6. \tag{11.55}$$

상하동요와 종동요에 대한 운동 방정식인 식 (11.31), (11.32)의 우변에 부력과 방사파에 기인하는 힘에 대한 결과, 식 (11.33), (11.50)과 모멘트에 대한 결과 식 (11.35), (11.55)를 대입하고 정리하여 다음을 얻는다.

$$(m_0 + m_{a2})\ddot{X}_2 + b_2\dot{X}_2 + \rho g A_w X_2 + m_{a6}\ddot{X}_6 + b_6\dot{X}_6 - \rho g D_w X_6 = F_i + F_s, \tag{11.56}$$

$$I_{a2}\ddot{X}_2 + d_2\dot{X}_2 - \rho g D_w X_2 + (I_0 + I_{a6})\ddot{X}_6 + d_6\dot{X}_6 + \rho g I_w X_6 = M_i + M_s. \tag{11.57}$$

이 두 방정식은 미지함수인 $X_2(t)$, $X_6(t)$에 대한 연립 2계 선형 미분 방정식이며, 입사파와 산란파에 의한 힘이 우변의 기신력(exciting force)으로 작용하고 있

음을 알 수 있다. 두 방정식의 좌변을 구성하는 각 항은 미지함수 또는 미지함수의 도함수에 상수, 또는 진동수 ω의 함수로 얻어지는 부가질량 계수, m_{a2}, m_{a6}, I_{a2}, I_{a6}과 조파감쇠 계수, b_2, b_6, d_2, d_6가 곱해진 형태로 되어 있다.

위의 두 방정식은 규칙파 중에 놓인 부유체가 조화 동요(harmonic oscillation)를 하는 것으로 가정하여 얻어졌음에 유의하며, 부가질량과 조파감쇠를 나타내는 항들은 단위 진폭의 동요에 기인하는 방사파에 상응하는 속도포텐셜 $\overline{\phi}_{r2}(\underline{x},t)$, $\overline{\phi}_{r6}(\underline{x},t)$를, 또 기진력은 단위 진폭의 입사파에 상응하는 산란파의 속도포텐셜 $\overline{\phi}_s(\underline{x},t)$를 알아야 구할 수 있다. 이들 속도포텐셜을 해로 가지는 경계치 문제에 대해서는 [연습문제 4, 5]로 미루기로 하며, 이하에서는 일단 이들 속도포텐셜을 얻었다고 가정하고 논의를 진행하기로 한다.

먼저 운동 방정식의 해를 구함에 있어, 식 (11.37)에 보인 바와 같이 복소함수를 사용하면 기진력과 동요의 변위의 시간에 따른 변화는 $e^{i\omega t}$를 사용하여 나타낼 수 있음을 이용하기로 한다. 앞파도인 입사파에 의한 힘과 모멘트의 시간에 따른 변화를 $e^{i\omega t}$를 사용하여 나타내면 다음을 얻는다.

$$F_i = Re\left\{-\rho g A \int_{S_W} n_2 e^{ky} e^{ikx}\, dS e^{i\omega t}\right\} = A Re\left\{F_{i0} e^{i\omega t}\right\}, \qquad (11.58)$$

$$M_i = Re\left\{-\rho g A \int_{S_W} (xn_2 - yn_1) e^{ky} e^{ikx}\, dS e^{i\omega t}\right\} = A Re\left\{M_{i0} e^{i\omega t}\right\}, \qquad (11.59)$$

여기서 F_{i0}와 M_{i0}는 단위 진폭의 입사파에 기인하는 힘과 모멘트의 **복소 진폭**(complex amplitude)으로 입사파와의 위상차에 대한 값도 포함하는 양들이다.

산란파에 대해서도 복소함수를 사용하여 $\overline{\phi}_s(\underline{x},t) = Re\left\{\overline{\phi}_{s0}(\underline{x}) e^{i\omega t}\right\}$로 나타내기로 하면, 산란파에 의한 힘과 모멘트에 대해 다음을 얻는다.

$$F_s = Re\left\{i\omega\rho A \int_{S_W} n_2 \overline{\phi}_{s0}(\underline{x})\, dS e^{i\omega t}\right\} = A Re\left\{F_{s0} e^{i\omega t}\right\}, \qquad (11.60)$$

$$M_s = Re\left\{ i\omega\rho A \int_{S_W} (xn_2 - yn_1)\overline{\phi}_{s0}(\underline{x})\, dS e^{i\omega t} \right\} = ARe\left\{ M_{s0} e^{i\omega t} \right\}, \tag{11.61}$$

여기서 F_{s0}와 M_{s0} 또한 단위 진폭의 입사파에 상응하는 산란파에 기인하는 힘과 모멘트의 복소 진폭이다.

상하동요와 종동요도 위와 같이 복소함수를 사용하여 나타내면 다음과 같고,

$$X_2(t) = Re\left\{ X_{20} e^{i\omega t} \right\},\ \ X_6(t) = Re\left\{ X_{60} e^{i\omega t} \right\}, \tag{11.62}$$

여기서 X_{20}와 X_{60}는 상하동요와 종동요의 복소 진폭이다.

이제 식 (11.58), (11.59), (11.60), (11.61), (11.62)를 운동 방정식인 식 (11.56)과 (11.57)에 대입하여 정리하면 다음을 얻으며,

$$\left(-m\omega^2 + ib_2\omega + \rho g A_w\right)X_{20} + \left(-m_{a6}\omega^2 + ib_6\omega - \rho g D_w\right)X_{60} = A\left(F_{i0} + F_{s0}\right) = AF_0\,, \tag{11.63}$$

$$\left(-I_{a2}\omega^2 + id_2\omega - \rho g D_w\right)X_{20} + \left(-I\omega^2 + id_6\omega + \rho g I_w\right)X_{60} = A\left(M_{i0} + M_{s0}\right) = AM_0\,, \tag{11.64}$$

여기서 m과 I는 각각 다음과 같이 정의되는 **겉보기질량**(apparent mass), **겉보기질량 관성모멘트**(apparent mass moment of inertia)라고 불리는 양이다.

$$m = m_0 + m_{a2},\ \ I = I_0 + I_{a2}. \tag{11.65}$$

이 식에 따르면 상하동요와 종동요의 관성을 나타내는 질량과 질량 관성모멘트는 각각 부가질량 계수만큼 증가하는 것을 알 수 있다. 또한 부가질량 계수는 진동수의 함수로 주어지므로, 부유체의 **고유진동수**는 단순한 스프링-질량 계에서와는 달리 정의되어야 함에 유의한다. 예를 들어 상하동요의 고유진동수 ω_{n2}를 식 (9.28)에서와 같이 다음 식으로 정의하면,

$$\omega_{n2} = \sqrt{\frac{\rho g A_w}{m_0 + m_a(\omega_{n2})}}\,, \tag{11.66}$$

ω_{n2}를 구하기 위해서는 위의 식의 해를 얻어야 하며, 일반적으로 $m_a(\omega)$는 기본적인 함수들의 조합으로 주어지지 않으므로, 수치적인 방법을 사용하여 위 식을 만족하는 고유진동수 ω_{n2}를 얻을 수 있다. 보다 자세한 사항에 대해서는 이승준(2014)[1]을 참고하기 바란다.

식 (11.63)과 (11.64)는 두 미지수 X_{20}와 X_{60}에 대한 1차 연립 방정식이므로 좌변의 계수들을 다음과 같이 정의하면,

$$P = -m\omega^2 + ib_2\omega + \rho g A_w\,,\;\; Q = -m_{a6}\omega^2 + ib_6\omega - \rho g D_w\,, \tag{11.67}$$

$$R = -I_{a2}\omega^2 + id_2\omega - \rho g D_w\,,\;\; S = -I\omega^2 + id_6\omega + \rho g I_w\,, \tag{11.68}$$

그 해는 다음과 같이 주어진다.

$$Z_2(\omega) = \frac{X_{20}}{A} = \frac{SF_0 - QM_0}{PS - QR}\,, \tag{11.69}$$

$$Z_6(\omega) = \frac{X_{60}}{A} = \frac{PM_0 - RF_0}{PS - QR}\,. \tag{11.70}$$

복소 진폭이 위 식으로 주어지는 해는 운동 방정식인 식 (11.56), (11.57)에 대한 **정상해**(steady solution)로 식 (11.62)에 보인 바와 같이 기진력과 같은 진동수를 가지는 조화 함수로 주어지는 해이다.

식 (11.69), (11.70)의 좌변인 Z_2, Z_6는 단위 진폭의 입사파에 대한 상하동요와 종동요의 진폭 및 위상차를 주는 복소 진폭으로 진동수 ω의 함수이다. 이들은 **복소 진동수 응답**(complex frequency response) 또는 **전달 함수**(transfer function)로 알려져 있고, 이에 반해 실수 값을 가지는 그 크기 즉 $|Z_2(\omega)|$, $|Z_6(\omega)|$는 **응답진폭 함수**(Response Amplitude Operator, RAO)로 불리는데,

$|Z_2(\omega)|$는 무차원, $|Z_6(\omega)|$는 L^{-1}의 차원을 가짐에 유의한다. 응답진폭 함수는 다음 장에서 다룰 불규칙파 중에서의 부유체의 운동 응답을 다루는데 필수적인 함수이다.

전달 함수의 특성을 알아보기 위해 $Z_2(\omega)$에 대해 $\omega \to 0$와 $\omega \to \infty$인 두 극한의 경우에 대해 생각해 보자. 먼저 $\omega \to 0$인 경우, 식 (11.67), (11.68)로부터 식 (11.69) 우변, Z_2의 분모에 대해 다음을 얻는다.

$$\lim_{\omega \to 0}(PS - QR) = \rho^2 g^2 \left(A_w I_w - D_w^2\right) \simeq \rho^2 g^2 A_w I_w \,. \tag{11.71}$$

여기서 둘째 등호는 부유체의 수선면이 일반적으로 전후 대칭에 가까우므로 D_w가 매우 작은 값을 가지는 것을 고려하여 얻어졌다.

같은 이유로 식 (11.69) 우변, Z_2의 분자에 대해서는 다음을 얻는데,

$$\lim_{\omega \to 0}\left(SF_0 - QM_0\right) = \rho g I_w \lim_{\omega \to 0} F_0 \simeq \rho^2 g^2 I_w A_w, \tag{11.72}$$

여기서 둘째 등호는 $\omega \to 0$은 입사파의 파장이 매우 긴 경우이므로 단위 진폭의 입사파에 대한 연직 상방의 힘이 $\rho g A_w$인 점을 고려하여 얻어졌다. 식 (11.71), (11.72)로부터 결국 다음을 얻는다.

$$\lim_{\omega \to 0} Z_2 = 1 \,. \tag{11.73}$$

한편, $\omega \to \infty$인 경우, 식 (11.67), (11.68)로부터 식 (11.69) 우변, Z_2의 분모에 대해 다음을 얻는다.

$$\lim_{\omega \to \infty}(PS - QR) = \omega^4 \left(mI - m_{a6} I_{a2}\right) \simeq \omega^4 mI. \tag{11.74}$$

여기서 둘째 등호는 $m_{a6} I_{a2}$가 일반적으로 mI에 비해 매우 작은 값을 가지는 것을 고려하여 얻어졌다.

같은 이유로 식 (11.69) 우변, Z_2의 분자에 대해서는 다음을 얻는데,

$$\lim_{\omega \to \infty}(SF_0 - QM_0) = -\omega^2 I \lim_{\omega \to \infty} F_0 = o(\omega^2), \tag{11.75}$$

여기서 둘째 등호는, $\omega \to \infty$일 때 입사파의 파장은 매우 짧으므로 단위 진폭의 입사파에 대한 연직 상방의 힘이 $o(1)$, 즉 $\omega \to \infty$에 따라 고려 중인 값이 영으로 수렴함을 고려하여 얻어졌다.

식 (11.74), (11.75)로부터 결국 다음을 얻는다.

$$\lim_{\omega \to \infty} Z_2 = o(\omega^{-2}). \tag{11.76}$$

위에서 얻은 식 (11.73)과 (11.76)을 종합하면 $Z_2(\omega)$는 $\omega \to 0$에서 1, $\omega \to \infty$에서 0으로 수렴하는 값을 가지며, 일반적으로 식 (11.66)으로 정의되는 고유진동수 부근에서 국부 최대값을 가지고 그 값은 1과 2 사이인 것으로 알려져 있으며(SNAME(1989)[20] 참조), 보다 정밀한 해석에 의해, 식 (11.76)의 우변은 $o(\omega^{-7/2})$임을 보일 수 있다(Newman(1977)[14] 참조). 그림 9.5에 보인 원주-원추형 부유체의 경우에는 매우 현저한 공진 현상을 보이고 있는데, 이는 공진점 부근에서 조파감쇠 계수가 매우 작은 것에 기인하며, 일반적인 부유체의 경우에는 비교적 큰 값의 조파감쇠 계수를 가지므로 전달함수의 값이 그렇게 크게 증가하지는 않는다(12.1절 참조).

위에서 보인 바와 같이 전달 함수 또는 RAO를 구하기 위해서는 방사파와 산란파에 대한 속도포텐셜을 얻어야 하는데 이는 방대한 양의 계산을 요구하므로, 컴퓨터가 도입되어 일반화된 1970년대 이전에는 근사적인 방법을 사용하여 운동 방정식에 포함된 계수 및 기진력을 구하였으며, 그 대표적인 방법이 Korvin-Kroukovsky(1955){27}에 의해 제안된 **스트립 방법**(strip method)이다.

스트립 방법에서는 선체 표면에 대한 적분으로 주어져 있는 운동 방정식의 계수 및 기진력을 계산함에 있어, 부유체를 길이 방향으로 등분하여 잘게 짤라 얻어지는 스트립의 합으로 보고, 각 스트립은 2차원 물체로 보아 2차원 유동에 대한 계산을 수행하였다. 이와 같은 2차원 유동에 대해서는 Ursell(1949){16}에 의해

수면 상에 떠있는 원주(circular cylinder)에 대하여 방사파의 속도포텐셜을 얻는 방법이 이미 알려져 있었으며, 그의 방법은 스트립의 단면과 유사한 단면에 적용할 수 있는 방법으로 Tasai(1959){28}에 의해 확장되어 널리 사용되기에 이르렀으며, 지금도 많은 연구자들에 의해 개발된 다양한 스트립 방법이 상하동요와 종동요의 RAO 계산에 활용되고 있다(SNAME(1989)[20] 참조).

위에서 얻은 운동 방정식은 이미 기술한 바와 같이 동요가 조화 함수로 주어지는 경우에 대해 유도되었으며, 초기조건이 주어진 부유체의 일반적인 운동을 예측하기 위해서는 매 순간 임의의 운동에 의해 부유체에 작용하는 유체력을 계산하여 부유체의 운동을 구해야 하므로 위에서와는 다른 형태의 운동 방정식을 사용해야 하며, 이에 대해서는 Hooft(1989)[21]를 참고하기 바란다. 이와 같이 임의의 운동에 대해 적용할 수 있는 운동 방정식을 사용하여 부유체의 운동 응답을 구하는 방법을 **시간영역 해석**(time-domain analysis)이라고 하고, 한편 위의 식 (11.56), (11.57)과 같이 일정한 진동수를 가진 조화 운동을 가정하여 얻은 운동 방정식을 사용하여 운동 응답을 구하는 방법은 **진동수영역 해석**(frequency-domain analysis)이라고 부른다.

지금까지는 종파 중에서의 운동과 관련, 연직 모드에 대해 논의하였으나, 횡파 중에서의 **수평 모드**(horizontal mode) 운동으로, 서로 연성된 좌우동요, 횡동요, 선수동요 문제를 생각할 수 있으며, 이때 선수동요는 다른 운동에 미치는 영향이 비교적 작으므로, 일반적으로는 좌우동요-횡동요의 연성 운동에 대해 고려하게 된다. 이 문제의 해석도 위에서와 유사한 방법으로 수행할 수 있으나. 단 횡동요의 경우에는 점성에 의한 감쇠 효과를 무시할 수 없으므로, 이에 대한 추가적인 고려를 할 수 있다.

연습문제

1. 아래에 보인 식 (11.17)을 변수 분리형으로 바꾸고, $\alpha s = \sinh\xi$의 치환을 이용하여 적분을 수행, 식 (11.18)로 주어진 해를 구하시오.

$$\frac{ds}{dx} = \frac{1}{\cos\theta} = \sqrt{1+\alpha^2 s^2}\,, \tag{11.17}$$

$$\alpha x = \sinh^{-1}\alpha s\,. \tag{11.18}$$

2. 진동수가 ω이고, 임의의 위상차 ϵ을 가지는 함수 $f(t)$는 다음과 같이 쓸 수 있다.

$$f(t) = Re\{f_0 e^{i(\omega t - \epsilon)}\} = f_0\cos(\omega t - \epsilon), \qquad \text{(연11.1)}$$

여기서 f_0는 실수이다. 만약 변위 $x(t) = x_0\cos(\omega t + \delta)$로 주어진다면, 위의 함수를 속도의 위상과 가속도의 위상을 가지는 성분으로 분해하여 각 성분의 크기를 구하시오.

3. 단위 크기의 기진력을 받는 스프링-질량-감쇠기 계에 대한 운동 방정식이 다음과 같다고 하자.

$$m\ddot{x} + b\dot{x} + kx = \cos\omega t.$$

이 식 좌변의 각 항은 각각 관성력, 감쇠력, 복원력을 나타내는데, 이 식의 정상해가 $x(t) = x_0\cos(\omega t + \delta)$로 주어졌을 때, 이들 힘에 의한 한 주기 동안의 일을 구하여 감쇠력에 의한 일만 영이 아님을 보이시오. 또 이 결과의 물리적 의미에 대해 논의하시오. 단 어떤 힘 F가 한 주기 동안의 일 W는 다음과 같이 주어진다.

$$W = \int_0^{2\pi/\omega} F\frac{dx}{dt}dt\,. \qquad \text{(연11.2)}$$

4. 단위 진폭의 입사파에 상응하는 산란파의 속도포텐셜 $\overline{\phi}_s(\underline{x},t)$가 만족해야 하는 경계치 문제는 다음과 같음을 보이시오.

$$\nabla^2\phi_s = 0\,, \qquad \text{(연11.3)}$$

$$\frac{\partial\phi_s}{\partial n} = -\frac{\partial\phi_i}{\partial n},\ \underline{x}\in S_W \text{ 상에서,} \qquad \text{(연11.4)}$$

$$|\nabla\phi_s| \to 0,\ y \to -\infty \text{ 에서,} \qquad \text{(연11.5)}$$

$$\phi_s \propto e^{i\{\underline{k}\cdot(z,x) - \omega t\}},\ |(x,z)| \to \infty \text{ 에서,} \qquad \text{(연11.6)}$$

여기서 식 (연11.3)은 평형 상태의 유체 내부에서 만족되어야 하며, S_W는 침수 표면을 뜻하고, $\phi_i = \frac{g}{\omega}e^{ky}\sin(kx - \omega t)$로 단위 진폭의 수면파에 상응하는 속도포텐셜이며, 식 (연11.6)은 산란파는 물체로부터 바깥쪽으로 전파해 가는 파도이어야 함을 뜻한다(이승준(2014)[1] 참조).

5. 단위 진폭의 동요에 기인하는 방사파에 상응하는 속도포텐셜에 대해 $\overline{\phi}_{rj}(\underline{x},t) = Re\{\overline{\phi}_{Rj}(\underline{x})e^{i\omega t}\}$, $j=2,6$라고 할 때, 복소함수 $\overline{\phi}_{Rj}(\underline{x},t)$가 만족해야 하는 경계치 문제는 다음과 같음을 보이시오.

$$\nabla^2 \phi_{Rj} = 0\,, \qquad \text{(연11.7)}$$

$$\frac{\partial \phi_{Rj}}{\partial n} = \begin{cases} i\omega n_2, & j=2, \\ i\omega(xn_2 - yn_1), & j=6, \end{cases} \quad \underline{x} \in S_W \text{ 상에서,} \qquad \text{(연11.8)}$$

$$|\nabla \phi_{Rj}| \rightarrow 0\,,\ y \rightarrow -\infty\,, \qquad \text{(연11.9)}$$

$$\phi_{Rj} \propto e^{-i\underline{k}\cdot(z,x)},\ |(z,x)| \rightarrow \infty\,, \qquad \text{(연11.10)}$$

여기서 식 (연11.7)은 평형 상태의 유체 내부에서 만족되어야 하며, 식 (연11.10)은 방사파도 물체로부터 바깥쪽으로 전파해 가는 파도이어야 함을 뜻한다(이승준(2014)[1] 참조).

12장
부유체의 파도 중 운동

12.1 불규칙파 중에서의 운동
12.2 전진속도의 영향

바닷가에서 만나는 파도는 겉으로 보기에 어떤 규칙성도 없어 보이지만, 8장에서 해면파에 대한 정량적인 기술은 스펙트럼을 사용하여 가능하다는 점을 설명한 바 있다. 부유체가 그와 같은 해면파 중에 놓였을 때, 그 운동은 11장에서 언급한 바 있는 RAO를 사용하여 예측 가능하다.

이 장에서는 먼저 통상 **불규칙파**(irregular waves)라고 불리는 해면파 중에 놓인 부유체의 운동에 관해 1절에서 논의하고, 2절에서는 배와 같이 전진속도를 가진 경우, 추가로 고려해야 하는 사항들에 대해 기술하기로 한다.

12.1 불규칙파 중에서의 운동

7장에서 해양파는 정상 확률 과정(stationary random process)으로 간주할 수 있음을 밝혔으며, 따라서 해양파에 의해 부유체에 작용하는 기진력 또한 정상 확률 과정으로 볼 수 있고, 또한 11장에서 고려한 선형의 운동 방정식으로 결정되는 부유체의 운동도 정상 확률 과정으로 간주할 수 있다. 특히 기진력에 대한 확률 밀도 함수가 정규 분포(normal distribution)일 경우, 운동 방정식이 선형이고 그 계수가 시간 불변(time-invariant)일 경우, 운동의 응답에 대한 확률 밀도 함수 역시 정규 분포로 주어짐은 잘 알려져 있다(Davenport & Root(1958)[22] 참조).

이하에서는 먼저 생각하는 계에 대한 운동 방정식이 선형이고 그 계수가 시간 불변일 경우, 입력(input) $\eta(t)$가 스펙트럼이 알려진 정상 과정인 경우, 역시 정상 과정인 출력(output) $X(t)$의 스펙트럼이 어떻게 주어지는지에 대해 Crandall & Mark(1963)[15]의 논의를 중심으로 알아보기로 한다.

임의의 입력 $\eta(t)$에 대한 출력 $X(t)$는 다음과 같이 나타낼 수 있다.

$$X(t) = \int_0^t \eta(\bar{t})h(t-\bar{t})d\bar{t}, \quad t > 0. \tag{12.1}$$

여기서 $h(t)$는 $t<0$이면 영이고, $t>0$이면 $\eta(t)=\delta(t)$에 대한 출력인, **충격 응답 함수**(impulse response function)로 알려진 함수이며, 이 식은 컨볼루션(convolution) 적분으로 알려져 있다[연습문제 1].

식 (12.1) 우변에서 $\eta(t)$는 일반적으로 $t \in [0,\infty)$에 대해 정의된 함수이므로 $t \in (-\infty,0)$에 대해서는 $\eta(t)=0$으로 취하고, 또 $h(t-\bar{t})$는 $\bar{t}>t$일 경우, 다시 말하면 자변수의 부호가 음일 경우에는 영의 값을 가지므로 적분 구간을 다음과 같이 바꾸어 쓸 수 있다.

$$X(t)=\int_{-\infty}^{\infty}\eta(\bar{t})h(t-\bar{t})d\bar{t},\ t>0, \tag{12.2}$$

또, $\theta=t-\bar{t}$를 사용하여 이 식을 다시 쓰면 다음을 얻는다.

$$X(t)=\int_{-\infty}^{\infty}\eta(t-\theta)h(\theta)d\theta,\ t>0, \tag{12.3}$$

여기서 이 식과 식 (12.2) 우변 피적분 함수인 η와 h의 자변수(argument)가 서로 바뀌어 있는 점에 유의한다.

7장에서 기술한 바와 같이 정상(stationary) 과정에 대해서는 식 (7.20)으로부터 출력 $X(t)$에 대한 자기 상관관계를 다음과 같이 얻는데,

$$R_X(\tau)=E[X(t)X(t+\tau)], \tag{12.4}$$

여기서 우변 [ ] 안의 양에 대해서는 식 (12.3)을 사용하여 다음을 얻는다.

$$X(t)X(t+\tau)=\int_{-\infty}^{\infty}\eta(t-\theta_1)h(\theta_1)d\theta_1\int_{-\infty}^{\infty}\eta(t+\tau-\theta_2)h(\theta_2)d\theta_2,\ t>0. \tag{12.5}$$

이 식을 식 (12.4)에 대입하여 다음을 얻고,

$$E[X(t)X(t+\tau)] = E\left[\int_{-\infty}^{\infty}\int_{-\infty}^{\infty}\eta(t-\theta_1)\eta(t+\tau-\theta_2)h(\theta_1)h(\theta_2)d\theta_1 d\theta_2\right], \quad (12.6)$$

여기서 우변의 앙상블 평균과 적분의 순서를 바꾸면 다음을 얻는데,

$$E\left[\int_{-\infty}^{\infty}\int_{-\infty}^{\infty}\eta(t-\theta_1)\eta(t+\tau-\theta_2)h(\theta_1)h(\theta_2)d\theta_1 d\theta_2\right]$$

$$= \int_{-\infty}^{\infty}\int_{-\infty}^{\infty}E[\eta(t-\theta_1)\eta(t+\tau-\theta_2)]h(\theta_1)h(\theta_2)d\theta_1 d\theta_2, \quad (12.7)$$

이 식 우변의 $E[\eta(t-\theta_1)\eta(t+\tau-\theta_2)]$는 시간차가 $\tau-\theta_2+\theta_1$인 입력 $\eta(t)$에 대한 자기 상관관계, 즉 $R_\eta(\tau+\theta_1-\theta_2)$이므로, 출력의 자기 상관관계 $R_X(\tau)$에 대해 다음 결과를 얻는다.

$$R_X(\tau) = E[X(t)X(t+\tau)] = \int_{-\infty}^{\infty}\int_{-\infty}^{\infty}R_\eta(\tau+\theta_1-\theta_2)h(\theta_1)h(\theta_2)d\theta_1 d\theta_2. \quad (12.8)$$

7.2절에서 얻은 해양파에 대한 Wiener-Khintchine 관계식은 식 (7.33), (7.34)로부터 다음과 같이 쓸 수 있고,

$$R_\eta(\tau) = \int_{\infty}^{\infty}S_{0\eta}(\omega)e^{i\omega\tau}d\omega, \quad (12.9)$$

$$S_{0\eta}(\omega) = \frac{1}{2\pi}\int_{-\infty}^{\infty}R_\eta(\tau)e^{-i\omega\tau}d\tau, \quad (12.10)$$

따라서 출력 $X(t)$에 대한 $S_{0X}(\omega)$는 다음과 같이 얻는다.

$$S_{0X}(\omega) = \frac{1}{2\pi}\int_{-\infty}^{\infty}R_X(\tau)e^{-i\omega\tau}d\tau. \quad (12.11)$$

이 식의 우변에 식 (12.8)을 대입하면 다음을 얻고,

$$S_{0X}(\omega) = \frac{1}{2\pi}\int_{-\infty}^{\infty} e^{-i\omega\tau}d\tau \int_{-\infty}^{\infty}\int_{-\infty}^{\infty} R_\eta(\tau+\theta_1-\theta_2)h(\theta_1)h(\theta_2)d\theta_1 d\theta_2 . \quad (12.12)$$

이 식 우변의 적분 순서를 바꾸고 또 $e^{i\omega\theta_1}e^{-i\omega\theta_2}$를 곱해주고 나누어 준 뒤 정리하여 다음을 얻는다.

$$S_{0X}(\omega) =$$
$$\int_{-\infty}^{\infty} h(\theta_1)e^{i\omega\theta_1}d\theta_1 \int_{-\infty}^{\infty} h(\theta_2)e^{-i\omega\theta_2}d\theta_2 \left\{ \frac{1}{2\pi}\int_{-\infty}^{\infty} R_\eta(\tau+\theta_1-\theta_2)e^{-i\omega(\tau+\theta_1-\theta_2)}d\tau \right\}. \quad (12.13)$$

이 식 우변의 둘째 적분은 식 (2.32)로부터 충격 응답 함수의 푸리에 변환 $\tilde{h}(\omega)$이고, 또 첫째 적분은 $\tilde{h}(-\omega)$로 $\tilde{h}(\omega)$의 공액 복소수(complex conjugate)이며, 또 셋째 적분은 식 (12.10)으로부터 해양파에 대한 $S_{0\eta}(\omega)$이므로, 다음을 얻는다.

$$S_{0X}(\omega) = \tilde{h}(\omega)\tilde{h}(-\omega)S_{0\eta}(\omega) = |\tilde{h}(\omega)|^2 S_{0\eta}(\omega) . \quad (12.14)$$

따라서 $\omega \in (0, \infty)$에 대해 정의된 **해양파 스펙트럼**(wave spectrum) $S_\eta(\omega)$와 출력 또는 **응답 스펙트럼**(response spectrum) $S_X(\omega)$에 대해 다음 결과를 얻는다.

$$S_X(\omega) = |\tilde{h}(\omega)|^2 S_\eta(\omega) . \quad (12.15)$$

이 식에 따르면, 우리가 고려하고 있는 부유체 운동의 경우, 충격 응답 함수의 푸리에 변환의 크기의 제곱을 해양파 스펙트럼에 곱해 주면 응답 스펙트럼을 얻는다.

한편, 식 (12.1) 우변에 $\eta(\bar{t}) = \delta(\bar{t})$를 대입하면 $X(t) = h(t)$를 얻으며, 또 양변에 $e^{-i\omega t}$를 곱하고 시간 t에 대해 $-\infty$부터 ∞까지 적분하여 다음을 얻는데,

$$\int_{-\infty}^{\infty} X(t)\,e^{-i\omega t}dt = \int_{-\infty}^{\infty}\int_{0}^{t}\eta(\bar{t})h(t-\bar{t})d\bar{t}\;e^{-i\omega t}dt,\quad t>0\,,\quad (12.16)$$

이 식의 좌변은 $X(t)$의 푸리에 변환이므로 다음을 얻고.

$$\widetilde{X}(\omega) = \int_{-\infty}^{\infty}\int_{0}^{t}\eta(\bar{t})h(t-\bar{t})d\bar{t}\;e^{-i\omega t}dt. \quad (12.17)$$

이 식의 우변에 $\eta(\bar{t}) = \delta(\bar{t})$를 대입하면 다음을 얻는다.

$$\widetilde{X}(\omega) = \int_{-\infty}^{\infty} h(t)\,e^{-i\omega t}dt = \tilde{h}(\omega)\,. \quad (12.18)$$

또한 $\eta(t) = e^{i\omega t}$일 때, $X(t) = H(\omega)e^{i\omega t}$라고 하면, 식 (12.3)으로부터 다음을 얻는데,

$$X(t) = \int_{-\infty}^{\infty} e^{i\omega(t-\theta)}h(\theta)d\theta = \int_{-\infty}^{\infty} h(\theta)e^{-i\omega\theta}d\theta\, e^{i\omega t} = \tilde{h}(\omega)\,e^{i\omega t}\,,\ t>0\,, \quad (12.19)$$

따라서 $H(\omega) = \tilde{h}(\omega)$를 얻는다. 다시 말하면 충격 응답 함수의 푸리에 변환은 단위 진폭의 입력에 대한 출력의 복소 진폭, 즉 전달 함수임을 얻었다.

11장에서 고려한 바와 같은 방법을 사용하여 규칙파 중에 놓인 부유체의 상하동요와 종동요에 대해 식 (11.69), (11.70)으로 주어지는 전달 함수를 구했을 경우 응답진폭 함수(RAO)에 대해 다음을 얻는다.

$$|Z_2(\omega)| = \frac{|X_{20}|}{A} = \left|\frac{SF_0 - QM_0}{PS - QR}\right|, \quad (12.20)$$

$$|Z_6(\omega)| = \frac{|X_{60}|}{A} = \left|\frac{PM_0 - RF_0}{PS - QR}\right|. \quad (12.21)$$

이들을 식 (12.15)에 대입하면 그 스펙트럼이 $S_\eta(\omega)$로 주어지는 불규칙파 중에서의 운동 응답, 즉 상하동요와 종동요에 대한 응답 스펙트럼 $S_2(\omega)$, $S_6(\omega)$는 다음과 같이 주어진다.

$$S_j(\omega) = |Z_j(\omega)|^2 S_\eta(\omega),\ j = 2, 6\,. \tag{12.22}$$

이 식에 따르면, 응답 스펙트럼은 해양파 스펙트럼에 해당 운동 모드에 대한 RAO의 제곱을 곱하여 얻는다. $S_2(\omega)$의 차원은 $S_\eta(\omega)$의 차원과 같아서 L^2T이고, $S_6(\omega)$는 시간의 차원을 가진다. 또한 운동 응답의 통계적 특성은 위에서 지적한 바와 같이 해양파의 통계적 특성을 그대로 계승하므로, 운동 응답도 해양파와 같이 영-평균 정규 분포를 가지는 확률 과정이며, 그 진폭은 레일리 분포에 의해 주어짐에 유의한다.

식 (12.22)에 따르면 상하동요 스펙트럼은 상하동요에 대한 RAO의 제곱과 해양파 스펙트럼의 곱으로 주어지는데, 해양파 스펙트럼으로는 예를 들면 8.3절에서 고려한 Pierson-Moskowitz 스펙트럼 등을 사용할 수 있다. 완전히 발달된 바다의 경우, 식 (8.37)로 주어진 바와 같이 풍속 U에 반비례하는 진동수 ω_M에서 U^5에 비례하는 국부 최대인 스펙트럼 값을 가진다. 예를 들어 $U = 40\,kts = 20.6\,m/s$인 경우, $\omega_M = 0.418\,rad/s$에서 국부 최대값 $S(\omega_M) = 17.5\,m^2s$를 가진다. ω_M에 상응하는 파도의 주기 $T_M = 15.0\,s$, 또 파장은 식 (1.20)으로부터 $\lambda_M = 352\,m$를 얻는다.

한편, 부유체가 종동요를 하지 못하도록 구속되어 있어 상하동요만을 한다면, $Z_2(\omega)$에 대해 식 (11.69)로부터 다음을 얻는다.

$$Z_2(\omega) = \frac{X_{20}}{A} = \frac{F_0}{P} = \frac{F_0}{\left(\rho g A_w - m\,\omega^2\right) + i b_2\,\omega}\,. \tag{12.23}$$

식 (11.66)으로 정의된 상하동요의 고유진동수 ω_{n2} 부근에서 위 식의 분모는 실수부가 영이 되므로 순 허수가 되며, 조파감쇠 계수 b_2의 값은 통상 그리 크지 않으므로, 분모는 전체적으로 최소값에 가까운 값을 가진다.

하지만, 단위 진폭의 입사파에 대한 기진력 F_0는 9.2절에서 고려한 바와 같이 파장 λ가 매우 길 때는 FK 힘이 대부분을 차지하지만 파장이 부유체의 길이 l보다 짧아지면 회절에 기인하는 산란력이 FK 힘과 거의 같은 크기를 가지며, 기진력 전체의 크기는 $\lambda \to \infty$일 때 최대값이 되고, $\frac{\lambda}{l} \sim O(1)$까지 단조 감소하며, 파장이 더 짧아지면 기진력 크기는 파도의 간섭 효과에 의해 증가 감소를 반복하지만, 그 자체 크기는 무시할 만큼 작다. 그림 12.1에 Vugts(1968){29}가 이론적으로 구한 직사각형에 가까운 2차원 주상체의 상하동요에 대한 기진력을 보였는데, 위에서 기술한 특성을 잘 확인할 수 있다. 여기서 $l = B$는 주상체의 수선면에서의 폭이다.

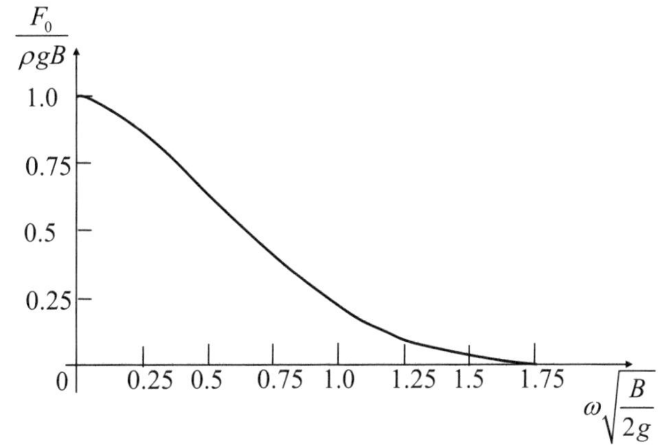

그림 12.1 직사각형에 가까운 2차원 주상체의 상하동요에 대한 기진력

따라서 $|Z_2(\omega)|$의 국부 최대값이 ω_{n2} 부근에서 발생하지 않는 것이 일반적이며, $|Z_2(\omega)|$의 국부 최대값은 일반적으로 기계진동에서 배우는 바와 같이 공진점 부근에서 매우 큰 값을 가지는 현상을 보이지 않는다. 그림 12.2에 Kim(1966){30}이 구한 구(sphere)의 상하동요에 대한 RAO, $|Z_2(\omega)|$를 보였는데, 그림 9.5에 보인 원주-원추형 부유체의 경우와는 달리 공진 현상이 그렇게 두드러지지 않은 점을 확인할 수 있다. 여기서 a는 구의 반경이다.

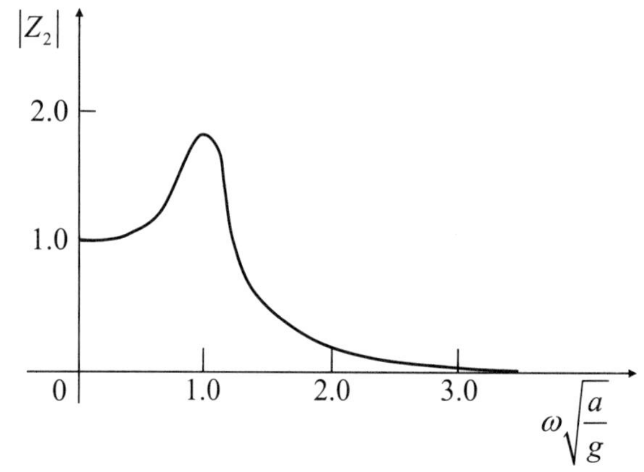

그림 12.2 반경 a 인 구의 상하동요에 대한 RAO

또한 그림 12.3에 Newman & Tuck(1964){31}이 세장선 이론을 사용하여 구한 선박의 상하동요에 대한 RAO, $|Z_2(\omega)|$를 보였는데, RAO의 최대값이 1보다 크지 않은 것을 보여주고 있으며, 이는 기진력이 최대가 되는 진동수와 고유진동수 사이의 거리가 상당히 떨어져 있는 것에 기인한다.

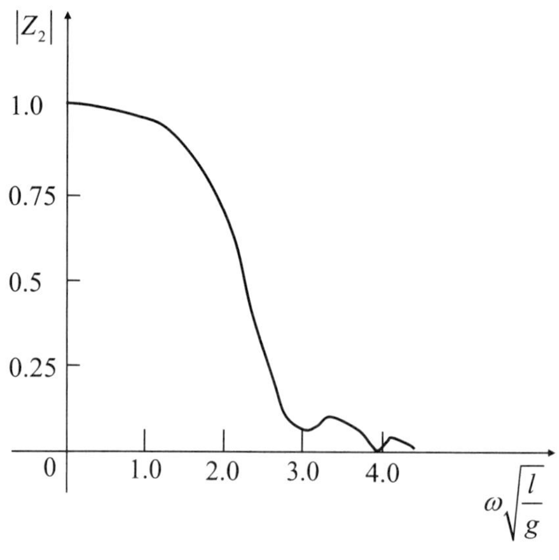

그림 12.3 선박의 상하동요에 대한 RAO

만약 해양파 스펙트럼 $S_\eta(\omega)$의 국부 최대값이 발생하는 ω_M과 부유체의 상하동요 고유진동수 ω_{n2}의 차이가 꽤 큰 경우라면, 상하동요 스펙트럼 $S_2(\omega)$는 전체 진동수에 걸쳐 그리 큰 값을 가지지 않을 것으로 기대할 수 있다. 그림 12.4a에 스펙트럼 아래의 면적 E는 같지만, 스펙트럼의 값이 최대가 되는 ω_M이 서로 다른 세 경우에 대한 Bretschneider(B) 스펙트럼을 보였다. 그림 12.4b에는 선박의 상하동요에 대한 RAO를 보였는데, 이들로부터 구한 상하동요 스펙트럼 $S_2(\omega)$를 그림 12.4c에 비교, 도시하였다. 경우 (3)의 상하동요 스펙트럼에 대한 결과로부터, RAO, $|Z_2(\omega)|$가 최대값을 가지는 진동수와 해양파 스펙트럼이 최대값을 가지는 진동수 ω_M의 차이가 크면 진동수의 전체 범위에 걸쳐 상하동요 스펙트럼 $S_2(\omega)$가 작아진다는 점을 확인할 수 있으며, 단 경우 (1)과 같이 해양파 스펙트럼이 꽤 큰 값을 가지는 진동수의 범위에 걸쳐 상하동요에 대한 RAO가 거의 1에 가까운 값을 가지는 경우, $S_X(\omega) \sim S_\eta(\omega)$이 성립함을 확인할 수 있다.

옆파도 중에 놓인 부유체의 횡동요 스펙트럼 $S_4(\omega)$는 종파 중에 놓인 부유체의 종동요 스펙트럼 $S_6(\omega)$와 유사한 형태를 가진다. 왜냐하면, 두 운동 모드에 대해 RAO, $|Z_j(\omega)|$, $j=4, 6$의 진동수에 따른 특성이 비슷하기 때문인데, 상하동요의 경우와는 달리, $\omega \to 0$, 즉 파장이 매우 길 때, RAO는 입사파의 기울기 즉 kA와 거의 비슷한 값을 가지며, 식 (1.20)의 분산관계식으로부터 $k = \dfrac{\omega^2}{g}$이므로, $|Z_j(\omega)| \to 0$이 된다. 또한 $\omega \to \infty$, 즉 파장이 매우 짧을 때도 운동의 크기 자체가 매우 작으므로, $|Z_j(\omega)| \to 0$이 성립한다. 따라서 그림 12.5b에 보인 바와 같이, $|Z_j(\omega)|$는 고유진동수를 중심으로 좁은 진동수 범위에 대해서만 무시할 수 없는 크기를 가지며, 횡동요나 종동요의 경우에 그 고유진동수와 해양파 스펙트럼의 값이 최대가 되는 진동수 ω_M이 가까우면 그림12.5c에 보인 바와 같이 응답 스펙트럼 $S_j(\omega)$가 $|Z_j(\omega)|^2$에 비례하는 결과를 보인다.

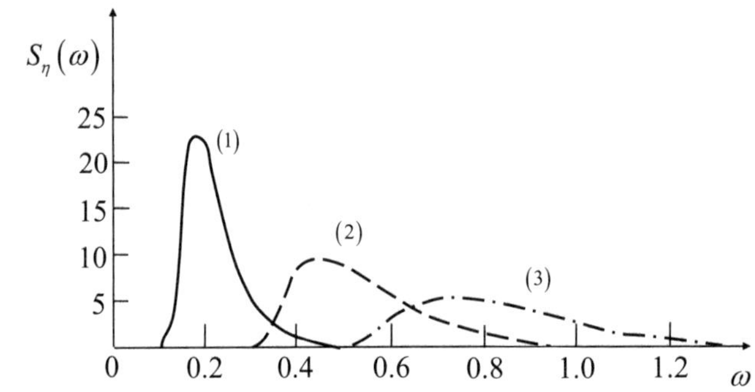

(a)

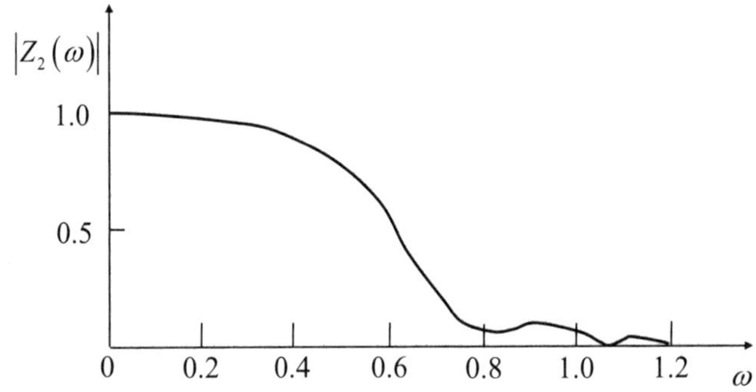

(b)

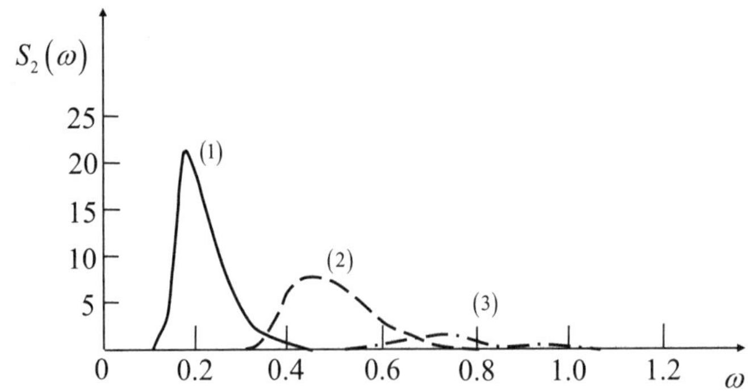

(c)

그림 12.4 3 가지 B 스펙트럼에 대한 상하동요의 스펙트럼,

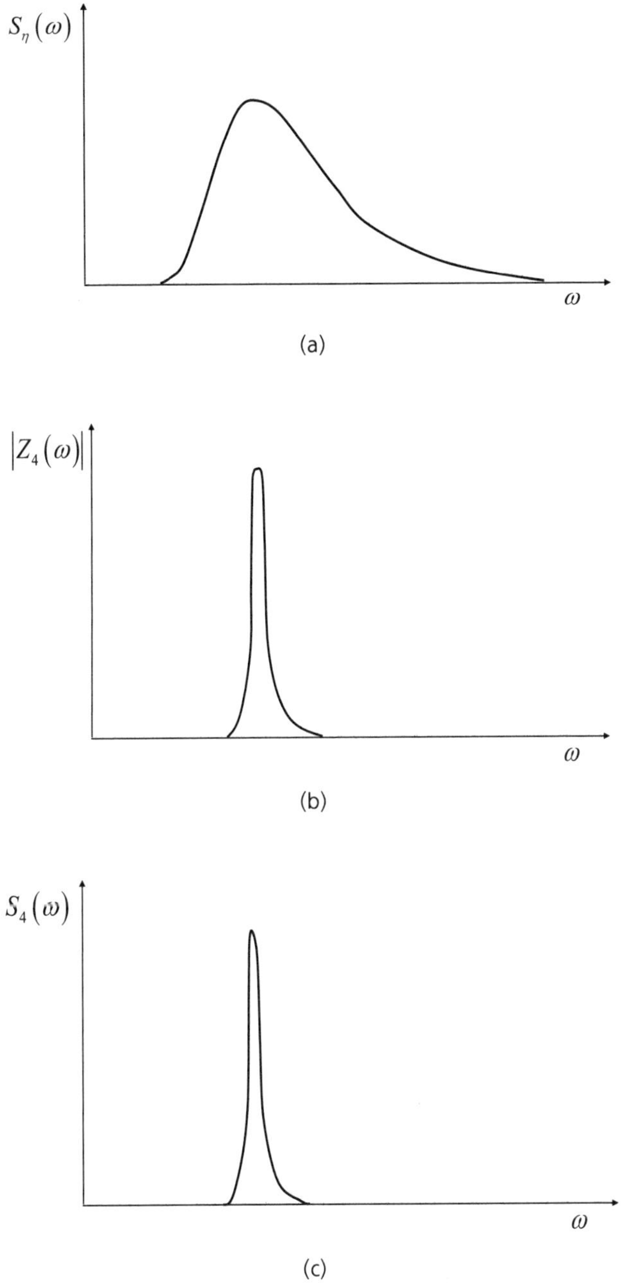

그림 12.5 옆파도 중에 놓인 선박의 전형적인 횡동요 스펙트럼

이상으로 불규칙파 중에서의 부유체의 운동에 대해 간단히 살펴보았으며, 첫째 주요한 결과는 식 (12.22)에 보인 바와 같이 응답 스펙트럼은 해양파 스펙트럼과 해당 RAO의 제곱의 곱으로 주어진다는 점이다. 둘째로는 복원력이 작용하여 고유진동수가 존재하는 세 운동 모드, 상하동요, 종동요, 횡동요 중 상하동요의 경우에는 RAO가 $\omega \to 0$일 때 1, $\omega \to \infty$일 때 0이 되는 반면, 종동요와 횡동요의 경우에는 $\omega \to 0$, $\omega \to \infty$일 때 모두 0의 값을 가져 공진 현상이 두드러지게 나타나 응답 스펙트럼의 형상이 다른 특성을 가진다는 점이다.

12.2 전진속도의 영향

해상에서 부유체가 만나는 입사파의 명칭과 입사파에 따른 부유체의 운동 모드에 대해서는 9.3절에서 간단히 언급한 바와 같은데, 파도의 입사각(incident angle)은 부유체의 앞뒤 길이 방향을 기준으로 하여 뒤파도를 0°로 간주하며, 시계 반대 방향으로 증가하여 우현 쪽 옆파도는 90°, 앞파도는 180°, 좌현 쪽 옆파도는 270°로 본다[그림 12.6 참조].

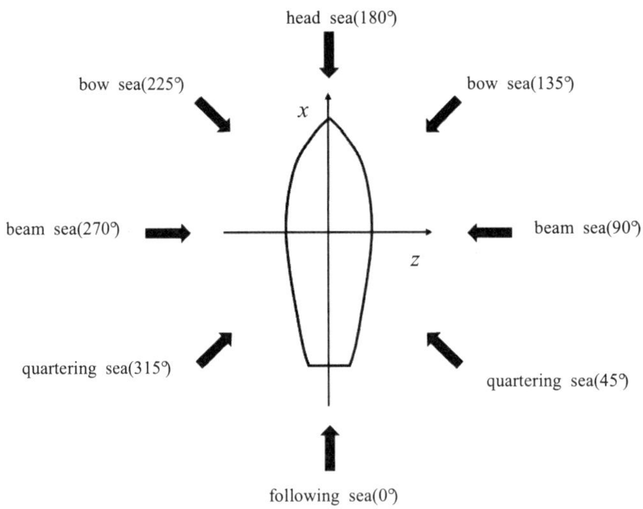

그림 12.6 입사각에 따른 파도의 명칭

대양을 항해하는 선박의 경우에는 다양한 파도를 만나게 되며, 이에 따라 배가 파도를 만나는 진동수, 즉 조우 진동수(encounter frequency) ω_e는 파도 자체의 진동수 ω와 다른 값을 가지게 된다. 11.2절에서 사용하였던 공간 고정 좌표계 (x,y,z)를 그대로 사용하기로 하고, 배는 x축 방향으로 U의 속도로 진행하며, 파도의 입사각을 μ라고 하면, x축 방향으로 U의 속도로 움직이는 운동 좌표계 (ξ,y,z)의 ξ는 다음을 만족한다.

$$x = \xi + Ut. \tag{12.24}$$

한편, 입사각이 μ인 규칙파의 표면 변위 $\eta(x,z,t)$는 다음과 같이 쓸 수 있고,

$$\eta(x,z,t) = A\cos(kx\cos\mu - \omega t), \tag{12.25}$$

이 식 우변에 식 (12.24)를 대입하면 다음을 얻는다.

$$\eta(\xi,z,t) = A\cos[k\xi\cos\mu - (\omega - kU\cos\mu)t] = A\cos(k\xi\cos\mu - \omega_e t), \tag{12.26}$$

따라서 운동 좌표계 (ξ,y,z)의 관점에서 느껴지는 파도의 주기성은 조우 진동수 ω_e로 주어지며, ω_e는 위 식으로부터 다음과 같이 얻는다.

$$\omega_e = |\omega - kU\cos\mu|. \tag{12.27}$$

여기서 우변의 절대값을 취한 것은 $\omega_e > 0$임에 기인한다.

정지해 있는 부유체와 파도 중에서 전진하는 물체의 동요와 관련하여 가장 기본적인 차이점은 동요의 진동수가 위 식으로 얻어진 조우 진동수로 바뀐다는 점이다. 부유체가 경험하는 단위 진폭 입사파의 시간에 대한 변화는 $e^{i\omega_e t}$가 되어야 하므로, 11.2절과 12.1절에서 고려한 운동 응답의 시간에 대한 변화는 모두 $e^{i\omega_e t}$로 바뀌어야 하며, 따라서 부가질량 계수, 조파감쇠 계수 또한 ω_e에 대한 값을 사용해야 하고, 불규칙파 중의 운동과 관련하여서는 해양파 스펙트럼도 식 (12.27)에 따라 변화된 스펙트럼 $S_\eta(\omega_e)$를 사용해야 한다.

식 (12.27) 우변에 식 (1.20)의 분산관계식을 대입하면 다음을 얻는데,

$$\omega_e = \left|\omega - \frac{U\cos\mu}{g}\omega^2\right| = |\omega - \alpha\omega^2| = |\omega(1-\alpha\omega)|,\ \alpha = \frac{U\cos\mu}{g}, \quad (12.28)$$

여기서 $\alpha < 0$는 $\mu \in \left(\frac{\pi}{2}, \frac{3\pi}{2}\right)$에 상응하므로, 배의 앞쪽에서 입사하는 파도이며, $\alpha > 0$는 $\mu \in \left(-\frac{\pi}{2}, \frac{\pi}{2}\right)$에 상응하므로, 배의 뒤쪽에서 입사하는 파도이다.

해양파 스펙트럼을 나타내는 곡선 아래의 면적은 진동수 변환 전후에 에너지 등가성에 의해 동일해야 하므로, 변환은 다음과 같은 식을 만족하도록 수행되어야 하며,

$$S_\eta(\omega)\,d\omega = S_\eta(\omega_e)\,d\omega_e, \quad (12.29)$$

따라서 다음을 얻는다.

$$S_\eta(\omega_e) = S_\eta(\omega)\left(\frac{d\omega_e}{d\omega}\right)^{-1} = \frac{S_\eta(\omega)}{|1-2\alpha\omega|}. \quad (12.30)$$

이하에서는 해양파 스펙트럼의 변환 시, 진동수 변환식인 식 (12.28)의 특성에 따라 발생하는 세 가지 경우에 대해 생각하기로 한다.

1) 먼저 $\alpha = 0$, 즉 $\mu = \frac{\pi}{2}, \frac{3\pi}{2}$, 다시 말하면 옆파도(beam sea)를 받을 경우, $\omega_e = \omega$이므로[그림 12.7 참조] 해양파 스펙트럼이나 RAO, 나아가 응답 스펙트럼에 변화가 없다.

2) $\alpha < 0$, 즉 $\mu \in \left(\frac{\pi}{2}, \frac{3\pi}{2}\right)$, 다시 말하면 선수 쪽에서 들어오는 파도를 받을 경우, 그림 12.7에 보인 바와 같이 $\omega > 0$에 대해 ω와 ω_e는 1 : 1 대응 관계에 있으므로, 해양파 스펙트럼의 변환은 큰 어려움 없이 수행될 수 있다. 또한 식 (12.30) 우변의 분모는 $\alpha < 0$일 때, 0이 될 수 없으므로, 변환된 스펙트럼은 어떠한 특이점도 가지지 않으며, 분모는 항상 1보다 크므로 $S_\eta(\omega_e) < S_\eta(\omega)$가

성립한다. 단 변환된 스펙트럼 $S_\eta(\omega_e)$는 α가 크면 클수록 그 크기가 작아지며, 또한 $\omega_e > \omega$이므로 $S_\eta(\omega_e)$의 범위는 원래의 해양파 스펙트럼 $S_\eta(\omega)$에 비해 그림 12.8에 보인 바와 같이 수평 방향으로 오른쪽으로 이동된다.

3) 마지막으로 가장 복잡한 경우인 $\alpha > 0$, 즉 $\mu \in \left(-\frac{\pi}{2}, \frac{\pi}{2}\right)$, 다시 말하면 선미쪽에서 들어오는 파도를 받을 경우, 그림 12.7에 보인 바와 같이 $\omega > 0$에 대해 ω와 ω_e는 $1:1$ 대응 관계에 있지 않으므로, 해양파 스펙트럼의 변환은 상당한 주의를 요한다. 이 경우, 식 (12.28) 우변에 의해 주어지는 곡선은 $\omega = 0$와 $\omega = \alpha^{-1} = \beta$를 지나는 포물선으로부터 얻을 수 있으며, ω_e의 국부 최대값은 $\omega = \frac{\beta}{2}$일 때, $\frac{\beta}{4}$의 값을 가진다.

$\omega_e = 0$에 대응하는 $\omega = \beta = \frac{g}{U\cos\mu}$의 물리적 의미에 대해 생각해 보면, 규칙파의 위상속도는 식 (1.32)로부터 $c = \frac{\omega}{k} = \frac{g}{\omega}$, 다시 말하면, $\omega = \frac{g}{c}$이므로, $\omega = \beta$는 위상속도 $c = U\cos\mu$에 상응하며, 이는 배가 파도의 진행 방향으로 움직이는 속도이다. 다시 말하면 $\omega = \beta$는 파도의 진행 방향으로 잰 배의 속도가 파도의 위상속도와 같아서, 배에 타고 있는 관측자의 입장에서는 파도의 시간에 따른 변화를 느끼지 못하는 진동수이다.

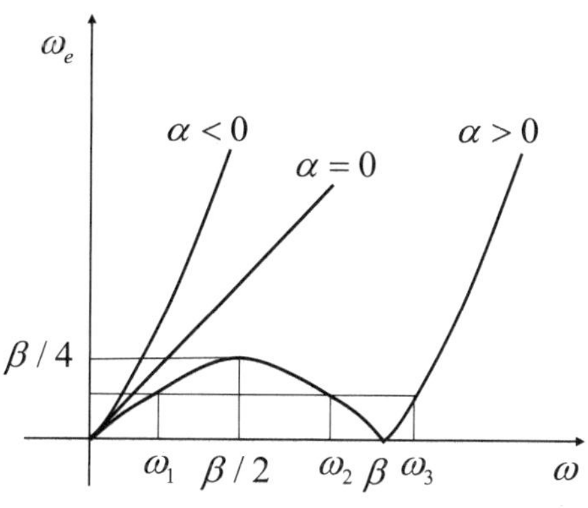

그림 12.7 식 (12.28)로 주어진 조우 진동수 ω_e와 입사파의 진동수 ω 사이의 관계, $\alpha = \frac{U\cos\mu}{g}$, $\alpha > 0$일 때 $\beta = \alpha^{-1}$

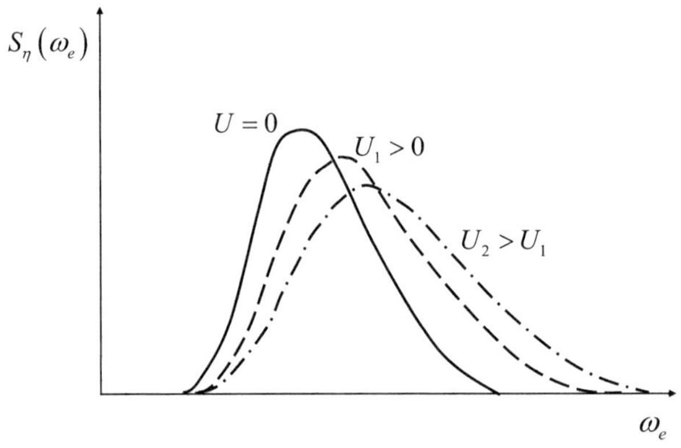

그림 12.8 $\alpha<0$, 동일한 μ, 속도가 증가하는 경우에 대한 변환된 스펙트럼

한편, ω_e의 국부 최대값에 대응하는 $\omega=\frac{\beta}{2}=\frac{g}{2U\cos\mu}$는 $c=2U\cos\mu$에 상응하는데, 이는 군속도 $c_g=\frac{c}{2}=U\cos\mu$에 상응하며, 다시 말하면 $\omega=\frac{\beta}{2}$는 파도의 진행 방향으로 잰 배의 속도가 파도의 군속도, 즉 파군의 에너지 전파 속도와 같아, 파도의 에너지가 배에 지속적으로 공급되는 진동수이며, 이는 식 (12.30) 우변의 분모가 0이 되어 $S_\eta(\omega_e)\to\infty$이 되는 것으로 나타난다. 단 해양파 스펙트럼을 나타내는 곡선 아래의 면적은 변환 전후 동일해야 하므로, 이 특이점은 적분 가능한 특이점(integrable singularity)이다.

그림 12.7에 따르면 $\omega_e\in\left(0,\frac{\beta}{4}\right)$에 대해 세 개의 ω가 대응되며, 이들을 그 크기에 따라 하첨자가 증가하도록 하여, $\omega_1,\omega_2,\omega_3$라고 하면, 이들에 대해 $\omega_1<\frac{\beta}{2}<\omega_2<\beta<\omega_3$가 성립하며, $S_\eta(\omega_e)$는 다음 식으로 주어진다.

$$S_\eta(\omega_e)=\sum_{i=1}^{3}\frac{S_\eta(\omega_i)}{|1-2\alpha\omega_i|}. \tag{12.31}$$

전형적인 형태의 $S_\eta(\omega_e)$를 그림 12.9에 보였으며, 상첨자 ±를 해당하는 양에 오른쪽(+) 또는 왼쪽(-)으로부터 무한히 가깝게 접근하는 경우를 나타낸다고 하면, 다음과 같은 불연속성을 가짐을 확인할 수 있다.

$$\lim_{\omega_e \to (\beta/4)^-} S_\eta(\omega_e) = \infty \,, \tag{12.32}$$

$$\lim_{\omega_e \to (\beta/4)^+} S_\eta(\omega_e) = \frac{S_\eta(\omega_{3m})}{|1-2\alpha\omega_{3m}|} \,, \tag{12.33}$$

여기서 $\omega_{3m} = \dfrac{\beta}{2}(1+\sqrt{2})$로 ω_3의 최대값이다[연습문제 2].

조우 진동수에 대한 응답 스펙트럼 $S_j(\omega_e)$를 구할 경우에는 진동수 변환을 고려한 RAO를 사용해야 하므로 식 (12.22)가 아닌 다음 식을 사용해야 한다.

$$S_j(\omega_e) = |Z_j(\omega_e)|^2 S_\eta(\omega_e). \tag{12.34}$$

단 이 식은 ω와 ω_e가 1:1 대응 관계에 있을 때만 사용할 수 있으며, $\alpha > 0$인 경우에는 $\omega_1, \omega_2, \omega_3$에 대한 RAO가 서로 다르므로, 그에 상응하는 RAO를 사용해야 하며, 다음 식에 따라 구할 수 있다.

$$S_j(\omega_e) = \sum_{i=1}^{3} |Z_j(\omega_e(\omega_i))|^2 \frac{S_\eta(\omega_i)}{|1-2\alpha\omega_i|} \,. \tag{12.35}$$

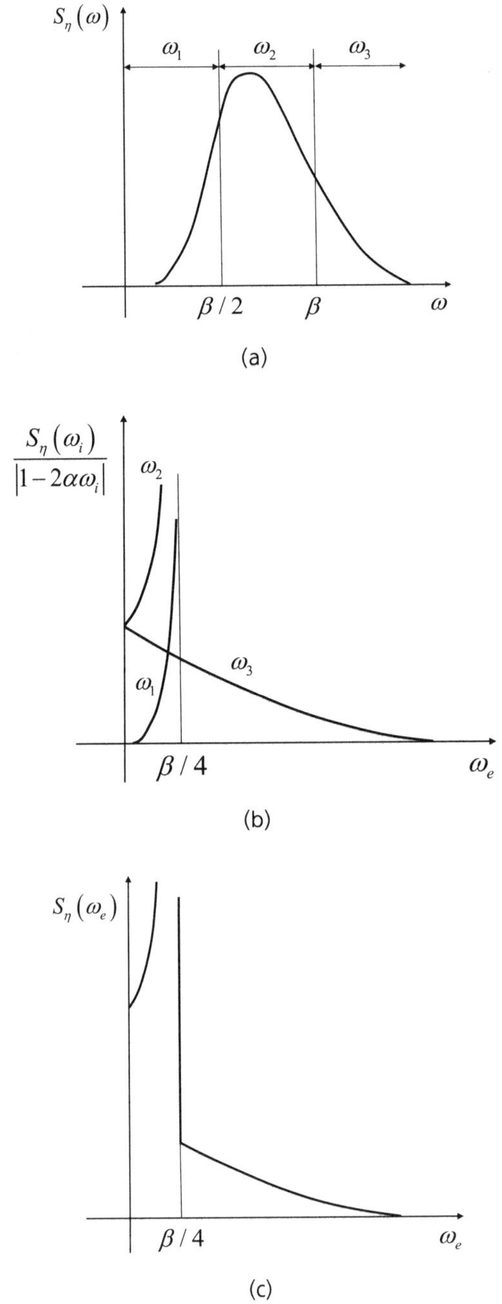

그림 12.9 $\alpha > 0$인 경우에 대해 변환된 해양파 스펙트럼

여기서 $|Z_j(\omega_e(\omega_i))|$는 $i=1,2,3$에 대해 다른 값을 가짐에 유의한다. 이는 입사파를 나타내는 식 (12.26) 우변에 포함된 k가 ω_i에 상응하는 값을 가지는데 기인하며, 따라서 기진력이 다른 값을 가지기 때문이다.

한편 $S_j(\omega_e)$를 구한 후, 이에 상응하는 $S_j(\omega)$를 구하고자 하는 경우에는 해양파 스펙트럼을 변환할 때와 같이 다음 식이 만족되도록 수행되어야 하며,

$$S_j(\omega)\,d\omega = S_j(\omega_e)\,d\omega_e\,, \tag{12.36}$$

따라서 다음을 얻는다.

$$S_j(\omega) = S_j(\omega_e)\frac{d\omega_e}{d\omega} = |1-2\alpha\omega|\,S_j(\omega_e). \tag{12.37}$$

단 이 식은 ω_e와 ω가 1:1 대응 관계에 있는 경우에만 사용할 수 있으므로, $\alpha > 0$인 경우에는 쓸 수 없으며, 이 경우에는 주어진 U, μ에 대해 먼저 $|Z_j(\omega_e(\omega))| \equiv |Z_{ej}(\omega)|$를 구해야 하는데, 여기서 $Z_j(\omega_e(\omega))$는 주어진 ω에 대응하는 ω_e를 구하고, 이에 상응하는 전달 함수를 구하되, 구해진 전달 함수의 값을 ω에 대한 값으로 보아 얻어지는 함수이다. 이렇게 얻은 $|Z_{ej}(\omega)|$를 사용하여 식 (12.22) 대신 다음 식을 적용하여 $S_j(\omega)$를 구할 수 있다.

$$S_j(\omega) = |Z_{ej}(\omega)|^2 S_\eta(\omega), \tag{12.38}$$

새로 건조된 배에 대해 각 운동 모드의 고유진동수(또는 고유주기)가 알려지면 식 (12.28)을 사용하여 입사파의 입사각과 파장을 알 될 때 어떤 속도에서 공진 상태를 겪게 되는지를 알려주는 식을 다음과 같이 얻을 수 있는데[연습문제 3],

$$Fn\cos\mu = \sqrt{\frac{\lambda}{l}}\left(\frac{1}{\sqrt{2\pi}} \pm \frac{\sqrt{\lambda/g}}{\tau_j}\right). \tag{12.39}$$

여기서 $Fn = \dfrac{U}{\sqrt{gl}}$ 로 프루드 수(Froude number)이고, l은 배의 길이, τ_j는 고려 중인 동요의 고유주기이다. 배의 길이는 아는 것으로 간주하면, 입사파에 대한 정보를 사용하여 공진의 우려가 있는 속도를 구할 수 있도록 그래프를 작성할 있는데, 이와 같이 여러 변수들 사이의 관계식을 보여주는 그래프를 노모그래프(nomograph)라고 한다. 식 (12.39)를 사용하여 공진 위험 속도를 알려주는 전형적인 노모그래프를 그림 12.10에 보였다.

그림에서는 예제로 고유주기가 6 s인 동요 모드를 가지는 배에 대해, 입사파의 입사각이 125°, 파장이 400 ft인 경우, 공진의 우려가 있는 속도가 21.5 kts임을 보여주고 있다.

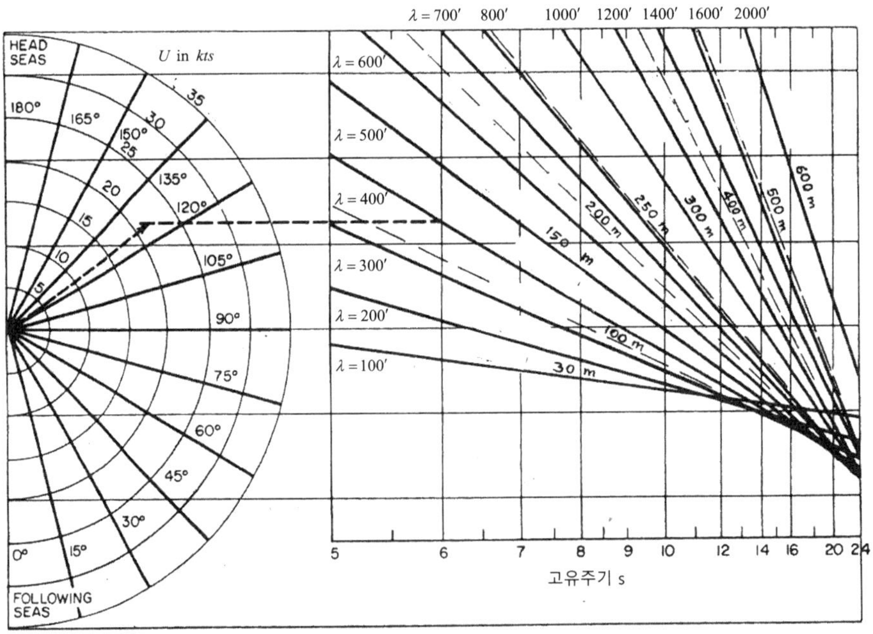

그림 12.10 식 (12.39)를 이용한 공진 조건에 대한 노모그래프

$\alpha > 0$, 즉 선미사파(quartering sea)를 받을 경우에는 식 (12.28)의 특성 때문에 또 한 가지 유의할 사항이 있다. $\omega = \frac{\beta}{2}$일 때, ω_e의 국부 최대값 $\omega_{em} = \frac{\beta}{4}$의 값을 가지는데, ω_{em} 부근에서는 ω_e의 변화가 매우 작으므로, 만약 어떤 운동 모드의 고유진동수가 $\frac{\beta}{4}$ 부근의 값을 가진다면, 매우 넓은 범위의 ω에 대해 그 모드의 운동 응답이 매우 클 것이며, 따라서 배가 과도한 진폭으로 동요할 가능성이 있고, 특히 횡동요에 대해 이런 현상이 발생할 가능성이 매우 크므로 항해 시 유의해야 한다.

예를 들어 어떤 배의 횡동요 고유진동수가 $0.34\,rad/s$, 또 $U = 10\,m/s$, $\mu = \frac{\pi}{4}$라고 하면, $\omega_{em} = \frac{\beta}{4} = 0.346$이 된다. $\omega = \frac{\beta}{2} = 0.693$이며, 식 (12.28)에 따르면, $\omega \in (0.6,\, 0.8)$에 대해 $\omega_e \in (\omega_{em} - 0.008,\, \omega_{em})$을 얻는다. 식 (1.20)으로부터 입사파의 파장 $\lambda = \frac{2\pi g}{\omega^2}$로 주어지므로, 위의 자료에 따르면, 파장 $\lambda \in (96,\, 171)\,m$인 모든 입사파에 대해 ω_e는 고유진동수와 거의 같아 공진 상태로 동요할 것임을 알 수 있다. 그림 12.10의 우하 모서리에는 많은 곡선들이 몰려 있는데, 이는 바로 선미 쪽에서 들어오는 파도와 관련하여 광범위한 파장의 파도에 대해 공진이 발생한다는 것과 상응하는 현상이다.

연습문제

1. $f(t)$, $h(t)$를 주어진 두 함수라고 할 때, 다음과 같이 정의되는 적분을 두 함수의 컨볼루션 $f * h$라고 한다(이승준(2014)[3] 참조).

$$f * h = \frac{1}{2\pi}\int_{-\infty}^{\infty} f(\tau)h(t-\tau)\,d\tau. \tag{연12.1}$$

$f * h$의 푸리에 변환 $\widetilde{f * h}$은 다음과 같음을 보이시오.

$$\widetilde{f * h} = \tilde{f}(\omega)\tilde{h}(\omega). \tag{연12.2}$$

단 $\tilde{f}(\omega)$와 $\tilde{h}(\omega)$는 각각 $f(t)$와 $h(t)$의 푸리에 변환이다.

2. ω_{3m}은 다음 식을 만족함을 이용하여

$$-\frac{\beta}{4} = \omega - \alpha\omega^2, \tag{연12.3}$$

식 (12.33)에서 사용된 $\omega_{3m} = \frac{\beta}{2}(1+\sqrt{2})$를 구하시오.

3. 식 (12.28)에 다음 식을 적용하여 식 (12.39)를 유도하시오.

$$\omega_e = \frac{2\pi}{\tau_j}, \ \omega = \sqrt{\frac{2\pi g}{\lambda}}, \ Fn = \frac{U}{\sqrt{gl}}. \tag{연12.4}$$

참고도서 및 참고문헌

참고도서

[1] 이승준, 선박해양 유체역학, GS인터비전, 2014.

[2] 이승준, 공학자를 위한 응용 수면파이론, GS인터비전, 2016(예정).

[3] 이승준, 공학도를 위한 응용수학, GS인터비전, 2014.

[4] 이승준, 역사로 배우는 공학수학, GS인터비전, 2010.

[5] 이승준, 역사로 배우는 유체역학, GS인터비전, 2판, 2009.

[6] R. V. Churchill, Fourier series and boundary value problems, McGraw-Hill, New York, 1956.

[7] B. Kinsman, Wind waves, their generation and propagation on the ocean surface, Dover, 1984. 원래는 1965년 Prentice-Hall, Inc.에 의해 출간.

[8] P. H. LeBlond & L. A. Mysak, Waves in the Ocean, Elsevier Scientific Publishing Company, 1978.

[9] R. G. Dean & R. A. Dalrymple, Water wave mechanics for engineers and scientists, World Scientific, 1991, 원래는 1984년 Prentice-Hall, Inc. 에 의해 출간.

[10] M. Abramowitz & I. A. Stegun, Tables and Mathematical formulas, Dover, 1970.

[11] G. Arfken, Mathematical methods for physicists, Academic Press, 1985.

[12] M. W. Dingemans, Water wave propagation over uneven bottoms, Part 1&2, World Scientific, 1997.

[13] C. C. Mei, The applied dynamics of ocean surface waves, World Scientific, 1989.

[14] J. N. Newman, Marine hydrodynamics, MIT Press, 1977.

[15] S. H. Crandall & W. D. Mark, Random vibration in mechanical systems, Academic Press, 1963.

[16] S. R. Massel, Ocean surface waves: their physics and prediction, World Scientific, 1996.

[17] 대한조선학회, 선박해양공학개론, GS인터비전, 2011.

[18] S. K. Chakrabarti, Hydrodynamics of offshore structures, Springer-Verlag, 1987.

[19] Galileo Galilei, Two New Sciences(1638), 두 새로운 과학, 이승준 역, GS 인터비전, 2014.

[20] SNAME, Principles of Naval Architecture, Ch. 8, Motions in waves, Edited by E. V. Lewis, 1989.

[21] J. P. Hooft, Advanced dynamics of marine structures, Ch. 5, Wiley-Interscience Publication, 1989.

[22] W. B. Davenport & W. L. Root, An introduction to the theory of random signals and noise, McGraw-Hill, 1958.

참고문헌

{1} Fourier(1807), Mémoire sur la propagation de la chaleur dans les corps solides(Treatise on the propagation of heat in solid bodies), 1807년에 제출, Nouveau Bulletin des sciences par la Société philomatique de Paris I. Paris: Bernard. 1808.

{2} Poisson(1818), Mémoire sur la théorie des ondes(Treatise on the theory of waves), Mém. Acad. Roy. Sci. Inst. France (2) 1(1816), 71-186(1818).

{3} Cauchy(1827), Théorie de la propagation des ondes à la surface d'un fluide pesant d'une profondeur indéfinie(Theory of propagation of waves on the surface of fluid with infinite depth), Mém. présentés par divers Savants à l'Acad. Roy. Sci. Inst. France 1.

{4} Airy(1841), Tides and waves, Encyclopaedia Metropolitana, Vol. 5.

{5} Stokes(1847), On the theory of oscillatory waves, Transactions of Cambridge Philosophical Society, 8.

{6} Phillips(1957), On the generation of waves by turbulent wind, Journal of Fluid Mechanics, 2(5).

{7} Miles(1957), On the generation of surface waves by shear flows, Journal of Fluid Mechanics, 3(2).

{8} Hasselman(1961), On the nonlinear energy transfer in a wave spectrum, in Ocean Wave Spectra, Prentice-Hall, Inc..

{9} Penny & Price(1952), The diffraction theory of sea waves and the shelter afforded by breakwaters, Philosophical Transactions of Royal Society A. Vol. 244.

{10} McCamy & Fuchs(1954), Wave forces on piles: a diffraction theory, Technical Memo 69, Beach Erosion Board.

{11} Pierson(1952), A unified mathematical theory for the analysis, propagation, and refraction of storm generated ocean surface waves, Parts I and II, N.Y.U. College of Engineering, Research Division, Department of Meteorology and Oceanography, Prepared for the Beach Erosion Board, Dept. of the Army, and Office of Naval Research, Dept. of the Navy. 461 pp.

{12} Neumann(1952), On wind generated ocean waves with special reference to the problem of wave forecasting, N.Y.U. College of Engineering, Research Division, Dept. of Meteorology and Oceanography, Prepared for the Office of Naval Research, Dept. of the Navy. 136 pp.

{13} Bretschneider(1952), The generation and decay of wind waves in deep water, Transactions of American Geophysicists Union, 33(3).

{14} Pierson & Moskowitz(1964), A proposed spectral form for fully developed wind seas based on the similarity theory of S. A. Kitaigorodskii, Journal of Geophysical Research, 69.

{15} Morison, O'Brien, Johnson & Schaaf(1950), The force exerted by surface waves on piles, Petrol. Trans. AIME 189.

{16} Ursell(1949), On the heaving motion of a circular cylinder in the surface of a fluid, Quarterly Journal of Mechanics & Applied Mathematics, 2, pp. 218-231.

{17} Lighthill(1962), Physical interpretation of mathematical theory of wave generation by wind, Journal of Fluid Mechanics, 14(3).

{18} Hunt(1979), Direct solution of wave dispersion equation, Journal of Waterways, Ports, Coastal Ocean Division, ASCE, Vol. 105, No. WW4.

{19} Miche(1951), Le pouvoir reflechissant des ouvrages maritime exposes a l'action de la houle(Reflective power of maritime structures exposed to the action of the waves), Ann. Ponts Chausseess 121.

{20} Stokes(1880), On the maximum wave of uniform propagation, 이 논문은 {5}에 대한 부록으로 발표되었다.

{21} Galvin(1968), Breaker type classification on three laboratory beaches, Journal of Geophysical Research, 73.

{22} d'Alembert(1752), Essay of a new theory for the resistance of fluids, Paris.

{23} Bessel(1828), Untersuchungen über die Länge des einfachen Secundenpendels(Investigations on the length of the seconds pendulum), Berlin.

{24} Froude(1861), On the rolling of ships, Transactions of INA, 11, pp. 180-229.

{25} Krylov(1896), A new theory of the pitching motion of ships in waves, and of the stresses produced by this motion, Transactions of INA, 37, pp. 326-368.

{26} Haskind(1946a), The hydrodynamic theory of ship oscillations in rolling and pitching, Prikl. Mat. Mekh., 10, pp. 33-66(English translation, Technical Research Bulletin, No. 1-12, pp. 3-43, SNAME, 1953); Haskind(1946b), The oscillation of a ship in still water, Izv. Akad. Nauk SSSR, Otd Tekh. Nauk 1, pp. 23-34(English translation, Technical Research Bulletin, No. 1-12, pp. 45-60, SNAME, 1953).

{27} Korvin-Kroukovsky(1955), Investigation of ship motions in regular waves, SNAME Transactions, 63, pp. 386-435.

{28} Tasai(1959), On the damping force and added mass of ships heaving and pitching, Journal of Society of Naval Architects of Japan, 105.

{29} Vugts(1968), The hydrodynamic coefficients for swaying, heaving and rolling cylinders in a free surface, International Shipbuilding Progress, 15, pp. 251-276.

{30} Kim(1966), On a freely floating ship in waves, Journal of Ship Research, 10, pp. 182-191+200.

{31} Newman & Tuck(1964), Current progress in the slender-body theory of ship motions, Proceedings of 5th Symposium on Naval Hydrodynamics, pp. 129-166.

찾아보기

찾아보기

수면파역학

2016년 9월 1일 초판 인쇄
2016년 9월 5일 초판 발행

저 자 이승준
발 행 인 송기수
발 행 처 **도서출판 GS인터비전**
편 집 처 **도서출판 GS인터비전**
인 쇄 **토탈프로세스**
등록번호 제 313-2011-120 호
I S B N 979-11-5576-135-9(93530)

주 소 서울 은평구 증산로15길 69, 2층
전 화 02-976-7898
팩 스 02-6468-7898
홈페이지 gsintervision.co.kr
E-Mail gsinter7@gmail.com

정가 20,000원